濮阳

PUYANGHUANGHE

黄河

主编 柴青春

黄河水利出版社

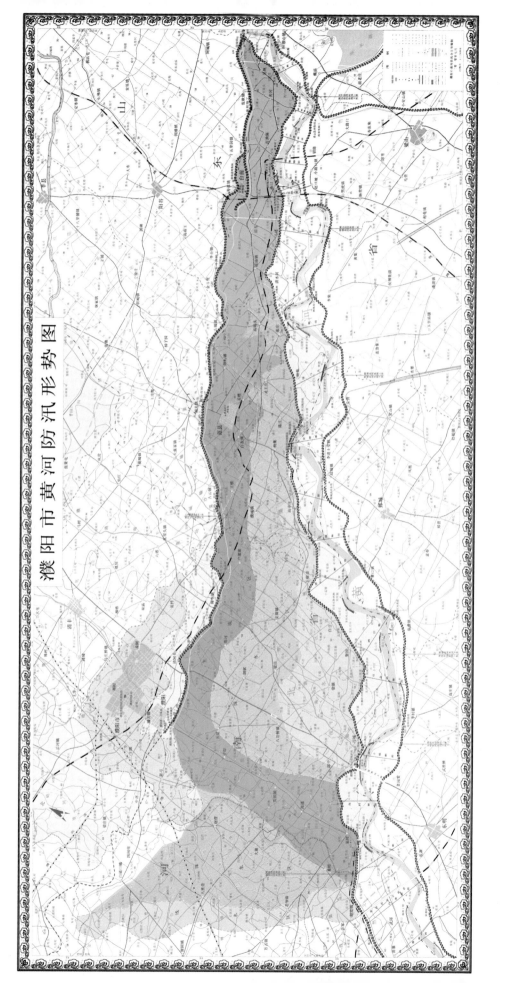

濮阳市黄河防汛形势图

万家寨水库

三门峡水库

小浪底水库

西霞院水库

陆浑水库

故县水库

濮阳上界

堤顶道路

渠村分洪闸

张庄入黄闸

渠村闸启闭设备

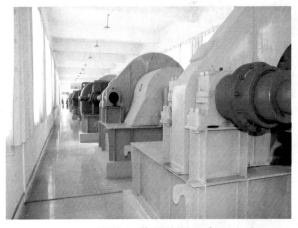

张庄入黄闸启闭设备

北金堤险工

北金堤堤防

濮阳黄河
PUYANGHUANGHE

李桥险工

青庄险工

影唐险工

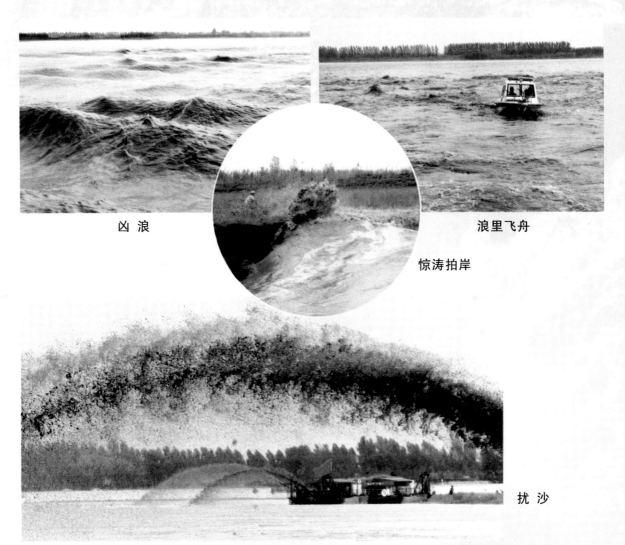

凶 浪

浪里飞舟

惊涛拍岸

扰 沙

调水调沙后的黄河主河槽下切明显

水尺校测

巡坝查险

河势查勘

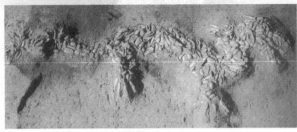
中华第一龙

子路祠

中华龙乡碑

戚城景区

回銮碑御井

四牌楼

挥公像

濮阳市中心广场

仓颉庙

黄河鲤鱼

金鳅

大天鹅

白鹭

大鸨

玉带海雕

白肩雕

白鹤

范县"天灌"大米

清丰县白灵菇

南乐县西邵红杏

南乐县古寺郎胡萝卜

台前县吴坝大蒜

清丰县仙庄尖椒（辣椒）

《濮阳黄河》编委会

主　编：柴青春

副主编：陈国宝　鲁学玺

参加编写人员：葛会群　艾广章　孟宪坤　高啸尘　姚广朝

郭　鹏　梁东波　刘秀华　李帅岭　张建榜

王汉忠　杨　深

序

　　黄河是中华民族的母亲河，是中华民族的摇篮。她以博大的胸怀哺育了炎黄子孙，孕育了光辉灿烂的民族文化和中华文明。但是黄河又是一条桀骜不驯的河流，曾以"三年两决口，百年一改道"闻名于世，给黄河两岸人民造成过极其深重的灾难，成为中华民族的心腹之患。人民治黄以来，黄河治理开发取得了巨大成就，特别是黄河防洪工程体系的建立和水资源的合理开发利用，有力地保障了黄淮海平原的安全，促进了流域相关地区经济社会的全面快速发展。

　　濮阳黄河位于河南黄河最下游，河道形态上宽下窄，泄洪不畅，属于典型的"豆腐腰"和"二级悬河"河段，是河南黄河防洪和水资源开发利用的重点河段，对黄河下游的治理与开发起着举足轻重的作用。濮阳黄河历史悠久，当地人民为了生存与发展，在同黄河水患进行不懈斗争实践中，不仅促进了当地经济社会的不断进步与发展，而且积累了丰富的治河经验，为黄河的治理与开发提供了许多经典案例。自黄河归故，人民治黄以来，濮阳黄河的治理与开发得到了长足的发展，一是加固了堤防，完善了河道整治工程体系，河槽基本得到了稳定；二是开辟了北金堤滞洪区，完善了防御黄河特大洪水的措施；三是充分开发利用黄河水资源，促进了沿岸经济社会的繁荣和发展。

　　随着社会的进步与繁荣，为使黄河进一步发挥作用，进一步促进沿黄经济社会的全面发展，近年来，又相继提出了全面树立"维持黄河健康生命"和"黄河工程、黄河经济、黄河文化、黄河生态"四位一体等治黄新理念。为更好地贯彻治黄新理念，将濮阳治黄事业推向一个新高度，濮阳黄河河务局柴青春、陈国宝、鲁学玺等精心编写了《濮阳黄河》一书。该书围绕濮阳黄河工程、黄河经济、黄河文化、黄河生态等四个方面，系统介绍了该区域的基本情况以及近年来濮阳黄河的建设成就，内容全面翔实，对了解研究濮阳黄河，促进濮阳黄河治理开发，有着重要的参考和使用价值。在《濮阳黄河》出版之际，殷切盼望各界人士更加关注、关心、支持黄河，共同把黄河治理开发与管理事业推向前进。

2014 年 6 月

前　言

　　濮阳黄河历史悠久，位置重要，利害共存。历史上由于黄河水利之便，曾有力地促进了濮阳一带农业、手工业、商业和文化的发展，经济的繁荣，但同时由于黄河具有"善淤、善决、善徙"的特点和桀骜不驯的性格，也曾给濮阳人民带来过深重的灾难，使其经济萧条、文化衰落。濮阳黄河历来位于黄河的下游，河道淤积严重，决口频繁。多少年来，濮阳人民为了生存与发展，在同黄河水患进行不懈斗争实践中积累了丰富的经验，逐渐形成了濮阳黄河工程。

　　濮阳黄河工程，既是确保濮阳黄河安澜的物质基础，也是实现黄河"堤防不决口、河道不断流、水质不超标、河床不抬高"治理目标的根本。同时，濮阳黄河工程在其形成中，不仅创造了独特的濮阳黄河文化，也为发展濮阳黄河经济，促进濮阳生态建设创造了条件，奠定了基础。濮阳黄河工程、黄河经济、黄河文化、黄河生态如同从不同层面发出的四条射线，互为作用，共同指向一个目标。那就是，以维持濮阳黄河的健康生命保障濮阳地区经济社会的可持续发展。

　　濮阳黄河安危与健康，事关大局。为了让人们了解濮阳黄河，共同探讨和更好地治理开发濮阳黄河，造福于人类，编撰人员多方搜集资料，精心谋划，几易其稿，终成《濮阳黄河》。但由于编者水平有限，难免有不当之处，欢迎关心濮阳黄河的有关专家和广大读者批评指正。

编　者

2014 年 6 月

目　录

序 …………………………………………………………………………… 边　鹏

前言

第一篇　濮阳黄河工程

第一章　黄河基本情况 ……………………………………………………… 3

　　第一节　黄河流域概况 ……………………………………………… 3

　　第二节　河南黄河概况 ……………………………………………… 6

　　第三节　濮阳黄河概况 ……………………………………………… 8

　　第四节　濮阳黄河支流概况 ………………………………………… 11

　　第五节　影响下游防洪的主要水利枢纽工程简介 ………………… 13

第二章　濮阳黄河堤防工程 ……………………………………………… 17

　　第一节　黄河堤防工程 ……………………………………………… 17

　　第二节　北金堤堤防工程 …………………………………………… 20

　　第三节　涵闸（洞）、穿（跨）堤建筑物 ………………………… 22

第三章　濮阳黄河河道整治工程 ………………………………………… 27

　　第一节　险　工 ……………………………………………………… 27

　　第二节　控导（护滩）工程 ………………………………………… 35

　　第三节　防护坝工程 ………………………………………………… 47

第四章　濮阳黄河滩区 …………………………………………………… 51

　　第一节　滩区基本情况 ……………………………………………… 51

　　第二节　各流量级洪水滩区风险分析 ……………………………… 54

　　第三节　滩区运用准备 ……………………………………………… 55

　　第四节　滩区群众转移安置 ………………………………………… 58

　　第五节　滩区运用及人员返迁安置 ………………………………… 60

第五章　北金堤滞洪区 …………………………………………………… 61

　　第一节　滞洪区的开辟 ……………………………………………… 61

　　第二节　滞洪区自然地理特征及社会经济状况 …………………… 62

　　第三节　滞洪区控制工程 …………………………………………… 64

　　第四节　滞洪区避水及撤退工程 …………………………………… 65

第六章　濮阳黄河防汛 …………………………………………………… 67

　　第一节　防汛形势与组织 …………………………………………… 67

　　第二节　防汛队伍 …………………………………………………… 71

　　第三节　防汛通信与物资供应 ……………………………………… 72

第四节　河道工程出险情况 ························· 74

第五节　多年洪水位表现情况 ······················· 86

第六节　历次大洪水防御和重大险情抢护 ··············· 91

第七节　较大凌汛情况 ·························· 97

第七章　濮阳黄河水利工程建设 ····················· 100

第一节　工程建设管理体制沿革 ····················· 100

第二节　近些年来工程建设管理经验教训 ················· 102

第三节　"二级悬河"治理试验工程 ···················· 105

第八章　濮阳黄河工程管理 ······················ 110

第一节　工程管理体制沿革 ························· 110

第二节　现行工程管理模式与运行机制 ·················· 114

第三节　现行工程管理标准 ························· 120

第四节　工程管理组织实施 ························· 129

第二篇　濮阳黄河经济

第九章　区域经济 ·························· 137

第一节　濮阳市社会经济概况 ······················· 137

第二节　濮阳县社会经济概况 ······················· 140

第三节　范县社会经济概况 ························· 142

第四节　台前县社会经济概况 ······················· 143

第十章　黄河经济 ·························· 145

第一节　黄河经济发展与管理体制 ···················· 145

第二节　引黄供水 ····························· 145

第三节　工程施工与维修养护企业 ···················· 152

第四节　土地资源开发利用 ························· 155

第十一章　濮范台扶贫开发 ······················ 156

第一节　濮范台扶贫开发综合试验区 ··················· 156

第二节　黄河滩区扶贫开发五年攻坚行动 ················· 159

第三篇　濮阳黄河文化

第十二章　濮阳古文化 ························ 167

第一节　裴李岗文化 ···························· 167

第二节　仰韶文化 ····························· 168

第三节　龙山文化 ····························· 169

第四节　历朝历代文化 ·························· 171

第十三章　濮阳龙文化 ························ 175

第一节　濮阳龙文化与中华民族 ····················· 175

　　第二节　濮阳龙文化与华夏文明 ……………………………………… 176

　　第三节　濮阳龙文化活动 ………………………………………………… 179

第十四章　古代水文化 ……………………………………………………… 180

　　第一节　远古治水传说 …………………………………………………… 180

　　第二节　历代王朝治水 …………………………………………………… 181

　　第三节　治河方略的发展 ………………………………………………… 183

第十五章　现代水文化 ……………………………………………………… 186

　　第一节　人与水和谐共处 ………………………………………………… 186

　　第二节　民生水利 ………………………………………………………… 187

　　第三节　维持黄河健康生命 ……………………………………………… 189

　　第四节　"四位一体"河南治黄新思路 ………………………………… 191

　　第五节　治水新理念在濮阳治黄工作中的实践 ………………………… 192

第十六章　濮阳人文 ………………………………………………………… 195

　　第一节　濮阳历史名人 …………………………………………………… 195

　　第二节　濮阳人文景观 …………………………………………………… 211

　　第三节　濮阳民风民俗 …………………………………………………… 218

第四篇　濮阳黄河生态

第十七章　黄河对生态的作用 ……………………………………………… 225

　　第一节　黄河水量统一调度是生态建设的基础 ………………………… 225

　　第二节　黄河水沙资源是濮阳生态建设的根本保证 …………………… 226

第十八章　濮阳市城镇与乡村生态建设 …………………………………… 229

　　第一节　濮阳市城区生态建设 …………………………………………… 229

　　第二节　县城与村镇生态建设 …………………………………………… 232

第十九章　黄河故道和平原农区生态建设 ………………………………… 236

　　第一节　黄河故道区生态建设 …………………………………………… 236

　　第二节　中东部平原农区生态建设 ……………………………………… 238

第二十章　南部黄河区域生态建设 ………………………………………… 241

　　第一节　背河洼地区生态建设 …………………………………………… 241

　　第二节　黄河滩区生态建设 ……………………………………………… 243

第二十一章　区域生物多样化 ……………………………………………… 249

　　第一节　动物多样化 ……………………………………………………… 249

　　第二节　植物多样化 ……………………………………………………… 253

参考文献 ……………………………………………………………………… 257

第一篇　濮阳黄河工程

黄河是中国的第二条大河，全长 5464 km，其中在河南省境内河道长 711 km，在濮阳市境内河道长 167.5 km，堤防长 151.721 km。濮阳黄河位于河南黄河的最下游，河道淤积萎缩严重，是典型的"豆腐腰"和"二级悬河"河段，防汛形势严峻，任务艰巨。濮阳黄河工程，是濮阳人民在长期与洪水不懈斗争实践中逐渐形成的防洪工程体系，它既是确保濮阳黄河安澜的物资基础，也是实现"堤防不决口、河道不断流、水质不超标、河床不抬高"治理目标的根本。同时，濮阳黄河工程在其形成中，不仅创造了独特的濮阳黄河文化，也为发展濮阳黄河经济，促进濮阳生态建设创造了条件，奠定了基础。

第一章 黄河基本情况

第一节 黄河流域概况

一、自然地理

黄河发源于青藏高原巴颜喀拉山北麓海拔 4500 m 的约古宗列盆地，流经青海、四川、甘肃、宁夏、内蒙古、山西、陕西、河南、山东等 9 个省（自治区），在山东省垦利县注入渤海。黄河干流全长 5464 km，总流域面积 79.5 万 km²（含鄂尔多斯内流区面积 4.2 万 km²），是我国的第二条大河。

汇入黄河的较大支流共有 76 条（指流域面积 1000 km² 以上的支流）。流域西部属青藏高原，海拔在 3000 m 以上；中部地区绝大部分属黄土高原，海拔在 1000~2000 m；东部属黄淮海平原，海拔高程在 100 m 以下。

黄河流域东临渤海，西居内陆，气候条件差异明显。流域内气候大致可分为干旱、半干旱和半湿润气候，西部、北部干旱，东部、南部相对湿润。全流域多年平均降水量为 452 mm，总的趋势是由东南向西北递减。

黄河流域形成暴雨的天气系统，地面多为冷锋，高空多为切变线、西风槽和台风等，大暴雨多由几种系统组合形成，主要有：一是南北向切变线。三门峡以下地区维持强劲的东南风，输送大量的水汽，并且常有低涡切变线北移，再加上有利的地形，往往形成强度大、面积广的雨带；二是西南、东北向切变线。主要发生在河口镇至三门峡区间，使三门峡以上维护强劲的西南风，水汽得到充分的补给，加上冷空气和地形的作用，往往形成强度较大、笼罩面积广的西南、东北向雨带，造成黄河的大洪水和特大洪水。

黄河流域各地区的暴雨天气条件不同，三门峡以上、以下的暴雨多不同时发生。在河口镇至三门峡之间出现西南、东北向切变线暴雨时，三门峡至花园口受太平洋副热带高压控制而无雨，或处于雨区的边缘。三门峡至花园口区间出现南北向切变线暴雨时，三门峡以上中游地区受青藏高原副热带高压控制，一般不会产生大暴雨。

黄河流域暴雨多、强度大，洪水多由暴雨形成，主要来自上游兰州以上和中游河口镇至龙门、龙门至三门峡、三门峡至花园口、汶河流域 5 个地区。黄河流域冬季较为寒冷，宁夏和内蒙古河段都要封河，下游为不稳定封冻河段，龙门至潼关河段在少数年份也有封河现象。春季开河时形成冰凌洪水，常常造成凌汛威胁。

二、河段特征

按地理位置及河流特征，黄河划分为上、中、下游。河源至内蒙古自治区托克托县的河口镇为上游，干流河道长 3471.6 km，流域面积 42.8 万 km²，落差 3496 m，平均比降 1.01‰，汇入的较大支流有 43 条；本河段水多沙少，蕴藏着丰富的水力资源。河口镇至河南郑州的桃花峪为黄河中游，干流河道长 1206.4 km，流域面积 34.4 万 km²，汇入的较大支流有 30 条，河段内绝大部分支流地处黄土高原区，暴雨集中，水土流失严重，是黄河洪水和泥沙的主要来源区。桃花峪至入海口为黄河下游，干流河道长 786 km，流域面积 2.3 万 km²，汇入的较大支流只有 3 条，该河段除右岸东平湖至济南区间为低山丘陵外，其余全靠堤防挡水，是举世闻名的"地上悬河"。

三、突出特点

黄河有着不同于其他江河的突出特点：一是水少沙多，水沙异源。黄河多年平均天然径流量 580 亿 m³，占全国河川径流量的 2%。流域内人均水量 527 m³，为全国人均水量的 22%；耕地亩均水量 294 m³，仅为全国耕地亩均水量的 16%。再加上流域外的供水需求，人均占有水资源更少。多年平均输沙量 16 亿 t，多年平均含沙量 35 kg/m³，均为世界大江大河之最。黄河 56% 的水量来自兰州以上，90% 的沙量来自河口镇至三门峡区间；二是河道形态独特。黄河下游河道为著名的"地上悬河"，现行河床一般高出背河地面 4~6 m，河道上宽下窄，排洪能力上大下小。河势游荡多变，主流摆动频繁。河道内滩区为行洪区，居住人口达 180 多万人。因此，防洪任务和迁安救护任务都十分艰巨；三是洪水灾害频繁。据记载，从先秦时期到民国年间的 2540 多年中，黄河共决溢 1590 多次，改道 26 次，平均"三年两决口，百年一改道"。决溢范围北至天津，南达江淮，纵横 25 万 km²。每次决口，水沙俱下，淤塞河渠，良田沙化，生态环境长期难以恢复；四是水土流失严重。黄河流经世界上水土流失面积最广、侵蚀强度最大的黄土高原，水土流失面积达 45.4 万 km²，占黄土高原总面积的 71%。

四、治理开发

1946 年人民治黄以来，特别是新中国成立以后，党和国家对黄河治理开发十分重视，随着我国大江大河的第一部综合治理规划——《黄河综合利用规划技术经济报告》的实施，全面开展了黄河的治理开发。黄河干流已建、在建 15 座水利枢纽，总库容 566 亿 m³，发电装机容量 1113 万 kW，年平均发电量 401 亿 kW·h。水土保持改善了部分地区农业生产条件和生态环境，减少了入黄泥沙。20 世纪 70 年代以来，水利水保措施年均减少入黄泥沙 3 亿 t 左右。在中下游修建了三门峡、小浪底（含西霞院）、陆浑、故县等干支流水库。先后 4 次加高培厚了黄河下游 1400 km 的临黄大堤，开展了放淤固堤和大规模的河道整治，开辟了北金堤、东平湖等滞洪区，对河口进行了初步治理，基本形成了"上拦下排，两岸分滞"的下游防洪工程体系，加强了防洪非工程措施建设，提高了黄河下游抗御洪水灾害的能力，彻底扭转了历史上频繁决口改道的险恶局面。

经过 60 多年坚持不懈的努力，黄河治理开发取得了巨大的成效，但由于黄河河情特殊，治理难度大，目前还面临着许多问题。突出表现在：洪水威胁依然是心腹之患，水资源供需矛盾日益突出，水土流失尚未得到有效控制，水污染越来越严重。随着《黄河近期重点治理开发规划》的实施，黄河治理开发将步入一个新的历史阶段。

2013 年 3 月，《黄河流域综合规划（2012~2030 年）》（简称《规划》），获国务院正式批复，未来黄河综合治理与开发，仍将以完善黄河水沙调控、防洪减淤、水资源合理配置与高效利用、水土流失综合防治、水资源与水生态环境保护、流域综合管理体系为目标。该《规划》范围 79.5 万 km²，重点对黄河干流及湟水（含大通河）、渭河、汾河、伊洛河、沁河、金堤河等重要支流，以及流域内水土流失严重、水资源短缺、生态环境脆弱、水能资源丰富、缺乏综合规划的其他重要支流进行了规划完善。

该《规划》是黄河流域开发、利用、节约、保护水资源和防治水害的重要依据。《规划》的组织实施，将进一步提速黄河流域的综合治理与开发。按照《规划》，到 2020 年，黄河水沙调控和防洪减淤体系将初步建成，以确保下游在防御花园口洪峰流量达到 22000 m³/s 时堤防不决口，重要河段和重点城市基本达到防洪标准；到 2030 年，黄河水沙调控和防洪减淤体系基本建成，洪水和泥沙得到有效控制，水资源利用效率接近全国先进水平，流域综合管理现代化基本实现。

五、黄河洪水来源及其类型

黄河花园口水文站的大洪水和特大洪水主要来自黄河中游的 3 个来源区，即河口镇至龙门区间、龙门至三门峡区间、三门峡至花园口区间。

黄河上游地区来水组成花园口洪水的基流。

（一）上大型洪水

以河口镇至龙门区间和龙门至三门峡区间来水为主形成的大洪水称为上大型洪水。该类洪水具有洪峰高、洪量大、含沙量大的特点，对河南黄河防洪安全威胁严重。

河口镇至龙门区间流域面积为 11 万 km²，河道穿行于晋陕峡谷之间，两岸支流呈羽毛状汇入，大部分属黄土丘陵沟壑区，土质疏松，植被差，水土流失严重，加之这一地区暴雨强度大、历时短，常形成尖瘦的高含沙洪水过程。该区洪水泥沙颗粒大，是黄河下游河道淤积物的主要来源。吴堡、龙门的洪水一般发生在 7 月中旬至 8 月中旬，一次洪水历时一般为 1 天左右，持续洪水可达 5~7 天。

龙门至三门峡区间有泾、北洛、渭、汾等大支流加入，流域面积 18.8 万 km²，大部分属黄土源区及黄土丘陵沟壑区，一部分为石山区。该区大洪水发生时间以 8、9 月份居多，其洪水过程较河龙间洪水稍矮胖，洪水含沙量也较大。

（二）下大型洪水

以三门峡至花园口区间来水为主形成的大洪水称为下大型洪水。该类洪水具有上涨历时短、汇流迅速及洪水预见期短的特点,对河南黄河防洪安全威胁最大。

三门峡至花园口区间有伊洛河、沁河等支流加入,流域面积为 4.16 万 km²,大部分为土石山区,本区大洪水和特大洪水都发生于 7 月中旬至 8 月中旬之间。该区暴雨历时较三门峡以上中游地区要长,强度也大,加上主要产流地区河网密度大,有利于汇流,故形成的洪峰高,洪量也大,但含沙量小。本区一次洪水历时一般为 3~5 天,连续洪水历时可达 12 天之久。

(三)上下较大型洪水

龙门至三门峡区间和三门峡至花园口区间共同来水组成的洪水称为上下较大型洪水。该类洪水具有洪峰较低、历时较长、含沙量较小等特点,对河南黄河防洪也有相当大的威胁。

第二节 河南黄河概况

一、概述

黄河流至陕西潼关以后,受秦岭的阻挡,转向东流,进入河南省境内。河南黄河西起灵宝市杨家村,流经三门峡、洛阳、济源、焦作、郑州、新乡、开封、濮阳 8 个市,东到台前县张庄村流入山东省境内,河道全长 711 km。从灵宝至三门峡,属于三门峡水库库区的范围。三门峡至孟津 160 km 左右的河道,是黄河最后一段峡谷。峡谷出口的小浪底以下至郑州桃花峪,河道进入低山丘陵区,是由山地进入平原的过渡河段。桃花峪以下,即进入下游冲积大平原,右岸郑州及左岸孟州以下,沿河都有堤防。河南境内流入黄河的主要支流有:宏农河、伊洛河、沁河、蟒河、天然文岩渠、金堤河等。

河南黄河孟津县白鹤以下河道面积 3214 km²,其中河南省 2672 km²。白鹤以上 267 km 为山区河道,白鹤以下 444 km 平原河道属设防河段。两岸堤距一般为 6~10 km,最宽处长垣县 20 km,最窄处台前县不足 2 km,呈上宽下窄的喇叭形。由于河宽流缓,河南段河道处于强烈的堆积状态。河床逐年抬高,河床一般高出堤外地面 4~6 m,最多达 10 m 左右,是世界上著名的"地上悬河",成为黄淮海大平原的脊轴。黄河以北属海河流域,以南属淮河流域。

二、水沙特征

河南黄河水沙具有以下几个特征:

(一)水沙地区分布不均

头道拐以上和三门峡至花园口区间水多沙少,头道拐至龙门区间是沙多水少,具有水沙异源的特点。

(二)水沙时间分配不均

黄河来水、来沙量主要集中在汛期(7~10 月)。汛期的水沙量分别占全年的 60%

和 90%，年内分配不均匀。

（三）水沙年际变化大

花园口站最大年水量为 1964 年的 861 亿 m³，最小年水量为 1997 年的 142.5 亿 m³，最大年水量是最小年水量的 6 倍；最大年输沙量为 1958 年的 27.8 亿 t，最小年输沙量为 1987 年的 2.48 亿 t，最大年输沙量是最小年输沙量的 11.2 倍。

三、河道特性

（一）灵宝杨家村至孟津白鹤河段

河道长 267 km，为峡谷型河段。其中灵宝至三门峡 107 km，属于三门峡水库库区的范围。三门峡至孟津白鹤 160 km 左右的河道，穿行于中条山与崤山、熊耳山之间，成为晋陕峡谷，是黄河最后一道峡谷。峡谷出口的小浪底以上流域面积为 69 万 km²，占全河流域面积的 92%，小浪底水库的建成对下游防洪具有重要的战略意义。

（二）孟津白鹤至濮阳青庄河段

该段河道长 283 km。京广铁桥以上，左岸是断续的黄土低崖，高出水面 10~40 m，称为清风岭，自温县向下游地面逐渐降低；右岸为绵延的邙山黄土丘陵，高出水面 100~150 m。京广铁桥以下为广阔的大平原，两岸均修有堤防。本河段滩地广、河面宽、水深浅，泥沙淤积严重，河势变化频繁，主流摆动不定。堤距一般为 5~10 km，最宽达 20 km。河道曲折系数 1.15，河面比降 0.265‰~0.17‰，属于游荡性河型。

（三）濮阳青庄至台前张庄河段

该段河道长 161 km。两岸堤距 1.4~8.5 km，大部分在 5 km 以上。进入该河段的水流，经过上段游荡性河段的调整，粗颗粒泥沙大部分已淤积在青庄以上的宽河段内，因此滩地黏性土的含量增加，还有一些含黏土量很高耐冲的胶泥嘴分布，水流多为一股，且具有明显的主槽。但是自然滩岸对水流的约束作用是有限的，河势的平面变形仍然很大。经修建大量的河道整治工程后，才较好地控制了河势，水流集中归股，位置相对稳定。河道曲折系数 1.33，平均比降 0.148‰，属于由游荡向弯曲转变的过渡性河型。

四、自然灾害

黄河有桃、伏、秋、凌四汛，按成因分暴雨洪水和冰凌洪水两类。暴雨发生在 7、8 月份称"伏汛"，发生在 9、10 月份称"秋汛"，二者合称"伏秋大汛"；冰凌洪水称"凌汛"，黄河下游一般发生在 2 月份，黄河凌洪的特点是流量一般沿程递增，且流量小，水位高；由于内蒙古河段解冻开河，槽蓄水量下泄，往往形成 2000~3000 m³/s 洪峰流至下游，适时桃花季节，故称"桃汛"。

根据历史文献记载，自公元前 602 年至 1938 年黄河决口 1590 次，大的改道 26 次，素有"三年两决口，百年一改道"之说，波及范围北抵天津，南达江淮，纵横 25 万 km²。根据历史上决口后洪水泛滥的情况，结合现在地形地物情况分析，向北决溢，洪灾影响范围包括漳河、卫运河及漳卫新河以南的广大地区；向南决溢，洪灾的影响范围包括淮河以北、颍河以东的广大平原地区。洪灾影响范围的总面积达 12 万 km²，耕地 730 万 hm²，人口约 8000 万人。就一次决溢而言，最大影响范围向北达 3.3 万 km²，向南达 2.8 万 km²。

黄河下游凌汛在历史上曾以决口频繁，危害严重，难以防治而闻名。据历史上不完全统计，自 1855~1938 年的 84 年之中，有 27 年在凌汛期决口，平均两年半一决口。新中国成立后 1951 年、1955 年亦因凌情严重，堤防薄弱，缺乏经验，分别在山东省利津王庄、五庄发生决口。

五、防洪工程

河南省境内临黄大堤 565 km，设计防洪标准为花园口站 22000 m³/s 流量洪水。按堤段划分共有 4 段，即左岸孟县中曹坡至封丘县鹅湾 171 km；长垣县大车集至台前县张庄 194.5 km；右岸孟津县牛庄至和家庙 7.6 km；郑州市邙山根至兰考县岳寨 160.7 km；北围堤 10 km，贯孟堤 21.1 km。此外还有太行堤 44 km，北金堤 75.214 km，温孟滩防护堤 47 km。两岸大堤上建有引黄（涵）闸 40 多座，设计灌溉面积 2360 万亩，有效灌溉面积 1280 万亩，实际灌溉面积 1000 万亩左右。

人民治黄以来，河南黄河堤防工程已进行了 4 次大规模的整修加高，目前临黄堤顶宽 9~12 m，堤身高度为 6~12 m，最大高度在 15 m 以上，堤顶高出花园口站 22000 m³/s 流量洪水相应水位一般为 2.5~3 m，部分堤段 4 m。大部分堤防进行了淤临淤背工程加固，个别堤防进行了截渗墙工程加固。

目前，河南省共有黄河险工、控导（护滩）工程 180 多处，共计坝、垛、护岸 4824 道（座、段）。

第三节　濮阳黄河概况

一、黄河河道

濮阳市黄河河段位于河南黄河最下游，从濮阳县渠村乡入境，流经濮阳、范县、台前三县的 21 个乡（镇），于台前县吴坝镇张庄村流入山东省。河道长度 167.5 km，河道落差 20.5 m。其间有天然文岩渠和金堤河两条支流分别于濮阳县渠村、台前县张庄汇入黄河。

濮阳市河段属 1855 年铜瓦厢决口而形成的河道，距今已有 158 年的历史。本河段基本上为由游荡型向弯曲型过渡的过渡型河段（高村以上为游荡型河段），河道弯曲率 1.28，两岸堤距 1.40~8.50 km，河槽宽 0.70~3.70 km，纵比降平均为 0.122‰，河弯半径 0.60~6.60 km，横比降为 0.51‰~3.04‰，河道形态上宽下窄，泄洪不畅，属典型的"豆腐腰"河段和"二级悬河"河段。

二、防洪兴利工程

(一)堤防工程

濮阳所辖黄河堤防总长度 226.935 km,其中临黄堤防长度 151.721 km,北金堤堤防长度 75.214 km。其具体情况见表 1-1-1。

表 1-1-1　黄河堤防工程长度统计

堤防名称	县别	大堤桩号	长度(km)	说明
临黄堤防	小计	42+764~194+485	151.721	其中含渠村分洪闸长 749 m
	濮阳县	42+764~103+891	61.127	
	范县	103+891~145+486	41.595	
	台前县	145+486~194+485	48.999	
北金堤堤防	小计	-(35+250)~39+964	75.214	
	濮阳县	-(16+500)~39+964	56.464	
	滑县	-(35+250)~-(16+500)	18.750	濮阳市治黄部门管理
合计			226.935	

(二)险工

为挑溜御水,控制河势,确保堤防安全,濮阳市共在临黄堤和北金堤堤防上修建险工 18 处,其中临黄堤险工 13 处,北金堤险工 5 处。险工总长度 30493 m,其中临黄堤险工长度 20813 m,北金堤险工长度 9680 m。共有坝垛护岸 276 道(座、段),其中临黄堤险工坝垛护岸 208 道(座、段),北金堤险工坝垛护岸 68 道(座、段)。具体情况见表 1-1-2。

表 1-1-2　濮阳市黄河险工工程情况

险工类别	县别	工程名称	工程长度(m)	工程数量(道、座、段)				说明
				坝	垛	护岸	小计	
临黄堤险工	合计		20813	171	15	22	208	13 处
	濮阳县	小计	6776	50	1	22	73	4 处
		青庄	2329	18	1	7	26	
		老大坝	150	1			1	
		南小堤	3571	27		15	42	
		吉庄	726	4			4	
	范县	小计	8607	85			85	4 处
		彭楼	3330	36			36	
		李桥	2321	25			25	

续表 1-1-2

险工类别	县别	工程名称	工程长度（m）	工程数量（道、座、段）				说明
				坝	垛	护岸	小计	
临黄堤险工	范县	邢庙	1486	12			12	
		桑庄	1470	12			12	
	台前县	小计	5430	36	14		50	5 处
		影唐	2020	16	4		20	
		梁集	800	6			6	
		后店子	400	3			3	
		张堂	910	8			8	
		石桥	1300	3	10		13	
	合计		9680	68			68	5 处
北金堤险工	濮阳县	城南	8030	50			50	
		焦占	400	5			5	
		刘庄	800	6			6	
		兴张	200	3			3	
		赵庄	250	4			4	
总计			30493	239	15	22	276	18 处

（三）防洪坝工程

为预防"滚河"后顺堤行洪，冲刷堤身、堤根，濮阳市共在临黄堤防上修建防护坝 10 处，共 46 道坝，工程总长度 10150 m。

（四）控导（护滩）工程

为约束河道主流摆动范围，护滩保堤，濮阳市共在黄河滩区修建控导（护滩）工程 20 处，工程总长度 45083 m，共有坝、垛、护岸 482 道（座、段），其中坝 426 道，垛 27 座，护岸 29 段。

（五）引黄（涵）闸及虹吸工程

为了有效利用黄河水资源，在濮阳县、范县、台前县临黄堤防上兴建了渠村、南小堤、梨园、王称堌、彭楼、邢庙、刘楼、影唐等 11 座引黄涵闸工程和濮阳县王窑虹吸工程，设计引黄总流量 312.5 m³/s，灌溉控制面积 450 多万亩。在北金堤堤防上兴建了柳屯引水闸和城南回灌闸，设计引水流量 60 m³/s。引黄供水工程的修建，为促进当地经济社会的发展做出了重大的贡献。

三、黄河滩区

濮阳市黄河滩区涉及濮阳、范县、台前 3 县，21 个乡（镇），560 多个自然村，人口约 44.12 万人，总面积 443 km²。其中纯滩区人口约 26.44 万人（常年居住在滩区），涉及濮阳、范县、台前三县，17 个乡（镇），370 多个自然村，耕地 33.12 万亩。濮阳市黄河滩区共分渠村南滩、渠村东滩、习城滩、辛庄滩、清河滩、孙口滩等 9 个自然滩区，均为低滩区，发生大洪水时，滩区群众避水和迁安救护任务都十分艰巨。

四、北金堤滞洪区

黄河北金堤滞洪区是黄河下游"上拦下排，两岸分滞"防洪工程体系的重要组成部分，是防御黄河特大洪水的重要措施。该滞洪区开辟于1951年，当时分洪口门为长垣石头庄溢洪堰，1978年兴建渠村分洪闸后，分洪口门改为渠村分洪闸分洪，利用台前县张庄退水闸退水于黄河。渠村分洪闸为钢筋混凝土灌注桩基础开敞式水闸，共56孔，总宽度749 m，设计最大分洪流量10000 m³/s。张庄退水闸始建于1965年，改建于1998年，为钢筋混凝土灌注桩基础开敞式水闸，共6孔，总宽度60 m，设计滞洪退水和倒灌分洪流量均为1000 m³/s。

北金堤滞洪区共涉及河南省滑县、长垣县、濮阳市高新区、濮阳县、范县、台前县和山东省莘县、阳谷县部分区域，总面积2316 km²，其中涉及河南省面积2252 km²，濮阳市面积1699 km²。该滞洪区内总人口约170万人，其中涉及濮阳市人口约137.6万人（含中原油田）。

北金堤滞洪区设计有效分滞洪涝水27亿 m³，其中分滞洪黄河水量20亿 m³，金堤河遭遇内涝水量7亿 m³。该滞洪区内修有围村堰、避水台、撤退道路等避洪工程。目前，该滞洪区从未运用过，为国家保留滞洪区。

第四节 濮阳黄河支流概况

在濮阳市境内有金堤河和天然文岩渠两条河流汇入黄河。从对濮阳市的影响程度上看，天然文岩渠远远小于金堤河。

一、金堤河

(一) 金堤河沿革

历史上并无金堤河。据考证，现今山东省张秋运河口以上之金堤，为东汉时期黄河之南堤。金堤南侧地势低洼，属古黄河背河洼地。金堤以南原有水系主要有清河、魏河、濮水、洪河、瓠子河、澶水、小流河等，多自西向东注入巨野泽，或自西南向东北汇入会通河。因受黄河变迁的影响，水系变迁频繁，有的河流因黄河改道而被侵占，有的河流因黄河决溢而被淤塞。

每到雨季，径流自然汇集金堤以南，常常酿成严重的内涝，若遇黄河决溢泛滥，洪水漫流，金堤以南往往形成巨大的洪灾。为了排除洪涝灾害，人们不断顺堤挖河疏浚，久而久之，逐渐形成了这条半自然半人工的河流。1855年黄河在铜瓦厢决口改道北流，黄河河道两岸逐步修建堤防，太行堤、北临黄大堤与北金堤之间的水系，几经演变因河傍金堤而行，故名金堤河。

(二) 金堤河流域情况

金堤河是黄河下游北侧一条重要支流，是一条省际河流，属平原排水河道。该河发源于新乡县荆张排水沟口，流经河南省新乡县、卫辉市、延津县、封丘县、浚县、长垣县、濮阳市高新区、濮阳县、范县、台前县，及山东省莘县、阳谷县，通过台前县张庄退水闸注入黄河。

金堤河总长度 198 km（干流长 158.6 km），流域面积 5047 km²，人口接近 300 万人。金堤河沿岸共有支流 66 条，其中南岸 57 条，北岸 9 条。滑县耿庄至莘县高堤口河段长 78.6 km，为无堤行洪河段，高堤口至张庄闸河段，长 80 km，筑有南、北小堤，堤防总长 103 km（南小堤长 80 km，北小堤长 23 km）。

金堤河在濮阳市境内流长 131.6 km，流域面积 1750 km²，约占全市总面积的 42%。其主要支流有回木沟、三里店沟、五星沟、房刘庄沟、胡状沟、濮城干沟、孟楼河等。根据实测资料统计，金堤河濮阳水文站多年平均径流量 1.64 亿 m³，范县站 2.22 亿 m³。径流年际变化很大，濮阳站年最大径流量 7.044 亿 m³，最小径流量仅有 0.1313 亿 m³。径流年内分配亦不均匀，濮阳站汛期径流量占年径流量的 68.3%，范县站为 75%。

金堤河流域因地处黄泛平原，河道宽浅，比降平缓，长期以来水系紊乱，排水不畅，洪、涝、旱、碱、沙等灾害频繁。随着黄河河道逐渐淤高，金堤河水入黄日益困难。1965 年以来，疏浚了金堤河干流和主要支流河道，修建了张庄退水入黄闸，排水系统基本形成，在除涝、防洪、治碱等方面发挥了良好的效益。但由于没有进行全面的治理，河道淤积，堤防残破，阻水作物和阻水建筑物较多，洪涝水出路不畅，加之涉及豫鲁两省，管理难度大，造成流域内屡屡发生洪涝灾害。1995 年国家农业综合开发办公室批准治理金堤河，设计防洪标准为二十年一遇，除涝标准为三年一遇。1996 年 11 月金堤河治理一期工程全面开工，2002 年完成治理任务。现行河道设计标准为："三年一遇"排涝流量 280 m³/s，"二十年一遇"防洪流量 800 m³/s。

二、天然文岩渠

天然文岩渠位于河南省黄河以北，太行堤以南，是新乡市东部原阳、延津、封丘、长垣 4 县的骨干防洪排涝河流，全长 149 km，流域面积 2514 km²。

天然文岩渠源头分两支，南支称天然渠，北支称文岩渠，分别发源于原阳县祝楼乡王禄村南和王禄村北，在长垣县大车集汇合后称为天然文岩渠。其中南支天然渠从发源地，沿黄河大堤左侧东行，经封丘至长垣县大车集，全长 96 km，流域面积 658 km²；北支文岩渠从发源地，经原阳、延津、封丘，至长垣大车集，全长 103 km，流域面积 1627 km²。天然文岩渠自大车集，沿黄河大堤右侧向东北流行 46 km（濮阳县境内长 5 km），于濮阳县渠村乡三合村北注入黄河，流域面积 227 km²。由于黄河淤积，河床逐年抬高，仅在黄河小水时，天然文岩渠的径流才能自流汇入黄河，在黄河洪水时常造成顶托，致使排涝困难。

天然文岩渠大车集水文站三年一遇的洪峰流量为 151 m³/s，十年一遇的洪峰流量为 432 m³/s。

第五节 影响下游防洪的主要水利枢纽工程简介

一、三门峡水利枢纽工程

三门峡水利枢纽工程位于河南省陕县（右岸）和山西省平陆县（左岸）交界处，距河南省三门峡市约 20 km，控制流域面积 68.8 万 km²，占全流域面积的 91.40%。该工程控制了黄河河口镇至三门峡区间主要洪水来源区，对三门峡至花园口区间的洪水起到错峰和补偿调蓄作用，同时还有防凌、灌溉、发电等综合效益。

三门峡水利枢纽工程于 1957 年 4 月开工建设，1958 年 11 月截流，1960 年 9 月开始蓄水，经初期运用后，水库淤积严重。为解决水库淤积问题，1962 年 3 月决定采用滞洪排沙运用方式，并于 1965~1969 年和 1969~1973 年先后两次对枢纽泄洪设施进行增建和改建，以扩大泄洪能力。1984~2000 年又多次进行了改建，目前共有 12 个深孔、12 个底孔、两条隧洞、1 条港湾钢管等 27 个泄流孔洞投入运用。该水库水位 315 m 时（该工程为大沽高程），最大泄洪量为 9700 m³/s，水位 335 m 时可泄流量 14400 m³/s。

三门峡水利枢纽主坝为混凝土重力坝，坝长 713.20 m，坝顶高程 353 m，最大坝高 106 m，为坝后式水电站，设有 7 台机组，总装机容量为 40 万 kW。汛期防洪限制水位 305~300 m，蓄洪限制水位 335 m。设计总库容 354 亿 m³。

1974 年以后，该水库采用"蓄清排浑"的运用方式，即非汛期抬高水位蓄水，汛期降低水位排沙，通过合理的调水调沙，使水库不再淤积，长期保持着有效库容，承担着重要的防洪、防凌、灌溉、发电和供水等任务。特别是在防洪方面，控制了河口镇至龙门区间、龙门至三门峡区间两个洪水来源区，并对三（三门峡）花（花园口）间洪水起到错峰和补偿调蓄作用；对下游凌汛起到调蓄作用；还可为下游引黄灌溉起到很大的作用。

二、小浪底水利枢纽工程

小浪底水利枢纽工程位于河南省洛阳市以北、黄河中游最后一段峡谷的出口处，上距三门峡水利枢纽 130 km，下距郑州花园口 128 km，是黄河干流在三门峡以下唯一能够取得较大库容的控制性工程。该工程是黄河干流上一座集减淤、防洪、防凌、供水灌溉、发电等为一体的大型综合性水利工程，是治理开发黄河的关键性工程，属国家"八五"重点项目，被中外水利专家称为世界上最具挑战性的工程之一。

该坝址控制流域面积 69.42 万 km²，占黄河流域面积的 92.30%。水库设计总库容 126.50 亿 m³，包括拦沙库容 75.50 亿 m³，长期有效库容 51 亿 m³（其中防洪库容 40.50 亿 m³，调水调沙库容 10.50 亿 m³）。该工程的修建，可使黄河下游防洪标准由 60 年一遇提高到千年一遇，基本解除黄河下游凌汛的威胁；工程采用蓄清排浑运作方式，75.50 亿 m³ 的调沙库容可滞拦泥沙 78 亿 t，相当于 20 年下游河床不淤积抬高；工程每年可增加 40 亿 m³ 的供水量，极大地改善了下游农业灌溉和城市供水条件，提高了供水保证率。电站设计安装 6 台 30 万 kW 混流式水轮发电机组，总装机容量 180 万 kW，年平均发电量 51 亿 kW·h。

小浪底水利枢纽工程由拦河大坝、泄洪排沙系统和引水发电系统 3 部分组成。拦河大坝为壤土斜心墙堆石坝，坝顶高程 281m（该工程为黄海高程），最大坝高 154 m，坝顶长 1667 m，坝顶宽 15 m，坝底最大宽 864 m，坝体总填筑量 5185 万 m³。泄洪排沙系统分进水口、洞群和出水口 3 个部分。进水口由呈一字型排列的 10 座目前世界上最大、最集中、最复杂的进水塔组成；洞群由 3 条明流洞、3 条孔板消能泄洪洞（由导流洞改建）、3 条排沙洞和 1 座正常溢洪道组成；出水口由 3 个集中布置的消力塘组成，总宽 356 m，底部总长 210 m，深 25 m。引水发电系统由 6 条引水发电洞、1 座地下厂房、1 座主变室、1 座尾闸室和 3 条尾水洞组成。

小浪底工程于 1991 年 9 月开始前期准备工作，1994 年 9 月主体工程开工，1997 年 10 月 28 日实现大河截流，1999 年底第一台机组发电，2001 年底全部完工。

三、西霞院反调节水库

西霞院反调节水库是黄河小浪底水利枢纽的配套工程，也是历次黄河治理规划的梯级开发项目之一。工程位于小浪底坝址下游 16 km 处的黄河干流上，下距郑州市 116 km。西霞院水库的开发任务是以反调节为主，结合发电，兼顾灌溉、供水等综合利用。西霞院反调节水库主要建筑物有土石坝、泄洪闸、排沙闸、河床式电站厂房、南岸取水工程、坝后灌溉引水闸及电站安装间下排沙洞等。坝轴线总长 3122 m，其中（泄洪、发电、引水）混凝土坝段长 513 m。泄水、发电建筑物集中布置在右岸滩地，共设置 21 孔泄洪闸。排沙建筑物包括电站厂房左侧的排沙洞、右侧的排沙闸和机组之间的排沙底孔。南岸取水工程位于泄洪闸右侧，灌溉引水闸位于电站下游左侧岸边。左右岸滩地和河槽段为土工膜斜墙砂砾石坝，最大坝高 20.2 m，坝顶宽 8 m，坝顶高程 138.2 m（该工程为黄海高程），上游边坡 1:2.75，下游边坡 1:2.25。其中左岸（含河槽段）坝长 1725.5 m，右岸坝长 883.5 m，砂砾石坝总长 2609 m。水电站为河床式厂房，最大高度为 51.5 m，设有 4 台单机容量为 35 MW 的轴流转桨式水轮发电机组，总装机容量 140 MW，多年平均发电量 5.83 亿 kW·h。坝基防渗采用混凝土防渗墙。工程规模为大（Ⅱ）型，Ⅱ等工程。

西霞院反调节水库总库容 1.62 亿 m³，正常蓄水位 134 m，汛期限制水位 131m。2004 年 1 月 10 日主体工程开工建设，2006 年 11 月 6 日截流，2007 年 5 月 30 日下闸蓄水，2007 年 6 月 18 日首台机组正式并网发电，2011 年 3 月顺利通过水利部组织的竣工验收。

西霞院水库通过对小浪底水电站调峰发电的不稳定流进行再调节，使下泄水流均匀稳定，减少了下游河床的摆动，保护了黄河下游河道工程，减轻了对下游堤防等防护工程的冲刷。当小浪底发电流量较大时，西霞院水库按反调节流量要求发电，多余水量存于库中，或根据需要调峰发电；当小浪底水电站停机时，利用库中存水按反调节水量下泄，满足黄河下游河段的工农业用水需求。该水库可在下游发展灌溉面积 113.8 万亩，每年还可向附近城镇供水 10019 万 m³。

四、洛河故县水库

洛河故县水库位于黄河支流洛河中游洛宁县境故县镇下游，东距洛阳市 165 km，控制流域面积 5370 km²，占洛河流域面积的 44.6%。洛河故县水库是一座以防洪为主，兼顾灌溉、供水、发电、养殖等综合利用的大 I 型水利枢纽，是黄河下游"上拦下排"配套工程之一，也是黄河防总实施的黄河中下游洪水"四库联调"（故县、小浪底、三门峡、陆浑水库）的主要环节之一。坝址以上流域多年平均降水量约 700 mm，坝址处多年平均径流量 12.81 亿 m³，多年平均流量 40.60 m³/s，约占洛河总水量的 60%，多年平均输沙量 655 万 t，年平均含沙量 5.13 kg/m³。

故县水库大坝坝型为混凝土实体重力坝，为 1 级建筑物，最大坝高 125 m，坝顶高程 553 m（该工程为大沽高程），坝顶长 315 m，共分 21 个坝段，一般坝段宽 16.5 m，最大 19 m，最小 13 m。大坝由挡水坝段、电站坝段、底孔坝段、溢流坝段组成。泄洪设施包括 2 个底孔、5 孔溢洪堰和 1 个中孔。泄洪底孔设在 10 号坝段，共两孔，孔口尺寸 3.5 m×4.213 m（宽×高），进口高程 473.27 m，最大泄洪量 982 m³/s。溢流孔设在 11~16 号坝段，共 5 孔，单孔宽 13 m，堰顶高程 532 m，最大泄洪量 11436 m³/s。电站位于左岸河床 7、8、9 号 3 个坝段，安装 3 台水轮发电机组，单机容量 2 万 kW，共 6 万 kW。引水口底坎高程 485 m，单机设计引水流量 36 m³/s。中孔设于 17 号坝段，仅 1 孔，孔口尺寸 6 m×9 m（宽×高），进口高程 494 m，最大泄洪量 1476 m³/s。设计近期降低水位使用中孔，正常使用后中孔不投入使用。

故县水库始建于 20 世纪 50 年代末期，历经"四上三下"建设历程，终于于 1980 年 10 月截流成功，1993 年底竣工，1994 年正式投入拦洪运用。

该水库的兴建，提高了洛河下游洛阳以下堤防的防洪标准，由 15 年一遇提高到 24 年一遇，也减少了伊河、洛河夹滩低洼地的淹没概率。对黄河下游可削减花园口站的洪峰流量，万年一遇时，削减流量 266~3550 m³/s；千年一遇时，削减流量 220~2250 m³/s；百年一遇时，削减流量 520~1470 m³/s。

五、伊河陆浑水库

陆浑水库位于嵩县伊河中游，控制流域面积 3492 km²，占该河流域面积的 57.90%，总库容 12.90 亿 m³。水库以防洪为主，兼顾灌溉、发电、供水、养鱼等。坝址处多年平均径流量 10.25 亿 m³，多年平均输沙量 301.60 万 t。

陆浑水库主要建筑物有黏土斜墙砂卵石大坝、溢洪道、输水洞、泄洪洞、灌溉洞、渠首、电站等。大坝高 55 m，坝顶高程 333 m（该工程为黄海高程），坝顶宽 8 m，长 710 m。溢洪道位于右岸，共 3 孔，宽 12 m，高 1.1 m，长 435 m，进口设弧形闸门，最大泄洪量 3740 m³/s。泄洪洞位于溢洪道和输水洞之间，洞身断面为城门洞形，宽 8 m，高 10 m，长 518.6 m，塔架式进口分 2 孔，每孔尺寸 4 m×7 m，进水高程

289.72 m，最大泄洪量 1175 m³/s。输水洞主要是灌溉放水和发电引水，长 318.72 m，直径 3.5 m，进口高程 279.25 m，最大泄洪量 200 m³/s。灌溉洞在泄洪洞和输水洞之间，长 314.3 m，内径 5.7 m，进口底槛高程 291 m，泄洪能力 471 m³/s。

该水库于 1959 年 12 月开工，1965 年 8 月主体工程完工。1972 年 3 月开始增建灌溉发电洞，1974 年完工。1976~1988 年将土坝加高 3 m，泄洪洞进口塔架抬高 3 m，并对西坝头下游进行了处理。

该水库的主要任务是配合三门峡水库削减三门峡至花园口区间的洪峰流量，以减轻黄河下游的防汛负担。据计算，当发生万年一遇的洪水时，可削减龙门镇洪峰流量 2700~13000 m³/s，可削减花园口洪峰流量 1530~5770 m³/s；千年一遇的洪水时，可削减龙门镇洪峰流量 2160~9860 m³/s，可削减花园口洪峰流量 1300~3620 m³/s；百年一遇的洪水时，可削减龙门镇洪峰流量 1370~7760 m³/s，可削减花园口洪峰流量 510~1680 m³/s。

六、沁河河口村水库

河口村水库位于黄河一级支流沁河最后一段峡谷出口处，下距五龙口水文站约 9 km，地属河南省济源市克井镇，是控制沁河洪水、径流的关键工程，也是黄河下游"上拦下排，两岸分滞"防洪工程体系的重要组成部分。

河口村水库的建设任务以防洪、供水为主，兼顾灌溉、发电、改善河道基流，并进一步完善黄河下游调水调沙运行条件。该水库坝址控制流域面积 9223 km²，占沁河流域面积的 68.20%，占黄河小花间无工程控制区间面积的 34%。工程最大坝高 122.50 m，坝顶长 530 m，坝顶宽 9 m。水库正常蓄水位 275 m（该工程为黄海高程），总库容 3.17 亿 m³，调节库容 1.96 亿 m³，防洪库容 2.31 亿 m³，电站装机容量 1.16 万 kW。该工程属于大（Ⅱ）型水库，枢纽建筑物主要包括拦河混凝土面板堆石坝、泄洪洞、溢洪道及引水发电系统等。主要建筑物为 1 级建筑物，次要建筑物为 2、3 级建筑物，主要建筑物按 500 年一遇洪水设计，5000 年一遇洪水校核，校核洪水位为 286.97 m。

该水库于 2007 年 12 月 18 日正式开工建设，于 2011 年 10 月 19 日实现大河截流，计划 2014 年 12 月完成主体工程建设任务。该工程建成后，可将沁河武陟水文站 100 年一遇洪峰流量由 7110 m³/s 削减到 4000 m³/s，使沁河下游防洪标准由目前不足 25 年一遇提高到百年一遇，减轻沁河下游的洪水威胁，保障穿越该地区的南水北调中线总干渠的防洪安全；可与黄河三门峡、小浪底、陆浑、故县水库联合调度，使黄河花园口 100 年一遇洪峰流量削减到 600~1500 m³/s（削减 3.82%~9.55%），从而减轻黄河下游堤防的防洪压力，减少东平湖滞洪区分洪运用概率，进一步完善黄河防洪工程体系；每年还可向济源市、焦作沁阳市提供城市生活和工业用水 1.28 亿 m³，对缓解该地区用水紧缺状况，提高供水保障能力都将发挥重要作用。

第二章 濮阳黄河堤防工程

第一节 黄河堤防工程

一、堤防工程

濮阳市黄河堤防位于黄河左岸，河南黄河堤防的最下端，上接河南省长垣县，下连山东省阳谷县，起止大堤桩号为 42+764~194+485，全长 151.721 km，堤顶宽度 8~12 m，临背河边坡及淤背区边坡均为 1:3，堤身相对高度 8~11 m，临背河堤脚悬差 2~4 m，最大处达 7.25 m。其具体情况见表 1-2-1。

表 1-2-1 濮阳黄河堤防工程情况

县别	长度 (km)	起止桩号		堤顶宽 (m)	堤防高 (m)	临背河堤脚悬差 (m)	
		起点	终点			一般	最大
合计	151.721			8~12	8~11	2~4	7.25
濮阳县	61.127	42+764	103+891	9~12	8~11	2~4	4.52 (51+000)
范县	41.595	103+891	145+486	8~11	8~11	2~4	7.25 (119+000)
台前县	48.999	145+486	194+485	8~12	8~11	2~3	3.83 (171+000)

濮阳黄河堤防是在清咸丰五年（1855 年）兰阳（今兰考）铜瓦厢决口改道后逐渐形成的。当时决口后，正值太平天国和捻军起义，清王朝忙于镇压起义军，由于其财政困难，无力堵口，故任其泛滥。于是，沿河各州县皆劝民筑埝自卫，直至光绪元年（1875 年），才将境内民埝连成一体。民国六年（1917 年），将民埝改为官堤，设河务总局，统管黄河堤防。濮阳黄河堤防由于是在民埝的基础上修筑而成的，历史上曾多次发生决口，堤防历史口门较多，抗洪能力严重不足。人民治黄以来，历经 1950~1959 年、1962~1965 年、1974~1985 年、1998~2001 年 4 次加高改建及近些年的标准化堤防建设，形成了现在的堤防。随着国家经济实力的增强和工程管理的需要，自 1999 年逐步对黄河大堤堤顶进行硬化，至 2004 年全长 151.721 km 的堤顶全部进行硬化。

二、堤防加固情况

黄河大堤是在原民埝基础上修筑起来的，历史上遗留下来的隐患较多。为消除堤身隐患，确保防洪安全，曾采用多种方式进行堤防加固。如锥探灌浆、抽槽换土、黏土斜墙、黏土铺盖、前戗、后戗、填塘固基、砂石反滤、圈堤等，这些措施对增加堤防强度、消除堤防隐患都起到了较大的作用。随着科学技术的发展和现代作业方式的不断改变，一些旧式的加固方式已逐步淡出，目前对黄河堤防加固最常用方式有两种：一种是放淤固堤，另一种是截渗墙工程加固。

（一）堤防放淤固堤情况

放淤固堤是利用黄河水沙资源加固堤防的一项重要措施。它是利用挖泥船或泥浆泵抽取河道或滩区的泥沙，输送到堤防背河侧（或临河侧），达到培厚大堤断面，延长渗径长度的目的。该项措施具有 5 个最显著的优点：一是可以显著提高堤防的整体稳定性，有效解决堤身质量差问题，减轻原堤身和堤基隐患对堤防安全的影响；二是较宽的淤筑体可以为防汛抢险提供宽阔的场地和料源培育基地；三是从河道中挖取泥沙，可起到疏浚减淤的作用，减轻河槽淤积的程度和速度；四是淤区顶部可以种植适生林，形成绿化林带，有利于改善沿黄的生态环境；五是利用黄河泥沙淤高背（临）河地面，可以使黄河逐步形成"相对地下河"，从而实现黄河的长治久安。

截至 2012 年年底，放淤固堤方式共加固濮阳市黄河堤防 24 段，总长度为 81.406 km（详见表 1-2-2）。由于对洪水的认识和客观条件不同，放淤固堤的工程标准在不同时期有一定的差异。1980 年，堤防险工段淤区宽度为 100 m，平工段为 50 m，高程与设计防洪水位平（1983 年水平）；1981 年，为加快重点堤段的放淤固堤进程，堤防险工段淤宽为 50 m，平工段为 30~50 m，顶部高程高于浸润线出逸点 1 m；2004 年，为配合黄河标准化堤防建设，放淤固堤标准为淤宽 100 m，顶部高程较设防水位低 2 m（2000 年水平），但在背河村庄稠密，房屋拆迁量大的堤段淤区宽度可缩窄至 80 m。

表 1-2-2　濮阳市放淤固堤工程统计

县别	淤区相应大堤桩号	长度（m）	备注
濮阳市	合　计	81406	共 24 段
濮阳县	小计	36063	7 段
	42+764~47+515	4751	
	48+525~54+500	5975	
	56+050~61+800	5750	
	62+859~64+064	1205	
	64+879~65+800	921	
	77+900~90+000	12100	
	98+530~103+891	5361	
范县	小计	13935	6 段
	105+200~105+550	350	
	107+248~111+300	4052	
	111+900~112+400	500	

续表 1-2-2

县别	淤区相应大堤桩号	长 度（m）	备 注
范县	124+728~125+525	797	
	134+000~139+700	5700	
	142+950~145+486	2536	
台前县	小计	31408	11 段
	145+486~151+886	6400	
	152+386~159+350	6964	
	161+050~169+500	8450	
	171+500~172+000	500	
	173+000~174+000	1000	
	175+000~178+000	3000	
	180+050~181+080	1030	
	182+150~183+329	1179	
	185+000~185+600	600	
	187+000~188+800	1800	
	194+000~194+485	485	

（二）截渗墙工程加固堤防情况

自 1998 年以来，截渗墙工程技术在黄河堤防加固工程中得到了较快发展。特别是近些年随着截渗施工机具和工艺技术不断发展和完善，截渗墙具有截渗深度大、连续造墙、施工速度快、群众干扰少等优点。截渗墙法加固堤防技术不仅可以提高堤身、堤基的防渗效果，有效阻断贯穿堤身的横向裂缝、獾狐洞穴，亦能阻止树根横穿堤身，防止新的洞穴隐患产生，同时工程占地少，带来的社会问题小。因此，在地层结构有相对不透水层、且堤防背河有村庄、采取放淤固堤加固方案非常困难的情况下，采用截渗墙加固方案是一种较好的替代方案。截至 2012 年底，截渗墙方法共加固濮阳市黄河堤防 16 段，总长度 21.59 km（详见表 1-2-3）。

表 1-2-3　濮阳市黄河堤防截渗墙工程统计

县别	相应大堤桩号	长 度（m）	备 注
濮阳市	合 计	21590	16 段
濮阳县	小计	5250	5 段
	55+000~56+000	1000	
	61+800~62+900	1100	
	92+200~94+000	1800	
	94+500~95+000	500	
	97+500~98+350	850	

续表 1-2-3

县别	相应大堤桩号	长度（m）	备注
范县	小计	6500	4段
	112+400~114+200	1800	
	130+800~132+250	1450	
	131+250~134+000	2750	
	141+850~142+350	500	
台前县	小计	9840	7段
	169+500~170+440	940	
	172+000~173+000	1000	
	174+000~175+000	1000	
	178+000~180+050	2050	
	186+000~187+000	1000	
	188+700~189+900	1200	
	191+000~193+650	2650	

第二节 北金堤堤防工程

北金堤现为北金堤滞洪区的北围堤，始筑于汉代。东汉明帝永平十二年（69年）王景治河时，自荥阳至千乘（今利津一带）沿黄河南岸修筑的一道长堤。该堤在宋庆历八年（1048年）黄河改道北徙之前，为黄河右堤。清光绪元年（1875年）将北金堤修培，改为黄河左岸的遥堤。

濮阳黄河河务部门管辖的北金堤堤防上起安阳市滑县白道口镇李村，下至濮阳市濮阳县柳屯镇东陈庄村，相应堤防桩号为–（35+250）~39+964。该堤防横穿安阳市滑县白道口镇、四间房乡和濮阳市高新区新习乡、濮阳县城关镇、清河头乡、柳屯镇，堤顶设计高程57.05~53.3 m（该工程为黄海高程），现状堤顶高程58.40~52.61 m，滞洪水位54.55~50.8 m。北金堤堤防现状情况详见表1-2-4。

表1-2-4 北金堤堤防现状情况统计

堤防桩号	堤防现状		设计堤顶高程（m）	设计滞洪水位（m）	备注
	堤顶高程（m）	堤顶宽度（m）			
–（35+250）			55.20	52.70	堤防残破
–（30+000）			55.50	53.00	堤防残破
–（25+000）			55.80	53.30	堤防残破
–（20+000）	58.40	7.0	56.10	53.60	共整修堤防7.2 km
–（15+000）	56.40		56.37	53.87	堤防残破

续表 1-2-4

堤防桩号	堤防现状		设计堤顶 高程（m）	设计滞洪 水位（m）	备注
	堤顶高程（m）	堤顶宽度（m）			
-（10+000）	56.84		56.62	54.12	堤防残破
-（5+000）	56.98		56.85	54.35	堤防残破
0+000	57.25		57.05	54.55	堤防残破
1+000	57.24		57.00	54.50	堤防残破
2+000	57.00	8.5	56.95	54.45	
5+000	56.93	7.4	56.81	54.31	
7+000	56.62	8.0	56.71	54.21	
9+000	56.64	8.0	56.62	54.12	
11+000	56.41	8.0	56.52	54.02	
13+000	56.20	7.0	56.42	53.92	
15+000	56.10	7.8	56.32	53.82	
17+000	55.50	7.7	56.21	53.71	
19+000	55.88	8.2	55.94	53.44	
21+000	54.77	8.0	55.67	53.17	
23+000	54.67	8.2	55.40	52.90	
25+000	55.34	7.0	55.24	52.74	
27+000	54.12	8.0	55.10	52.60	
29+000	54.03	7.8	54.96	52.46	
31+000	53.48	8.0	54.63	52.13	
33+000	53.35	7.2	54.30	51.80	
35+000	52.83	7.6	54.00	51.50	
37+000	52.85	6.5	53.70	51.20	
39+964	52.96	6.7	53.30	50.80	

　　濮阳北金堤分别于 1951~1957 年、1978~1985 年期间进行过两次大规模的加固。但由于是在自然形成的沙丘上修筑而成的，受当时施工技术水平和投资限制，存在堤身单薄、堤顶宽度不够、高程不足、浸润线逸出点高等问题。且由于施工未彻底解决征迁移民安置问题，近堤村庄较多，部分村庄依堤而建，工程管理难度较大。自 1985 年以来，近 30 年没有进行过堤防加固，工程受自然侵蚀影响，堤顶高程平均降低 0.3 m，防洪能力不断下降。

一、零公里桩以上堤防

　　零公里桩以上堤防总长 35.25 km，相应大堤桩号为-（35+250）~0+000。该段堤防自 1983 年上级停拨管理经费后，曾一度被放弃管理，部分堤段遭沿堤群众开垦、建房等侵占，损坏严重，未进行确权划界，有些堤段已没有堤防基本形状，堤顶无法正常通行。2006 年水管体制改革后，经上级批准于 2008 年对堤防进行了正常管理。但由于现状堤防损坏严重，堤防养护人员除加强堤防巡查防止不再发生新的破坏外，还拿出一部分养护经费对一些群众争议小的堤段进行了整修。截至 2012 年，共整修堤防 7.20 km，大堤桩号为-（16+500）～-（23+700）。

二、零公里桩以下堤防

零公里桩以下堤防长 39.964 km，相应桩号为 0+000~39+964。其中桩号 0+000~1+600、9+800~10+550、13+000~17+150、19+640~39+964 四段长 26.824 km，堤防高程低于设计高程 0.5~1.3 m，堤身单薄，堤脚悬吊，堤顶宽度不够，仅有 6~8 m；桩号 1+000~1+800 堤段，长 0.8 km，被村庄占压，堤顶道路无法正常通行；桩号 10+550~14+000 堤段，长 3.45 km，未进行确权划界。

第三节　涵闸(洞)、穿(跨)堤建筑物

穿堤引黄（涵）闸、虹吸、涵洞、桥梁等穿堤建筑物，虽然有利于工农业生产，给人们生活带来便利，但在不同程度上会给堤防安全构成威胁，是防汛防守的重点。

一、黄河大堤穿堤建筑物

(一)穿堤虹吸工程

为有效解决濮阳市黄河滩区长期受淹及背河农业灌溉问题，20 世纪 70~80 年代，人们利用临河水位一般高于背河地面的有利条件，先后在黄河大堤上陆续修建了 13 座虹吸工程。该工程虽然具有投资小、见效快、操作方便等优点。但随着黄河河道不断淤积和堤防的不断加高，造成虹吸工程管道安装高程逐渐低于黄河设防水位，影响到堤防防洪安全。为此，从 20 世纪 80 年代末开始，逐渐对已建虹吸工程进行拆除或改建为引黄涵闸。目前，在濮阳市黄河堤防上仅有王窑一座虹吸存在。该虹吸位于濮阳县渠村乡王窑村南，大堤桩号 43+525，建于 1979 年，共有两条管道，每条管道内径 0.8 m，空气室管底高程 66.80 m（该工程为黄海高程），出水管口高程 58.66 m，静水池底高程 58.66 m，设计防洪水位 65.50 m，流量 2.50 m³/s。该虹吸工程已对堤防安全构成威胁，应予以拆除。在未拆除前，汛期应加强防守。

(二)穿堤引黄(涵)闸工程

濮阳市从 1958 年开始兴建渠村、刘楼穿堤引黄（涵）闸工程，到 20 世纪 80 年代初期，共在黄河大堤上修建穿堤引黄（涵）闸 5 座，顶管 3 座，引黄虹吸 13 座，扬水站 3 座。1979 年以来，从防洪安全和有利于引水着想，对现有的引黄（涵）闸、顶管等供水工程进行了改建、整合。改建整合后的穿堤引黄（涵）闸共 11 座，均为钢筋混凝土涵洞式结构，符合堤防防洪要求。其穿堤引黄（涵）闸工程情况详见表 1-2-5。

表 1-2-5　穿堤引黄涵闸工程情况　　　　　高程系统：黄海

| 县别 | 涵闸名称 | 穿堤桩号 | 孔数 | 闸孔尺寸（m） | | 设计流量（m³/s） | 设计防洪水位（m） | 建设时间（年） | 安全状况 |
				高	宽				
濮阳县	渠村闸	47+120	5	3	3.9	90	66.91	2006	
			1	3	2.5	10			
	陈屯闸	61+650	1	3.5	3.4	10	65.29	2007	
	南小堤闸	65+870	3	2.8	2.8	50	65.66	1983	二类闸
	梨园闸	83+350	1	2.7	2.5	10	63.52	1992	
	王称堌闸	98+502	1	2.7	2.5	10	61.30	1995	二类闸
范县	彭楼闸	105+616	5	2.7	2.5	50	60.10	1986	二类闸
	邢庙闸	123+170	1	3.0	2.8	15	58.20	1988	二类闸
	于庄闸	140+275	1	2.7	2.5	10	56.04	1994	
台前县	刘楼闸	147+040	1	2.8	2.8	15	54.66	1984	二类闸
	王集闸	154+650	3	2.5	2.1	30	53.83	1987	三类闸
	影堂闸	166+340	1	2.7	2.5	10	52.37	1989	三类闸

（三）渠村分洪闸与张庄退水闸

渠村分洪闸是北金堤滞洪区的进水闸，建成于 1978 年 5 月，共 56 孔，总宽度 749 m，系钢筋混凝土灌注桩基础开敞式闸门，穿堤于（左岸）大堤桩号 48+150 处。张庄退水闸既是北金堤滞洪区滞洪洪水的入黄闸，又是金堤河涝水的入黄闸，始建于 1965 年，改建于 1998 年，共 6 孔，闸门总宽 60 m，属于开敞式轻型水闸，穿堤于（左岸）大堤桩号 193+895。其详细情况见表 1-2-6。

表 1-2-6　渠村分洪闸和张庄退水闸工程情况　　　　　高程系统：黄海

| 县别 | 涵闸名称 | 穿堤桩号 | 孔数 | 闸孔尺寸（m） | | 设计流量（m³/s） | 设计防洪水位（m） | 安全状况 |
				高	宽			
濮阳县	渠村分洪闸	48+150	56	4.5	12	10000	66.75	三类闸
台前县	张庄退水闸	193+895	6	4.7	10	1000	48.08	

（四）穿堤桥梁

1. 东明黄河公路大桥

东明黄河公路大桥位于河南省濮阳县和山东省东明县之间，左岸大堤桩号为 63+050，右岸大堤桩号为 211+800，与两岸大堤立交，全长 4.142 km，于 1993 年 9 月竣工通车。该桥主孔系 1 座预应力混凝土连续刚构公路桥，桥梁主桥 9 孔 1 联，分跨为 75+7×120+75（m），其中间 4 个主墩采用双壁墩，墩梁固结，其余各墩为实体式空心墩，每墩顶设双排盆式橡胶支座，兼有连续梁桥和连续刚构的优点，采用悬臂浇筑法施工。引桥上部结构采用 40 m 和 50 m 两种部分预应力混凝土简支 T 梁,桥面连续,最大联长 300 m。下部结构为直径 2~2.4 m 钻孔桩,引桥桥墩为单排双柱式墩。桥梁横截面为单箱单室,桥宽 18.5 m,中间机动车道 12.1 m,两侧非机动车道 2.3 m,桥面设分隔带和两侧护栏。该桥由河南省交通规划勘察设计院设计,黑龙江、河南省公路工程公司及菏泽、濮阳公路段(局)施工。

2. 鄄城黄河公路大桥

鄄城黄河公路大桥位于河南省范县陈庄乡吴庄村(左岸大堤桩号 125+080)和鄄城县李进士堂村西(右岸大堤桩号 272+260)之间,与两岸大堤平交,是一座横跨黄河的特大型桥梁,是德(州)商(丘)高速公路的一个重要控制性工程。该桥全长 5.623 km,总投资约 9.1 亿元,为全封闭、全部控制出入的双向四车道高速公路特大桥。按上、下行分离式桥建设,单幅桥宽 13.5 m,两幅桥间净宽 1.0 m,桥梁全宽 28 m,设计速度 120 km/h。大桥共 81 跨,主桥部分是 13 跨,其中 11 跨 120 m,2 跨 70 m,是国内首创的波形钢腹板桥,其中引桥部分采取的是折线配筋的预应力先张 T 型梁。该桥设计防洪标准为 300 年一遇洪水,设计水平年 2050 年,于 2007 年 9 月开工建设,2011 年 12 月完成主体工程建设任务,计划 2014 年通车。

3. 京九铁路孙口黄河特大桥

京九铁路孙口黄河特大桥左岸起始河南省台前县孙口乡刘桥村(左岸大堤桩号 163+030),跨越黄河进入山东省境内,经山东省梁山县赵固堆乡范那里、姚庄(右岸大堤桩号 321+000),止于郭村西,全长 6.250 km,其中主桥长 3.577 km。该大桥与两岸大堤平交,于 1995 年 5 月竣工通车,为双线铁路桥,由北岸引桥工程、主桥工程、南岸引桥等组成。北岸引桥长 1.572 km,南岸引桥长 1.091 km,桥面宽度 10 m。该桥设计防洪标准为 1000 年一遇,设计流量 18170 m³/s,设计水位 53.31 m(黄海高程),通航标准为 4 级,通航水位为 47.99 m,通航桥孔最低下弦高程为 58.46 m。

4. 将军渡黄河铁路桥

将军渡黄河铁路桥是山西中南部铁路通道的全线控制性工程之一,是一座横跨黄河的特大型桥梁,桥址位于河南省台前县打渔陈镇(左岸大堤桩号 172+471)与山东省梁山县小路口镇之间,与两岸大堤立交。该桥全长 9.929 km,为简支箱梁和钢桁梁结构,主桥采用 1 孔 99.05 m+10 孔 128 m 双线下承式简支钢桁梁。该桥由中铁大桥局承建,于 2010 年 10 月 28 日开工建设,2012 年 12 月完成主体工程建设任务。

二、北金堤穿堤建筑物

(一)穿堤涵闸工程

1. 柳屯引水闸

柳屯引水闸位于濮阳县柳屯镇境内,穿堤大堤桩号为 26+728。该闸为濮阳第二濮(濮阳县)清(清丰县)南(南乐县)干渠穿北金堤涵闸,修建于 1988 年,为 3 孔涵洞式水闸,孔口尺寸 2.5 m×2.1 m,设计流量 30 m³/s。工程结构为钢筋混凝土箱型结构,采用混凝土平板闸门和 15 t 手摇电动两用螺杆式启闭机。

柳屯引水闸运用至今已 20 余年，启闭设备运转不灵活，闸门年久失修，止水老化。闸前闸后护坡多处损坏，交通桥与工作桥连接处出现裂缝。由于不均匀沉陷，护坡与闸体结合处裂缝较大，已形成堤防隐患。该闸被鉴定为三类闸。

2. 城南回灌闸

城南回灌闸位于濮阳县城南关，穿堤大堤桩号为 3+100。该闸为濮阳第一濮清南干渠穿北金堤涵闸，修建于 1978 年，为 3 孔涵洞式水闸，孔口尺寸 2.5 m×2.5 m，洞身总长 42 m，设计流量 30 m³/s。此闸为当地政府投资兴建，由当地水务部门运行管理。

（二）穿堤小型涵洞、提灌站工程

在北金堤上现有穿堤小型涵洞、提灌站 18 座，建于 1957~1985 年期间，主要服务于当地农业灌溉、排涝。其详细情况见表 1-2-7。

表 1-2-7 北金堤穿堤小型涵洞、提灌站情况　　　　高程系统：黄海

序号	工程名称	大堤桩号	结构形式	兴建时间（年）	洞底板高程（m）	滞洪水位（m）	备注
1	芦寨涵洞	−（14+450）	砖	1971	50.73	54.70	
2	弯子涵洞	−（12+000）	砖	1957	51.70	54.67	
3	常林平涵洞	−（9+815）	砖	1957	51.50	54.64	废弃
4	鹿斗村涵洞	−（7+200）	砖	1957	51.64	54.61	废弃
5	徐堤口提灌站	−（3+070）	砌石	1957	55.10	54.55	
6	刘堤口涵洞	−（2+200）	砖	1957	49.71	54.54	废弃
7	宋堤口涵洞	−（1+780）	砖	1957	53.45	54.54	
8	火厢头涵洞	−（0+820）	砖	1957	51.12	54.52	废弃
9	陈庄提灌站	12+100	砖	1983	53.44	53.97	
10	西清河头提灌站	13+100	砖	1980	53.40	53.92	废弃
11	东清河头涵洞	14+788	混凝土管	1960	52.43	53.83	废弃
12	单什八郎提灌站	25+500	混凝土管	1966	52.50	52.70	废弃
13	榆林头提灌站	30+200	混凝土	1985	52.30	52.10	废弃
14	榆林头提灌站	30+950	混凝土管	1985	53.50	52.15	
15	黄庙提灌站	31+560	混凝土管	1985	53.20	52.04	
16	虎山寨提灌站	32+150	混凝土管	1985	53.10	51.94	
17	这合寨提灌站	32+600	混凝土管	1980	51.60	51.90	废弃
18	这合寨涵洞	33+356	砌石	1980	48.00	51.80	

北金堤上现有的 18 座穿堤小型涵洞、提灌站，由于年久失修，老化严重，并且有 17 座洞底板高程低于滞洪水位 0.2~4.83 m，已成为北金堤防汛中的险点。

（三）穿堤管线

北金堤位于中原油田油区和濮阳市区之间，有 29 条输油管道、输气管线和输水管道穿越而过，在不同程度上影响到堤防安全。其详细情况见表 1-2-8。

表 1-2-8　油气水管线跨越金堤基本情况统计　　　　　　高程系统：黄海

序号	北金堤桩号	建筑类别	主管规格	数量（根）	底部高程（m）	管理单位	修建时间
1	0+950	水管	Φ1200	1	48.20	市自来水公司	1988 年 3 月
2	11+500	输油管线	Φ426	1	59.20	新乡管道局	1990 年 3 月
3	17+300	输油管线	Φ426	1	57.30		1989 年 6 月
4	23+976	污水管线	Φ273	1	55.80	中原油田	1979 年 8 月
5	25+833	气管	Φ426	15		中原油田	1986 年埋设 8 条，1989 年 3 月增设 1 条，1989 年 8 月增设 4 条，2001 年 10 月增设 1 条。
		油管	Φ426				
		油管	Φ325				
		轻烃管	Φ159				
		气管	Φ426				
		气管	Φ720				
		气管	Φ237				
		油管	Φ325				
		油管	Φ325				
		油管	Φ273				
		气管	Φ325				
		预埋管	Φ325				
		气管	Φ630				
		油管	Φ325				2009 年 12 月
		油管	Φ159				
6	26+050	气管		1	55.26	河南绿能融创燃气有限公司	2012 年 10 月
7	27+480	气管	Φ508	1	55.07	中国石油化工有限公司	2012 年 4 月
8	28+400	气管	Φ630	5	55.51	中原油田	1993 年 11 月
		油管	Φ426				
		气管	Φ159				
		水管	Φ1020				
		油管	Φ219				2009 年 5 月
9	36+500	油管	Φ359	3	54.28	采油三厂	1986 年 4 月
		气管	Φ114				
		水管	Φ114				

第三章　濮阳黄河河道整治工程

濮阳市黄河河道总长 167.5 km，其中高村以上河道长 11.5 km，河床宽浅，水流散乱，主溜摆动频繁，属于游荡型河道，高村以下河道长 156 km，河床逐渐变窄，主溜摆动减弱，属于游荡型向弯曲型转变的过渡型河段。河道整治工程是黄河防洪工程体系的重要组成部分，是防洪工程的前沿阵地。河道整治工程主要包括险工、控导（护滩）和防护坝工程。目前濮阳市共建有黄河河道整治工程 43 处，工程总长度 76046 m，共有坝、垛、护岸 736 道（座、段），其中坝 643 道，垛 42 座，护岸 51 段。其详细情况见表 1-3-1。

表 1-3-1　濮阳市黄河险工、控导（护滩）及防护坝工程情况

内容 名称	处数	工程长度 （m）	坝 （道）	垛 （座）	护岸 （段）	合计（道、 段、座）	说　明
一、险工	13	20813	171	15	22	208	其中控导 10 道
1. 濮阳县	4	6776	50	1	22	73	其中控导 7 道
2. 范县	4	8607	85			85	
3. 台前县	5	5430	36	14		50	其中控导 3 道
二、控导护滩	20	45083	426	27	29	482	
1. 濮阳县	7	15539	163		29	192	
2. 范县	4	8804	90			90	
3. 台前县	9	20740	173	27		200	
三、防护坝	10	10150	46			46	
1. 濮阳县	9	4810	41			41	
2. 台前县	1	5340	5			5	
合计	43	76046	643	42	51	736	

第一节　险　工

险工是在经常靠河的堤段，为防御水流冲刷堤身，依托堤防所修建的防护工程，它的主要形式有丁坝、堆垛、护岸等。险工的主要作用是挑溜御水，控制河势，确保堤防安全。现有险工多数是在与洪水斗争过程中被动抢修而成的，事先并无统一的规划，因而工程的外形多种多样，很不规则。险工从平面布置形式上可分为凸出型工程（即位于堤岸线突出部位的险工）、平顺型工程（即布局比较平稳或呈微凹微凸相结合的险工）和凹入型工程（即外型是一个内凹的弧线险工）3 种类型，目前新

修的险工多采用凹入型工程。濮阳市黄河险工绝大部分始建于新中国成立前和20世纪50~60年代，随着社会发展的要求、防洪标准的提高以及河道不断淤积抬高和河势的变化，已多次对已建险工进行续建和加固改建。目前，在濮阳市黄河堤防上共修建险工13处，工程总长度20813 m，共有坝、垛、护岸208道（座、段），其中坝171道（有10道坝为控导标准），垛15座，护岸22段。其详细情况见表1-3-2。

表 1-3-2　濮阳市黄河险工情况

内容 名称	始建时间 （年）	工程长度 （m）	坝 （道）	垛 （座）	护岸 （段）	合计（道、 段、座）	说　明
一、濮阳县		6776	50	1	22	73	4 处
1. 青庄	1959	2329	18	1	7	26	其中控导 3 道
2. 老大坝	1915	150	1			1	
3. 南小堤	1920	3571	27		15	42	其中控导 4 道
4. 吉庄	1964	726	4			4	
二、范县		8607	85			85	4 处
1. 彭楼	1960	3330	36			36	
2. 李桥	1960	2321	25			25	
3. 邢庙	1950	1486	12			12	
4. 桑庄	1919	1470	12			12	
三、台前县		5430	36	14		50	5 处
1. 影唐	1954	2020	16	4		20	其中控导 3 道
2. 梁集	1962	800	6			6	
3. 后店子	1962	400	3			3	
4. 张堂	1968	910	8			8	
5. 石桥	1953	1300	3	10		13	
合计		20813	171	15	22	208	13 处

一、青庄险工

青庄险工位于濮阳县渠村乡青庄、大芟河村南，相应大堤桩号48+680~51+750，始建于1959年，平面布局为凹入型，工程总长度2329 m，现有18道坝（16~18坝为控导标准）、1座垛、7段护岸。是黄河下游河道整治规划中的工程之一。

1955~1956年，濮阳对岸山东省东明县在黄寨、霍寨、堡城连续修建险工，将主溜送至青庄一带，造成该处滩岸不断坍塌后退，致使下游高村、南小堤、刘庄险工河势逐年下挫脱河。为此，于1956年修建青庄护滩工程3座垛，1957年又修建3道坝。但因已修建的工程不起作用而拆除，并于1959年重新布局，将青庄护滩工程改为险工，当年汛前修建2~3坝、9~11坝，汛中修建1坝、4~8坝，还修建了3~10坝6段护岸及垛1座。1960年续建12坝，1969年续建13~15坝，1983年修建12坝下护岸，1988年和1990年又分别续建16坝、17坝和18坝（控导标准）。1997

年对 16~18 坝进行加高帮宽，2000 年和 2003 年又分别对 1~2 坝和 3~15 坝进行帮宽加高改建。

该工程自修建以来，上迎对岸黄寨、霍寨、堡城、河道工程以及濮阳县三合村控导护滩工程来溜，下送溜至对岸的高村险工，对改善和稳定下游河势，护滩保堤，保证濮阳县渠村、南小堤引黄闸引水，为两岸工农业生产和城市用水，都发挥了巨大的作用。青庄险工 10 多年来靠河情况见表 1-3-3。

表 1-3-3　青庄险工靠河情况

时间	靠河坝数（个）	靠河（坝）	大溜（坝）	边溜（坝）	漫水（坝）
2002 汛后	9	1~9	3	4~7	1~2、8~9
2003 汛前	9	1~9	6~7	1~5、8~9	
2004 汛前	10	1~10	3~4	5	1~2、6~10
2005 汛前	10	2~11	7~9	2~6、10~11	
2006 汛前	11	1~11	6~8	3~5、9~11	1~2
2007 汛前	9	1~9	1~3	4~6	8~9
2008 汛前	10	1~10	4~6	1~3、7~9	10
2009 汛前	9	3~11	9~10	6~8、11	3~5
2010 汛前	11	1~11	9~10	1~8	11
2011 汛前	14	9~15	12~13	14~15、9~11	
2012 汛后	10	9~18	10~13	9、14~18	
2013 汛前	11	8~18	10~11	8~9、12~18	

二、老大坝险工

老大坝险工位于濮阳县郎中乡前赵屯村南，相应大堤桩号 62+910，始建于民国四年（1915 年），共 1 道坝，长度 150 m。

民国初年，青庄上首大河坐弯，送溜至高村险工上首，溜出高村险工后，直冲左岸司马集一带坐弯，司马集、安头两村落河，陈屯及坝头一带形成坐弯。为了防止溜势冲堤生险，于 1915 年 9 月修建老大坝险工 1 道坝（为坝头口门堵复时修建）。1932 年又接长 1060 m 左右，红砖护坡，故称红砖坝。1933 年大水时冲断，以后即开始脱河。1947 年黄河归故后，司马集一带坐弯，至对岸永乐着溜，造成老大坝于 1951 年着溜抢险，1952 年河势下挫，脱河至今。

该坝属于历史老险工，目前只有在滩区漫滩时才偎水。

三、南小堤险工

南小堤险工位于濮阳县习城乡习城集南（历史决口旧址），相应大堤桩号 64+179~66+032，始建于 1920 年，平面布局为凹入型，工程总长度 3571 m，现有 27 道坝（24~27 坝为控导标准）、15 段护岸。

1915年坝头堤防决口后,河势逐渐下挫,根据河势下挫的趋势,于1920年首建第3坝。1935年左右陆续修建1~10坝秸料坝埽,其中6~10坝系一道蜿蜒的龙尾坝,1935年后即着溜生险,抢险后逐渐改为砖坝。1936年由于河势下挫,续建11~13坝,1947年黄河归故前,旱工修筑14坝。黄河归故之后,人民政府于1947年对1~13坝进行大规模整修加固,并修建6~9坝4段下护岸,1949年修建10坝下护岸。1951年、1952年将原有柳石坝及砖坝大部分改建为土石坝,1953年续修15~17坝(后因兴建山东大坝而废除),1956年修建11坝下护岸。1956年随着河势下挫,造成习城乡万寨、于林一带塌滩坐弯,至1959年大河经胡寨冲向对岸刘庄下首后郝寨一带,致使对岸刘庄险工脱河,刘庄引黄闸引水困难。1960年(利用三门峡下闸蓄水时机)为了对岸刘庄引黄闸引水,由山东省负责修建18~24坝支坝及17~23坝7段下护岸,故称"山东大坝"(也叫"截流大坝"),至1962年移交濮阳管理。1960年、1962年整修加固了15~17坝及11~12坝下护岸,2007年对6~16坝按险工标准、17~23坝按控导标准进行了改建。2008年又将24坝改建为控导标准,并新修25~27坝(控导标准)。目前该工程1~5坝早已脱河,失去作用。

该工程自修建以来,上迎高村险工、南上延控导工程来溜,下送溜于对岸的刘庄险工,对改善和稳定下游河势,护滩保堤,保证濮阳县南小堤及对岸刘庄引黄闸引水,都发挥了很大的作用。但该险工近10多年来非汛期一直脱河,汛期工程下首仅个别坝靠河或偎水。

四、吉庄险工

吉庄险工位于濮阳县王称堌乡吉庄村南北,相应大堤桩号102+852~103+578,始建于1964年,平面布局为平顺型,共4道坝,长度726 m。

该工程是在吉庄上下滩岸坍塌,村东头着溜之际,为了达到与彭楼险工衔接成一弯道,既能起到防洪固堤作用,又有利于河道整治之目的修建的。修建时期发挥了一定的作用,但随后不久脱河,基本失去作用,现为土坝基,仅在滩区漫滩时才偎水。

五、彭楼险工

彭楼险工位于范县辛庄乡于庄、马棚村南,相应大堤桩号103+918~107+248,始建于1960年,平面布局为凹入型,工程总长度3330 m,现有36道坝。

由于右岸营房险工挑溜作用,大河顶冲彭楼河湾,滩岸迅速坍塌后退,威胁到堤防安全。为了控制河势的进一步恶化,护滩保村,确保堤防安全,于1960年始建1~6坝,1962年修建9~13坝,1964年修建7、8坝,1965年修建14~33坝,1970年修建34~36坝。1998年6月又对22~30坝联坝进行了加高改建。

该工程自修建以来,上迎对岸营房等工程来溜,下送溜于对岸老宅庄等工程,对改善和稳定下游河势,护滩保堤,保证彭楼引黄闸引水,都发挥了很大的作用。但由于历史等原因,彭楼工程布局不科学,需要进行改造,主要是消除"鱼肚"问题，应采取截短 30~35 坝和对 6~29 坝接长相结合的方法，以达到坝头连线组成平顺的送溜段，从而将溜送至老宅庄工程 13 坝以下。彭楼险工 10 多年来靠河情况见表 1-3-4。

表 1-3-4 彭楼险工靠河情况

时间	靠河坝数（个）	靠河（坝）	大溜（坝）	边溜（坝）	漫水（坝）
2002 汛后	26	11~36	12~18	19~21	11、22~36
2003 汛前	13	21~33	23~33	22	21
2004 汛前	22	12~33	23~27	22、28~29	12~21、30~33
2005 汛前	22	12~33	24~27	22~23、28~33	12~21
2006 汛前	24	12~35	26~29	19~25	12~19、30~35
2007 汛前	23	11~33	27~32	11~26	33
2008 汛前	20	13~32	14~32		13
2009 汛前	23	12~34	26~33	20~25	12~19、34
2010 汛前	23	11~33	26~32	33、24~25	11~23
2011 汛前	23	12~34	28~33	26、27、34	12~25
2012 汛后	24	11~34	27~33	11~26	34
2013 汛前	23	11~33	22~25	15~21、26~33	11~14

六、李桥险工

李桥险工位于范县陈庄乡罗庄村南，相应大堤桩号 120+450~122+771，始建于 1960 年，平面布局为凹入型，工程总长度 2321 m，现有 25 道坝。是黄河下游河道整治规划中的工程之一。

1960 年始建 8~10 坝，1964 年修建 1~7 坝，1966 年修建 11~26 坝，1967 年修建 27~37 坝。但随着河势下挫，已修工程全部脱河，放弃管理而报废。从 1968 年开始重新规划，当年修建 41~51 坝（缺 42 坝），1969 年修建 52~61 坝，1990 年修建 38~40 坝，1991 年修建 36、37 坝。2000 年对该工程平面布置进行了调整，填平了中间陡弯，削短了下部长坝，使工程整体上趋于合理。但由于长坝拆除不彻底，仍发挥着一定的挑溜作用，造成李桥河势逐年上提（特别是 1982 年芦井控导工程水毁恢复后），随即上延兴建了李桥控导工程。

该工程自修建以来，与邢庙险工形成一道弯道，上迎对岸芦井、桑庄等工程来溜，下送溜于对岸郭集控导工程，对稳定河势，确保堤防安全及邢庙引黄闸引水，都发挥了很大的作用。李桥险工 10 多年来靠河情况见表 1-3-5。

表 1-3-5 李桥险工靠河情况

时间	靠河坝数（个）	靠河（坝）	大溜（坝）	边溜（坝）	漫水（坝）
2002 汛后	11	36~38、48~55			36~38、48~55
2003 汛前	5	36、46~49		36、46~49	
2004 汛前	5	45~49			45~49
2006 汛前	15	36~40、45~54	49	36	37~40、45~48、50~54
2007 汛前	6	46~49、52~53			46~49、52~53
2008 汛前	10	36~38、46~49、53~55		49	36~38、46~48、53~55
2009 汛前	10	36~38、48~54			36~38、48~54
2010 汛前	10	36~39、46~48、53~54			36~39、46~48、53~54
2011 汛前	10	36~39、46~48 53~55			36~39、46~48、53~55
2012 汛后	10	36~39、46~48、53~55			36~39、46~48、53~55
2013 汛前	10	36~39、46~48、53~55		48	36~39、46~47、53~55

七、邢庙险工

邢庙险工位于范县陈庄乡史楼村东南，相应大堤桩号 122+771~124+257，也是 1922 年、1923 年及 1930 年堤防决口的老口门处。该工程始建于 1950 年，平面布局为凹入型，工程总长度 1486 m，现有 12 道坝。

该工程最早始建于清朝光绪年间，原为史王楼工程 1~7 坝和邢庙工程 8~11 坝，1950 年将两处工程合一，统称为邢庙险工，重新布局，当年接长修建 1 坝。1951 年修建 9~10 坝，1952 年修建 2~4 坝、8 坝、11 坝，1953 年修建 5~7 坝，1954 年修建 12 坝。1988 年对 8~11 坝进行了接长，1989 年又对 12 坝进行了接长。

该工程自修建以来，与李桥险工形成一道弯道，上迎对岸芦井工程来溜，下送溜于对岸郭集控导工程，对稳定河势，确保堤防安全及邢庙引黄闸引水，都发挥了很大的作用。邢庙险工 10 多年来靠河情况见表 1-3-6。

表 1-3-6 邢庙险工靠河情况

时间	靠河坝数（个）	靠河（坝）	大溜（坝）	边溜（坝）	漫水（坝）
2002 汛后	7	1~7			1~7
2003 汛前	4	1~4	3~4	4	
2004 汛前	7	1~4、10~12		4、10~12	1~3
2005 汛前	12	1~12	12		
2006 汛前	11	1~4、6~12		3~4、12	1~2、6~11
2007 汛前	10	1~4、7~12		12	1~4、7~11
2008 汛前	10	1~4、7~12		12	1~4、7~11
2009 汛前	10	1~4、7~12		12	

时间	靠河坝数（个）	靠河（坝）	大溜（坝）	边溜（坝）	漫水（坝）
2010 汛前	10	1~4、7~12		11~12	1~4、7~10
2011 汛前	10	1~4、7~12		12	1~4、7~11
2012 汛后	10	1~4、7~12		12	1~4、7~11
2013 汛前	8	1~4、9~12		12	1~4、9~11

八、桑庄险工

桑庄险工位于范县杨集乡西桑村南，相应大堤桩号 114+980~116+450，始建于民国 8 年（1919 年），工程总长度 1470 m，现有 12 道坝。

1919 年，该处堤防紧靠大溜，为保护堤防安全，修建了桑庄险工，2011 年又对该工程进行了裹护改建。桑庄险工属于历史老险工，1958 年汛期洪峰过后脱河至今，仅在滩区漫滩时才偎水，现坝高仅有 3~5 m。在 2013 年进行标准化堤防建设筑新堤时，工程被占压，被迫平移至新堤外，按原标准、原规模、原功能重新修建。

九、影唐险工

影唐险工位于台前县打渔陈镇影唐村南，相应大堤桩号 165+240~167+060，始建于 1954 年，平面布局为凹入型，工程总长度 2020 m，现有 16 道坝、4 座垛。是黄河下游河道整治规划中的工程之一。

台前县影唐、梁集属于历史老口门，黄河曾分别于 1917 年、1919 年和 1920 年在此处决口。黄河归故以来，大河主溜在右岸程那里险工下首钟那里和王老君村庄之间坐弯挑溜，致使 1954 年冬影唐一带滩岸坍塌严重，形成弯道，紧靠堤防行洪，威胁到堤防安全。为了保护堤防安全，随即于 1954 年抢修 11~13 坝，1966 年 12 月修建 8~10 坝。1967 年蔡楼河湾淘深，主溜上提到孙口和影唐之间，故抢修了 1~7 坝和 4~7 垛（目前 4 座垛已淤平），1969 年 6 月修建 14~16 坝，2000 年 6 月又上延-4~-1 垛（其中-2~-4 垛为控导标准）。2013 年，又对 10~16 坝共 7 道坝进行了退坦帮宽改建。

该工程自兴建以来，上迎对岸蔡楼控导工程来溜，下送溜于对岸朱丁庄控导工程，对稳定河势，确保堤防安全及影唐引黄闸引水，都发挥了很大的作用。影唐险工 10 多年来靠河情况见表 1-3-7。

表 1-3-7　影唐险工靠河情况

时间	靠河坝数（个）	靠河（坝）	大溜（坝）	边溜（坝）	漫水（坝）
2002 汛后	16	1~16	3~5	6~16	1~2
2003 汛前	16	1~16	2~5	6~10	1、11~16
2004 汛前	15	2~16	11~13	3~10、14~16	2

续表 1-3-7

时间	靠河坝数（个）	靠河（坝）	大溜（坝）	边溜（坝）	漫水（坝）
2005 汛前	15	2~16	3~7	8~13	2、14~16
2006 汛前	16	1~16	3~7	8~13	1~2、14~16
2007 汛前	16	1~16	1~3	4~13	14~16
2008 汛前	16	1~16	1~3	4~15	16
2009 汛前	17	-1~16	-1~4	5~13	14~16
2010 汛前	17	-1~16	1~3	4~8	9~16、-1
2011 汛前	16	1~16	3~7	8~11	1~2、12~16
2012 汛后	16	1~16	8~10	11~13	1~7、14~16
2013 汛前	16	1~16	7~8	1~6、9~16	

十、梁集险工

梁集险工（历史老口门处）位于台前县打渔陈镇梁集村东，相应大堤桩号 170+842~171+642，始建于 1962 年 4 月，平面布局为平顺型，工程总长度 800 m，现有 6 道坝。

1959 年至 1962 年，黄河溜势由龙湾导流直冲梁集至邢全，河距大堤 150 m。为吸取历史决口教训，于 1962 年 4 月始建 3~6 坝，1963 年 7 月修建 1 坝、2 坝，2011 年又对 1~6 坝进行了整修、加固（裹护）。该工程自修建后，从未靠河生险，工程基础薄弱。

十一、后店子险工

后店子险工位于台前县夹河乡黄口村东，相应大堤桩号 180+447~180+847，修建于 1962 年 4 月，平面布局为平顺型，工程总长度 400 m，现有 3 道坝。该工程修建后，从未靠河生险，工程基础薄弱。

十二、张堂险工

张堂险工位于台前县吴坝镇东张堂村南，相应大堤桩号 186+0000~186+910，始建于 1968 年 11 月，平面布局为凹入型，工程总长度 910 m（含 8 丁坝长 550 m），现有 8 道坝（均为平扣坝）。是黄河下游河道整治规划中的工程之一。

由于河势发生变化，左岸坍塌严重，黄河在该处形成弯道，紧靠堤防行洪，对堤防造成很大威胁。为了保护堤防安全，于 1968 年 11 月修建该险工 8 坝，1972 年 4 月至 5 月修建 1~7 坝，并于 1998 年对 1~6 坝进行了改建加固。

该工程自兴建以来，上迎国那里险工等工程来溜，下送溜于对岸丁庄、战屯等工程，对控导黄河主溜，稳定河势，保护堤防安全，都发挥了很大的作用。张堂险工 10 多年来靠河情况见表 1-3-8。

表 1-3-8　张堂险工靠河情况

时间	靠河坝数（个）	靠河（坝）	大溜（坝）	边溜（坝）	漫水（坝）
2002 汛后	8	1~8	8		
2003 汛前	8	1~8	8		1~7
2004 汛前	8	1~8	8	1~7	
2005 汛前	6	3~8	8	3~7	
2006 汛前	8	1~8	8	1~7	
2007 汛前	5	4~8	8	4~7	
2008 汛前	6	3~8	8	3~7	
2009 汛前	8	1~8	8	1~7	
2010 汛前	8	1~8	8	1~7	
2011 汛前	8	1~8	8	1~7	
2012 汛后	2	7~8	8	7	
2013 汛前	5	1~2、6~8	7~8		1~2、6

十三、石桥险工

石桥险工位于台前县吴坝镇石桥村北，相应大堤桩号 192+800~193+200，始建于 1953 年 6 月，平面布局为凹入型，工程总长度 1300 m，现有 3 道坝、10 座垛。

1953 年春，由于河势变化，石桥村处堤防靠河，为确保堤防安全，随于当年 6 月 17 日始修 1~7 垛（柳石垛）。该工程于 1958 年大水时脱河，但 1963 年汛期，由于河势变化，大溜直冲石桥至张庄村之间的堤防，随抢修了 8~10 坝 3 道坝。由于该工程坝垛较少，难以适应河势的变化，于 1965 年修建 11 垛，1967 年 6 月又上延修建了新 1、新 2 两座垛。该工程于 1969 年脱河至今，工程基础相对薄弱。

第二节　控导（护滩）工程

控导工程是为约束河道主流摆动范围，护滩保堤，引导主流沿设计治导线下泄，在凹岸一侧的滩岸上按设计的工程位置线修建的丁坝、垛、护岸工程。黄河下游仅在治导线一岸修筑控导工程，另一岸为滩地，以利于洪水期排洪。为了防止塌滩，护滩保村而在滩岸线上修建的丁坝、垛、护岸工程叫控导护滩工程。控导护滩工程标准比较低，一般工程顶部高程与滩面相平或略高于滩面，洪水期允许漫顶，既不影响滩地行洪，还可使洪水漫滩落淤，清水刷槽，增大滩槽高差。多年的治河实践证明："滩存则堤固，滩失则堤险"，两者相互依存。因此，人们一方面巩固堤防，防守险工；另一方面还须修建控导（护滩）工程，通过保护滩地，控导水流，使主槽和险工位置相对稳定，保护堤防安全。目前，在濮阳市黄河滩区共修建控导（护滩）工程 20 处，工程总长度 45083 m，共有坝、垛、护岸 482 道（座、段），其中坝

426 道，垛 27 座，护岸 29 段。濮阳市黄河控导（护滩）工程详细情况见表 1-3-9。

表 1-3-9　濮阳市黄河控导（护滩）工程情况

名称	始建时间（年）	工程长度（m）	坝（道）	垛（座）	护岸（段）	合计（道、段、座）	说　明
一、濮阳县		15539	163		29	192	7 处
1. 三合村	1995	2054	21			21	
2. 南上延	1973	4440	41		12	53	
3. 胡寨	1959	1300	13			13	
4. 连山寺	1967	3018	39		15	54	
5. 尹庄	1959	499	3		1	4	
6. 龙长治	1971	2647	23			23	
7. 马张庄	1969	1581	23		1	24	
二、范县		8804	90			90	4 处
1. 李桥	1994	1300	13			13	
2. 吴老家	1987	2320	29			29	
3. 杨楼	1987	2904	23			23	
4. 旧城	1967	2280	25			25	
三、台前县		20740	173	27		200	9 处
1. 孙楼	1966	3580	38			38	
2. 韩胡同	1970	4850	49	17		66	
3. 梁路口	1968	3330	41	10		51	
4. 赵庄	1968	1200	18			18	
5. 枣包楼	1995	1980	23			23	
6. 贺洼	1966	2276	1			1	
7. 姜庄	1966	724	1			1	
8. 白铺	1970	1700	1			1	
9. 邵庄	1955	1100	1			1	
合计		45083	426	27	29	482	20 处

一、三合村控导护滩工程

三合村控导护滩工程位于濮阳县渠村乡三合村东，距青庄险工上首 2 km 处，始建于 1995 年，平面布局为平顺型，工程总长度 2054 m，现有 21 道坝，其中最下首 14~16 坝为钢筋混凝土透水桩坝。

由于对岸山东省堡城险工至青庄险工直河段长达 10 多 km，造成该段河势上提下挫变化较大。从 1991 年开始，青庄险工河势逐渐上提，到 1993 年河势上提至三合村东开始坐弯，至 1995 年滩岸坍塌到三合村小学处（1 间房屋落河），威胁到村庄和学校安全。为改善三合村至青庄河势，护滩保村，经河务部门与地方政府协商，共同出资，于1995年冬被动修建了1~3坝，2000年汛前修建-1~-5坝和4~11坝，2002年续建12~13坝。2008年，为了既不影响渠村分洪闸分洪，又能起到控制河势作用，采用钢筋混凝土透水桩坝结构又续建了14~16坝。

该工程自修建以来，上迎对岸堡城工程来溜，下送溜于青庄险工，对改善下游河势，护滩保村，保证濮阳县渠村引黄闸引水，都发挥了很大的作用。该工程10多年来靠河情况见表1-3-10。

表1-3-10 三合村控导护滩工程靠河情况

时间	靠河坝数（个）	靠河（坝）	大溜（坝）	边溜（坝）	漫水（坝）
2002汛后	13	1~13	11~13	10	1~9
2003汛前	5	2~6	3~5	2、6	
2004汛前	9	5~13			
2005汛前	11	3~13	11~13	7~10	
2006汛前	12	2~13	4~7	2~3、8~13	
2007汛前	3	11~13	13	11~12	
2008汛前		脱河			
2009汛前	13	1~13		13	1~12
2010汛前	13	1~13		13	1~12
2011汛前	11	1~11		1~11	
2012汛后	5	4~8			4~8
2013汛前		脱河	脱河	脱河	脱河

二、南上延控导工程

南上延控导工程位于濮阳县郎中乡安头村、赵屯村和马屯村南，相应大堤桩号57+800~65+000，始建于1973年，平面布局为平顺型，工程总长度4440 m，现有坝和护岸53道（段），其中坝41道，护岸12段。

1973年前由于青庄险工上下无工程控制，河势难以固定，引起下游河势不断变化。1973年高村险工河势上提，南小堤至安头村及南小堤以下新庄户村坍塌坐弯，引起南小堤、刘庄两处险工脱河，若南小堤至安头一带继续坍塌后退，将导致左岸大堤老大坝险工处靠河生险，引起下游河势进一步恶化。为防患于未然，于1973年修建南小堤上延工程（简称南上延工程）10~20坝及10坝、11坝、13坝、16坝上护岸，1974年修建4~9坝、22~35坝及3坝、6坝、8坝、9坝上护岸，1978年修建1~3坝，1981年修建12坝、15坝、17坝、19坝上护岸。随着河势的不断上提，1992年、1993年在1坝上游上延修建-1坝、-2坝，1997年上延修建-3坝。1998年对-2~35坝进行了帮宽加高，2003年又上延修建了-4~-6坝。

该工程自修建以来，上迎高村险工来溜，下送溜至南小堤、刘庄险工，对控制河势，护滩保村，保证濮阳县南小堤引黄闸引水，都发挥了很大的作用。该工程10多年来靠河情况见表1-3-11。

表1-3-11 南上延控导工程靠河情况

时间	靠河坝数（个）	靠河（坝）	大溜（坝）	边溜（坝）	漫水（坝）
2002 汛后	11	−3~8	−2~1	2~8	−3
2003 汛前	12	−4~8	2~7	−2~1	−4、−3、8
2004 汛前	14	−5~9	−3~1	2~3	−4、−5、4~9
2005 汛前	12	−4~8	−3~4	5~7	−4、8
2006 汛前	13	−4~9	5~6	−4~4、7~8	9
2007 汛前	11	−5~6	−1~3	−4、1~4	−5、5~6
2008 汛前	13	−5~8	−3~−1	−4、1~6	−5、7~8
2009 汛前	14	−5~9	−3~−2	−4、−1~7	−5、8~9
2010 汛前	13	−5~8	−2~3	−1、−4.1~7	8
2011 汛前	15	−5~10		−3~−1、1~8	−4~−5、9~10
2012 汛后	16	−6~10	−6~−3	−2~10	
2013 汛前	16	−6~10	−5~−1	−6、1~6	7~10

三、胡寨控导护滩工程

胡寨控导护滩工程位于濮阳县习城乡胡寨村东南，始建于1959年，工程总长度1300 m，共有13道坝。

1956年习城乡万寨、于林等村庄因滩岸坍塌而落河，并将于林一带滩面刷出多条串沟，其中较大的串沟有3条，当高村站流量超过3000 m³/s时串沟即可行船。到1959年汛前河湾已发展成反"S"形，郑庄户至胡寨主流线弯曲率达4.1。到1959年汛期，串沟过溜夺河，自然裁弯，大河经胡寨冲向对岸刘庄下首后郝寨。为此，1959年为堵复串沟而修建了该工程13坝，1973年修建1~6坝，1974年修建8坝、9坝，1975年修建7坝、10坝、11坝、12坝。

该工程是为了控制河势，护滩保村而修建的，但随着河势的变化，早已脱河，失去了作用。

四、连山寺控导工程

连山寺控导工程位于濮阳县梨园乡连山寺村东北，相应大堤桩号77+620~85+500，始建于1967年，平面布局为凹入型，工程总长度3018 m，现有坝和护岸54道（段），其中坝39道（9~47坝），护岸15段。

1962年以后，南小堤及刘庄险工河势下挫引起下游河势变化，连山寺受大溜顶冲滩岸不断坍塌后退，至1964年11月连山寺村落河，到1965年南小堤河势仍继续下挫。根据河道治导线，为防止聂堌堆胶泥嘴坍塌后退，稳定苏泗庄河势，1967年抓住时机修建该工程21~47坝，1968年修建46坝下护岸，1970年修建26~29坝、35坝、36坝下护岸及34坝、35坝上护岸，1971年修建37坝下护岸，1972年修建24坝下护岸，1973年修建16~20坝及22坝、23坝下护岸，1976年修建9~15坝、30坝、45坝下护岸。1979年开始按1983年防洪标准进行整修，1998年对40~47坝进行了帮宽加高，1999年汛前对9~22坝土坝基进行帮宽加高和裹护。

该工程自修建以来，上迎对岸刘庄险工来溜，下送溜于对岸苏泗庄险工，对控制河势，护滩保村，发挥了很大的作用。该工程10多年来靠河情况见表1-3-12。

表1-3-12　连山寺控导工程靠河情况

时间	靠河坝数（个）	靠河（坝）	大溜（坝）	边溜（坝）	漫水（坝）
2002汛后	2	46~47	脱河	脱河	46~47
2003汛前	0	脱河	脱河	脱河	脱河
2004汛前	0	脱河	脱河	脱河	脱河
2005汛前	0	脱河	脱河	脱河	
2006汛前	5	14~18	14~18		
2007汛前	10	13~22	13~22		
2008汛前	13	13~25	17~25	13~16	
2009汛前	14	12~25	22~25	12~21	
2010汛前	18	12~29	15~29	12~14	
2011汛前	35	12~46		12~46	
2012汛后	36	11~46	33~44	11~32、45~46	
2013汛前	36	11~46		15~46	11~14

五、尹庄控导工程

尹庄控导工程位于濮阳县梨园乡尹庄村东北，相应大堤桩号86+375~86+874，始建于1959年，平面布局为平顺型，工程总长度499 m，现有3道坝、1段护岸，是治理密城湾的门户工程。

由于山东鄄城苏泗庄堤防险工呈南北方向，与大河流势垂直挑流，致使密城湾塌地数万亩，落河村庄20多个，大河距大堤甚近，危及到濮阳县白堽乡后辛庄至密城村段黄河大堤安全，密城湾治理非常必要。经研究决定裁弯取直，从尹庄修坝截河（原计划在房长治建坝），使河势直趋对岸营房险工。于是从1959年冬修建尹庄控导工程1坝及联坝，1960年修建2~4坝。该工程的修建，造成对岸滩岸坍塌和营房险工出险，致使两岸水事矛盾激化。1962年奉上级指示对进入治导线部分的第4坝全部及第3坝前部（约120 m）拆除。1973年随着河势的上提，又修建了1坝上护岸。

该工程自修建以来，上迎苏泗庄险工来溜，送溜于营房险工、龙长治和马张庄控导工程，对控制密城湾畸形河势发展，护滩保村，确保堤防安全，都发挥了巨大的作用。该工程 10 多年来靠河情况见表 1-3-13。

表 1-3-13　尹庄控导工程靠河情况

时间	靠河坝数（个）	靠河（坝）	大溜（坝）	边溜（坝）	漫水（坝）
2002 汛后	1	3	3	脱河	
2003 汛前	1	3	3		
2004 汛前	1	3		3	
2005 汛前	1	3		3	
2006 汛前	1	3	3		
2007 汛前	1	3	3		
2008 汛前	1	3	3		
2009 汛前	1	3	3		
2010 汛前	1	3	3		
2011 汛前	2	2~3	3	2	
2012 汛后	2	2~3	2~3		
2013 汛前	2	2~3	2~3		

六、龙长治控导工程

龙长治控导工程位于濮阳县白堽乡辛寨村东，相应大堤桩号 87+500~90+210，始建于 1971 年，平面布局为平顺型，工程总长度 2647 m，现有 23 道坝。该工程处于密城湾的中部，位于尹庄和马张庄控导工程的中间，是治理密城湾的关键性工程。

1971 年修建龙长治控导工程 1~5 坝，1972 年修建 6~17 坝，1973 年修建 18 坝、19 坝。因工程的施修规模和控导效益均未达到原规划设计要求，不能适应河势下挫的变化，加之对岸苏泗庄险工送溜不稳，致使 19 坝以下，石寨至王河渠一带河岸自 1981 年以来不断坍塌坐弯，直接威胁到石寨、王河渠、常河渠等村庄的安全。为此，于 1983 年修建 20~22 坝，1984 年又修建了 23 坝。

该工程的修建，完成了密城湾畸形河势治理任务，并与尹庄、马张庄工程形成一弯道，上承接苏泗庄险工来流，下送溜于营房险工，对控制河势，护滩保村，确保堤防安全，都发挥了巨大的作用。该工程 10 多年来靠河情况见表 1-3-14。

七、马张庄控导工程

马张庄控导工程位于濮阳县王称堌乡马张庄村南，相应大堤桩号 98+200~99+781，始建于 1969 年，平面布局为平顺型，丁坝为锯齿形，工程总长度 1581 m，现有 23 道坝、1 段护岸。

马张庄控导工程处于密城湾的下端，是密城湾治理的关门工程。该工程于 1969 年全部修建完成，2011 年又对 1~9 坝进行了土方整修、5~9 坝进行了石料裹护。

表 1-3-14　龙长治控导工程靠河情况

时间	靠河坝数（个）	靠河（坝）	大溜（坝）	边溜（坝）	漫水（坝）
2002 汛后	12	5~16	6~9	10~12	5、13~15
2003 汛前	7	6~12	7~9	10~12	6
2004 汛前	8	5~12	6~8	5	9~12
2005 汛前	10	5~12	5~7	8~12	13~14
2006 汛前	18	4~21	5~8	4、9~12	13~21
2007 汛前	16	4~19	4~7	8~10	11~19
2008 汛前	7	4~10	4~5	6~7	8~10
2009 汛前	8	4~11	4~6	7~9	10~11
2010 汛前	6	4~9	4~5	6~7	8~9
2011 汛前	7	4~10	4~5	6~8	9~10
2012 汛后	15	3~17	3~6	7~9	10~17
2013 汛前	8	3~10	3~4	5~10	

　　该工程与尹庄、龙长治工程形成一弯道，上迎苏泗庄险工来溜，下送溜于营房险工，对阻止密城湾畸形河势发展，护滩保村，确保堤防安全，都发挥了巨大的作用。该工程 10 多年来靠河情况见表 1-3-15。

表 1-3-15　马张庄控导工程靠河情况

时间	靠河坝数（个）	靠河（坝）	大溜（坝）	边溜（坝）	漫水（坝）
2002 汛后	10	14~23	19~20	17~18、21~23	14~16
2003 汛前	8	16~23	18~19	16~17	20~23
2004 汛前	9	15~23	18~20		15~17、21~23
2005 汛前	8	16~23	20~21	16~19、22~23	
2006 汛前	9	15~23	20~21	15~19、22~23	
2007 汛前	9	15~23	19~20	16~18、21~23	15
2008 汛前	9	15~23	21	22~23	15~20
2009 汛前	9	15~23	16~18	15~17	19~20、23
2010 汛前	9	15~23		16~17	
2011 汛前	9	15~23	22~23	15~21	
2012 汛后	9	15~23	21~23	15~20	
2013 汛前	9	15~23	17~20	15~46、21~23	

八、李桥控导工程

　　李桥控导工程位于范县杨集乡位堂村南，大堤桩号 119+000~120+300，始建于 1994 年，平面布局为平顺型，工程总长度 1300 m，现有 13 道坝。

1982 年李桥对岸芦井控导工程水毁恢复后，李桥险工河势逐年上提，逐渐在其工程上首 300 m 处坐死弯，威胁到堤防安全，并有抄李桥险工后路的危险。为了控制河势，保护李桥险工和该处堤防安全，于 1994 年始建李桥控导工程 27~31 坝，1997 年修建 32~34 坝，2002 年修建 22~26 坝。

该工程自修建以来，上迎对岸芦井工程来溜，下送溜于李桥、邢庙险工，对控制下游河势，确保堤防和李桥险工安全，保证邢庙引黄闸引水，都发挥了很大的作用。该工程 10 多年来靠河情况见表 1-3-16。

表 1-3-16　李桥控导工程靠河情况

时间	靠河坝数（个）	靠河（坝）	大溜（坝）	边溜（坝）	漫水（坝）
2002 汛后	6	29~34	29~31	32~34	
2003 汛前	6	29~34	30~34	29	
2004 汛前		脱河			
2005 汛前	6	29~34	30~31	29、32~34	
2006 汛前	6	29~34	30~31	32~34	29
2007 汛前	6	29~34		30~31	29、32~34
2008 汛前	6	29~34	31~32	33~34	29、30、
2009 汛前	6	29~34		29~34	
2010 汛前	6	29~34	30~31	32~34	29
2011 汛前	6	29~34	30	31~34	29
2012 汛后	6	29~34	30~31	32~34	29
2013 汛前	6	29~34	31~33	34	29~30

九、吴老家控导工程

吴老家控导工程位于范县陆集乡东、西吴老家村南，相应大堤桩号 130+800~133+120，始建于 1987 年，平面布局为平顺型，工程总长度 2320 m，现有 29 道坝。

为了控制河势，护滩保村，确保对岸苏阁引黄闸引水，于 1987 年 7 月始建该工程 4~13 坝，1996 年修建 14、15 坝。1997 年对 4~15 坝进行加高改建。1998 年修建 16~19 坝，1999 年修建 20~24 坝，2000 年修建 25、26 坝，2003 年修建 27~32 坝。

该工程自修建以来，上迎对岸郭集控导工程来溜，下送溜于对岸苏阁险工，对控制河势，护滩保村，保证苏阁引黄闸引水，都发挥了很大的作用。该工程 10 多年来靠河情况见表 1-3-17。

十、杨楼控导工程

杨楼控导工程位于范县张庄乡高庄村东，相应大堤桩号 139+500~141+384，始建于 1987 年，平面布局为平顺型，工程总长度 2904 m，现有 23 道坝。

由于对岸苏阁险工河势下挫，造成杨楼村东滩岸坍塌严重。为了控制河势，护滩保堤，于 1987 年始建该工程 6~10 坝，1988 年修建 11 坝、12 坝，1989 年修建 13 坝、14 坝，1990 年修建 15 坝、16 坝，1991 年修建 17 坝、18 坝，1992 年修建 19 坝、20 坝，1994 年上延 3~5 坝，2000 年修建 21~23 坝，2008 年上延 1 坝、2 坝。1998 年又对 3~20 坝，共 18 道坝进行了加高改建。

该工程自修建以来，上迎对岸苏阁险工来溜，下送溜于孙楼控导工程，对控制河势，护滩保堤，都发挥了很大的作用。该工程 10 多年来靠河情况见表 1-3-18。

表 1-3-17 吴老家控导工程靠河情况

时间	靠河坝数（个）	靠河（坝）	大溜（坝）	边溜（坝）	漫水（坝）
2002 汛后	18	9~26	14~20	21~26	9~13
2003 汛前	18	9~26	11~26	10	9
2004 汛前	24	9~32	14~23	24~25	9~13、26~32
2005 汛前	23	10~32	14~20	11~13、21~32	10
2006 汛前	23	10~32	16~20	10~15、21~32	
2007 汛前	19	14~32		27~32	14~26
2008 汛前	23	12~34	25~33	21~24、34	12~20
2009 汛前	19	14~32		14~32	
2010 汛前	19	14~32		14~32	
2011 汛前	21	12~32	13~32		12
2012 汛后	22	11~32	20~29	30~32	11~19
2013 汛前	22	11~32	20~28	29~32	11~19

表 1-3-18 杨楼控导工程靠河情况

时间	靠河坝数（个）	靠河（坝）	大溜（坝）	边溜（坝）	漫水（坝）
2002 汛后	19	5~23	8~14	5~7、15~23	
2003 汛前	19	5~23	6~18	5	19~23
2004 汛前	19	5~23	8~15	7、16~20	5~6、21~23
2005 汛前	20	4~23	7~10	15~23	5~6、11~14
2006 汛前	21	3~23	3~13	14~18	19~23
2007 汛前	11	3~13	3~9	10~13	
2008 汛前	18	1~18	1~10	11~18	
2009 汛前	19	5~23	12~23	8~11	5~7
2010 汛前	23	1~23	1~8	9~23	
2011 汛前	23	1~23	1~7	8~23	
2012 汛后	23	1~23	1~8	9~10	11~23
2013 汛前	23	1~23	1~6	7~9	10~23

十一、旧城控导工程

旧城控导工程位于范县张庄乡旧城村东南，相应大堤桩号 139+530~141+810，始建于 1967 年，工程总长度 2280 m，共有 25 道坝。

由于对岸苏阁险工河势上提，主溜直冲旧城村，邻近几个村庄均受到威胁，至 1967 年形成旧城河湾，距大堤 300 m 左右。在极其被动的情况下，于当年修建该工程 19 坝、30~32 坝、36~39 坝，1968 年修建 27~29 坝，1969 年修建 15~18 坝、20~26 坝，1970 年修建 33 坝。

该工程在 1971 年前，上迎对岸苏阁险工来溜，下送溜于孙楼控导等工程，对控制河势，护滩保村，保护堤防安全，都发挥了较大的作用。但 1971 年汛期全部脱河至今，因失去作用而逐渐废弃。

十二、孙楼控导工程

孙楼控导工程位于台前县清水河乡甘草堌堆村南，相应大堤桩号 144+000~146+500，始建于 1966 年，平面布局为凹入型，工程总长度 3580 m，共有 38 道坝。

为了护滩保村，确保堤防安全，孙楼控导工程大部分坝是经历抢险和根石加固而修建成的。1966 年 10 月修建 1~20 坝，1967 年 12 月修建 24~27 坝，1968 年 7 月修建 28~30 坝，1970 年 11 月修建 31~38 坝，1972 年 6 月修建 21~23 坝。

该工程自修建以来，上迎旧城、杨楼控导工程来溜，下送溜于对岸杨集险工等工程，对控制河势，护滩保堤，都发挥了很大的作用。但由于该工程是在逐年抢险情况下修建的，造成工程河湾陡，工程结构和平面布置不合理，坝形差别大，致使主溜下泄不畅，送溜不稳。因此，对此工程进行改建十分必要。该工程 10 多年来靠河情况见表 1-3-19。

表 1-3-19　孙楼控导工程靠河情况

时间	靠河坝数（个）	靠河（坝）	大溜（坝）	边溜（坝）	漫水（坝）
2002 汛后	21	1~21	4~5、14~17	6~13、18~20	1~3、21
2003 汛前	20	1~20	3~6、16~18	7~8、19~20	1~2、9~15
2004 汛前	21	1~21	2~4	5~8、14~18	1、9~13、19~21
2005 汛前	21	1~21	3~5、14~16	6~9、17~19	1、2、10~13、20、21
2006 汛前	23	1~23	3~5、16~18	6~8 9~15	1~2、19~23
2007 汛前	19	2~20	3~5、13~16	6~8、17~18	2、9~12、19、20
2008 汛前	19	2~20	3~5、13~16	6~8、17~18	2、9~12、19、20
2009 汛前	19	2~20	3~5、13~16	6~8、17~18	2、9~12、19~20
2010 汛前	22	2~23	3~5、15~18	6~9、19~20	2、10~14、21~23
2011 汛前	21	1~20	3~5、14~18	6~9、19~20	1~2、10~13
2012 汛后	21	2~11、13~23	3~5、15~18	6~8、13、14、19、20	2、9~11、21~23
2013 汛前	19	2~10、13~22	3~5、15~18	6~8、19~20	

十三、韩胡同控导工程

韩胡同控导工程位于台前县马楼镇韩胡同村南，相应大堤桩号 147+600~154+600，始建于 1970 年，平面布局为凹入型，工程总长度 4850 m，共有 49 道坝、17 座垛。

于 1970 年始建该工程 23~38 坝和 40~52 垛，1972 年修建 2~22 坝，1974 年修建 1 坝、39 坝，1976 年上延-1~-6 坝，1995 年上延-7~-9 坝。在 1996 年"96·8"洪水期间，当地流量 5540 m³/s 时，该工程上首坍塌，主溜紧靠左岸，终将工程上首滩地掉河，抄了工程后路，并将-6~-9 坝冲垮，于 1997 年汛前完成恢复任务。1998 年为护滩保村，防止再抄工程后路，在工程的上首修建 4 道坝，并于 2000 年完成整修任务，被编为临 1~临 4 坝。2003 年在-9 坝与临 1 坝之间又修建 1 道坝，编号为-10 坝，并将该工程 36 坝以下 17 道坝（垛）重新规划、改建为 17 座垛。

该工程自修建以来，上迎对岸杨集险工来溜，下送溜于对岸伟庄、程那里险工，对控制主溜，稳定河势，护滩保村，保护堤防安全，都起到了很大的作用。该工程 10 多年来靠河情况见表 1-3-20。

表 1-3-20　韩胡同控导工程靠河情况

时间	靠河坝数（个）	靠河（坝）	大溜（坝）	边溜（坝）	漫水（坝）
2002 汛后	6	临 4~-9	临 2~临 3	临 1~-9	临 4
2003 汛前	9	临 4~-6	临 2~-10	临 3、-9	临 4、-8~-6
2004 汛前	20	临 4~1、35~39	-10~-9	临 4~1、35~39	
2005 汛前	12	临 3~-2	-7~-6	-9~-8	
2006 汛前	16	临 2、2、35~39	-10~-8	-7~-4	临 2~2、35~39
2007 汛前	8	临 1~-4	-9	-8	临 1~-4
2008 汛前	12	-10~-1、35、39	-8~-7	-6~-5、35、39	-10、-9、-4~-1
2009 汛前	11	-8~2、35	-6~-7	-5~-3、35	-8、-2~2
2010 汛前	11	-9~2	-7~-5	-4~-1	1、2、-9、-8
2011 汛前	9	-7~2	-6~-4	-3~2	-7
2012 汛后	11	-9~2	-6~-4	-3~2	-9~-7
2013 汛前	11	-9~2	-7~-5	-4~2	-9、-8

十四、梁路口控导工程

梁路口控导工程位于台前县马楼镇梁路口村东，相应大堤桩号 159+450~162+550，始建于 1968 年，平面布局为凹入型，工程总长度 3330 m，共有 41 道坝、10 座垛。是河道整治规划中的一处工程。

于 1968 年始建该工程 1~38 坝，1986 年上延-1~-3 坝，1999 年修建-4~-11 垛 8 座垛，2003 年修建-12~-13 垛两座垛。该工程是在滩岸不断坍塌，某些村庄已落河，堤防受到威胁（有串沟直通堤河）的情况下，经两岸统筹兼顾、统一规划，抓住有利时机修建的，是"上平、下缓、中间陡"的典型工程，也是黄河下游河道整治最成功的工程之一。

该工程自修建以来，靠河稳定，对迎溜送溜发挥了巨大的作用。它奠定了河道整治采用"短丁坝、小挡距、以坝护弯、以弯导溜"的工程布置原则。该工程 10 多年来靠河情况见表 1-3-21。

表 1-3-21　梁路口控导工程靠河情况

时间	靠河坝数（个）	靠河（坝）	大溜（坝）	边溜（坝）	漫水（坝）
2002 汛后	26	−7~−1、20~38	−3~−4	−1~−6、30~38	−7、20~29
2003 汛前	31	−5~7、20~38	3	−2~2	−5~−3、4~7、20~38
2004 汛前	29	−6~6、22~38	−5~−4	−6~6、22~28	−2、8~16、29~38
2005 汛前	36	−7~7、17~38	−3	−1~3、28~30	−2、8~27、31~38
2006 汛前	45	−7~38	−6、−5	−4~7、22~38	3~6、19~26
2007 汛前	32	−6~6、19~38		−6~2、27~38	3~6、19~26
2008 汛前	35	−7~6、17、38		−7~6、24~38	17~23
2009 汛前	38	−7~9、17~38	不明显	−7~4、23~38	5~9、17~22
2010 汛前	37	−7~8、17~38	不明显	−7~8、17~38	
2011 汛前	30	−6~2、6~7、18~37		−6~2、23~37	6~7、18~22
2012 汛后	37	−7~7、16~38		−7~5、18~38	6~7、16~17
2013 汛前	37	−7~7、16~38	不明显	−7~5、18~38	6~7、16~17

十五、赵庄控导护滩工程

赵庄控导护滩工程位于台前县打渔陈镇赵庄村南，相应大堤桩号 172+700~173+350，始建于 1968 年，平面布局为平顺型，工程总长度 1200 m，共有 18 道坝。

该工程于 1968 年抢修始建 1~15 坝，1969 年修建 16~18 坝。随着河势的变化，该工程于 1969 年汛后脱河至今，失去作用。

十六、枣包楼控导工程

枣包楼控导工程位于台前县打渔陈镇张书安村南，相应大堤桩号 175+350~177+250，始建于 1995 年，平面布局为平顺型，工程总长度 1980 m，共有 23 道坝。

由于河势主溜紧靠左岸，滩岸坍塌严重，为了护滩保堤，于 1995 年 1 月始建 17~22 坝，1996 年 4 月修建 23 坝、24 坝。在"96·8"洪水期间，当地流量 5540 m³/s 时，该工程发生漫溢。因此，1997 年对已建的 17~24 坝进行了帮宽加高。由于河势不断上提，致使该工程 17 坝靠大溜，造成 17 坝以上滩岸坍塌，随即于 2002 年黄河首次调水调沙前上延修建了 6~16 坝，并下续了 25~28 坝。

该工程自修建以来，上迎对岸朱丁庄控导工程来溜，下送溜于对岸国那里、十里铺险工，对稳定河势，护滩保堤，都起到了重要的作用。该工程 10 多年来靠河情况见表 1-3-22。

表 1-3-22　枣包楼控导工程靠河情况

时间	靠河坝数（个）	靠河（坝）	大溜（坝）	边溜（坝）	漫水（坝）
2002 汛后	8	17~24		17~24	
2003 汛前	13	16~28	17~22	23~26	16、27~28
2004 汛前	17	12~28	19~20	18	12~17、21~28
2005 汛前	16	11~26		13~17	11~12、18~26
2006 汛前	18	11~28	13~18	19~24	11~12、25~28
2007 汛前	11	11~21	12~14	15~20	11、21
2008 汛前	11	11~21	13~14	11~12、15~21	
2009 汛前	10	11~20		11~20	
2010 汛前	11	11~21		11~21	
2011 汛前	10	11~20		11~18	19~20
2012 汛后	15	11~25		11~23	24~25
2013 汛前	13	11~23	11~15	16~23	

十七、贺洼控导护滩工程

贺洼控导护滩工程位于台前县夹河乡贺洼村东南，相应大堤桩号 180+000~182+000，建于 1966 年，工程总长度 2276 m，共有 1 道坝。该工程属于护滩保村工程。

十八、姜庄控导护滩工程

姜庄控导护滩工程位于台前县夹河乡姜庄村南，相应大堤桩号 182+000~183+000，建于 1966 年，工程总长度 724 m，共有 1 道坝。该工程属于护滩保村工程。

十九、白铺控导护滩工程

白铺控导护滩工程位于台前县夹河乡白铺村南，相应大堤桩号 182+300~184+000，建于 1970 年，工程总长度 1700 m，共有 1 道坝。该工程属于护滩保村工程。

二十、邵庄控导护滩工程

邵庄控导护滩工程位于台前县吴坝镇邵庄村西南，相应大堤桩号 184+200~185+300，建于 1955 年，工程总长度 1100 m，共有 1 道坝。该工程属于护滩保村工程。

第三节　防护坝工程

防护坝，又称"滚河防护坝"、"防滚河坝"或"防洪坝"，它是为预防"滚河"

后顺堤行洪，冲刷堤身、堤根，在依堤修建的丁坝。防护坝一般是下挑丁坝，其坝轴线与堤线下游侧夹角较大，主要作用是在洪水漫滩后挑溜御水，控制河势，确保堤防安全。目前，在濮阳市黄河堤防上共修建防护坝 10 处，共计 46 道坝，工程总长度 10150 m。其防护坝工程详细情况见表 1-3-23。

表 1-3-23 濮阳市黄河防护坝工程情况

名称	始建时间（年）	工程长度（m）	坝（道）	垛（座）	护岸（段）	合计（道、段、座）	说　明
一、濮阳县		4810	41			41	9 处
1. 长村里	2008	605	6			6	
2. 张李屯	1973	2950	20			20	
3. 杜寨	1956	176	2			2	
4. 北习	1956	80	2			2	
5. 抗堤口	1956	90	2			2	
6. 高寨	1956	467	3			3	
7. 后辛庄	1958	391	4			4	
8. 温庄	1956	36	1			1	
9. 吉庄	1979	15	1			1	
二、台前县		5340	5			5	1 处
1. 刘楼至毛河	2009	5340	5			5	
合计		10150	46			46	10 处

一、长村里防护坝工程

长村里防护坝工程位于濮阳县渠村乡王窑村南，相应大堤桩号 42+816~43+421，修建于 2008 年，平面布局为平顺型，工程总长度 605 m，现有 6 道坝。

该工程位于渠村分洪闸上游 5 km 左右，此处大堤临河紧挨天然文岩渠，堤根注，"二级悬河"特征明显，若渠村分洪闸分洪运用或黄河发生较大洪水，易发生滚河，顺堤行洪，威胁堤防安全。为此，2008 年修建了该工程 1~6 坝。

二、张李屯防护坝工程

张李屯防护坝工程位于濮阳县渠村乡张李屯村东南，相应大堤桩号 44+050~47+000，始修于 1973 年，平面布局为平顺型，工程总长度 2950 m，现有 20 道坝。

该工程位于渠村分洪闸上游 1 km 左右，此处大堤临河紧挨天然文岩渠，堤根注，"二级悬河"特征明显，若渠村分洪闸分洪运用或黄河发生较大洪水，易发生滚河，顺堤行洪，威胁堤防安全。为此，1973 年始建 9 坝、10 坝、14 坝、15 坝，1987 年修建 18~20 坝，2001 年修建 1~8 坝、11~13 坝、16~17 坝。2007 年又对 9 坝、10 坝、14 坝、15 坝及 18~20 坝进行了改建加固。

三、杜寨防护坝工程

杜寨防护坝工程位于濮阳县徐镇镇杜寨村西南，相应大堤桩号 76+410~76+586，始修于 1956 年，平面布局为平顺型，工程总长度 176 m，现有 2 道坝。该段堤防比较凸出，为了防止顺堤行洪，保护堤防安全，修建了该工程。1983 年又对该工程进行了整修加固。

四、北习防护坝工程

北习防护坝工程位于濮阳县徐镇镇北习城寨村东北，相应大堤桩号 78+278~78+358，始修于 1956 年，平面布局为平顺型，工程总长度 80 m，现有 2 道坝。该段堤防比较凸出，为了防止顺堤行洪，保护堤防安全，修建了该工程。1983 年又对该工程进行了整修加固。

五、抗堤口防护坝工程

抗堤口防护坝工程位于濮阳县徐镇镇晃庄村西北，相应大堤桩号 79+690~79+780，始修于 1956 年，平面布局为平顺型，工程总长度 90 m，现有 2 道坝。该段堤防比较凸出，为了防止顺堤行洪，保护堤防安全，修建了该工程。1983 年又对该工程进行了整修加固。

六、高寨防护坝工程

高寨防护坝工程位于濮阳县梨园乡高寨村东南，相应大堤桩号 82+795~83+262，始修于 1956 年，平面布局为平顺型，工程总长度 467 m，现有 3 道坝。该段堤防比较凸出，为了防止顺堤行洪，保护堤防安全，修建了该工程。1984 年又对该工程进行了整修加固。

七、后辛庄防护坝工程

后辛庄防护坝工程位于濮阳县白堽乡后辛庄村东南，相应大堤桩号 90+031~90+422，始修于 1958 年，平面布局为平顺型，工程总长度 391 m，现有 4 道坝。

由于密城湾河势的逐年深入发展，到 1958 年大河至后辛庄村大堤段堤脚约 300 m。为了确保堤防安全，随即修建 4 道坝，并做桩柳护坡。该工程修建后，经多次抢险加固，至 1960 年尹庄控导工程兴建后，逐渐脱河至今。

在 2013 年进行标准化堤防建设筑新堤时，该工程被占压，平移至新堤外。其具体平移方案是：1~2 坝两道坝长度较短，被占压后按原标准、原规模、原功能重新修建；3 坝被占压一部分，在原长度上适当接长；4 坝长度较长，被占压后剩余部分进行整修。

八、温庄防护坝工程

温庄防护坝工程位于濮阳县王称堌乡前陈村东南，相应大堤桩号 98+837~98+873，始修于 1956 年，工程长度 36 m，现有 1 道坝。该处堤防比较凸出，为了防止顺堤行洪，保护堤防安全，修建了该工程。1984 年又对该工程进行了整修加固。

九、吉庄防护坝工程

吉庄防护坝工程位于濮阳县王称堌乡吉庄村西南，相应大堤桩号 102+410~102+425，始修于 1979 年，工程长度 15 m，现有 1 道坝。该处堤防比较凸出，为了防止顺堤行洪，保护堤防安全，修建了该工程。1984 年又对该工程进行了整修加固。

十、刘楼—毛河防护坝工程

刘楼—毛河防护坝工程位于台前县清水河乡路庄村南和侯庙镇前付楼村南，相应大堤桩号 147+325~152+665，修建于 2009 年，平面布局为平顺型，工程总长度 5340 m，现有 5 道坝。

该段堤防属于顺堤行洪段。为了防止在洪水漫滩时发生顺堤行洪，威胁堤防安全，于 2009 年汛前修建了该工程 1~5 坝。

第四章 濮阳黄河滩区

第一节 滩区基本情况

濮阳市黄河滩区涉及濮阳、范县、台前3县，21个乡（镇），560多个自然村，人口约44.12万人，总面积443 km²，耕地面积46.67万亩。其中纯滩区人口约26.44万人（常年居住在滩区），涉及濮阳、范县、台前三县，17个乡（镇），370多个自然村，耕地33.12万亩。按照濮阳市黄河滩区形成的自然地形地貌和黄河大堤、险工、控导（护滩）工程及生产堤的修建，又将滩区围成濮阳县渠村南滩、渠村东滩、习城滩，范县辛庄滩、陆集滩，台前县清水河滩、孙口滩、梁集滩、赵桥滩，共9个自然滩，均为低滩区，一旦发生较大洪水，滩区群众避洪和迁安救护任务都十分艰巨。目前，滩区内共建有避水台370多个，台顶面积约2696.34万 m²，修建撤退道路30条，长度123.70 km。

一、滩区社会经济情况

濮阳市黄河滩区群众主要从事农业生产，农作物以小麦为主，另有大豆、玉米、花生等。由于受洪水漫滩的影响，秋季农作物有时种不保收，群众主要靠夏粮和外出打工来维持全年生计。由此可见，黄河洪水的威胁，严重制约着滩区经济的发展和滩区群众生活水平的提高。目前，濮阳市黄河滩区工农业生产总值约33.55亿元，固定资产约37.41亿元，人均年收入约3265元。黄河滩区社会经济情况见表1-4-1。

表1-4-1 濮阳市黄河滩区社会经济情况

序号	项目	计量单位	社经情况			
			濮阳市	濮阳县	范县	台前县
1	乡镇	个	21	7	6	8
2	村庄	个	373	166	73	134
3	人口	万人	26.44	11.83	5.03	9.58
4	牲畜	头	80331	75563	1968	2800
5	耕地面积	万亩	46.67	22.20	11.53	12.94
6	粮食年产量	万 t	41.42	15.72	12.11	13.59
7	食油年产量	万 kg	2182.60	1738	320	124.60
8	棉花年产量	万 kg	533.70	498.50	32	3.20
9	渔业年产量	万 kg	78.40	20	16.80	41.60

续表 1-4-1

序号	项目	计量单位	社经情况			
			濮阳市	濮阳县	范县	台前县
10	林木年产量	万 m³	9.55	4.79	3.97	0.79
11	重要企业		47 座窑厂，4 个企业	21 座窑厂	15 个窑厂	11 座窑厂，4 个企业
12	重要道路	km	31 条，125.3 km	10 条，38.1 km	11 条，49.1 km	10 条，38.1 km
13	重要桥梁	座	9 座 (天然文岩渠桥、东明公路大桥、王称堌高架桥、陆集桥、尚岭桥、裴城寺桥、姜庄桥、京九铁路大桥、将军渡铁路大桥)			
14	农业年总产值	亿元	11.43	5.52	2.66	3.25
15	工业年总产值	亿元	22.12	1.87	2.99	17.26
16	固定资产值	亿元	37.41	20.69	7.28	9.44
17	社会资产值	亿元	70.96	28.08	12.93	29.95
18	经济发展模式		农业为主，外出打工输出为辅。			
19	产业结构形式		小麦、玉米、大豆、花生、棉花等。			
20	人均年收入	元	3265	3300	3100	3395

二、滩区安全避洪设施状况

濮阳市黄河河道宽浅散乱，主流摆动频繁，槽高、滩低、堤根洼、临背河悬差大，中常洪水易发生漫滩和横河、斜河，威胁堤防安全，是黄河下游著名的"豆腐腰"和二级悬河河段。为保护滩区人民生命财产安全和黄河堤防安全，濮阳市逐步修建和完善了 43 处河道工程（险工、防护坝、控导护滩工程），归顺了河势，控制了河道主溜游荡范围，为滩区群众避洪和发展生产奠定了基础。

1974 年，国务院提出了废除生产堤，兴建滩区避水台的政策。随即，各级政府多方筹措资金，有组织地开展兴建滩区避水台活动。经过 20 多年的不懈努力，避水台工程已初具规模，为确保滩区群众生命财产安全发挥了巨大作用。特别是"96·8"洪水之后，濮阳市委、市政府对滩区安全建设非常重视，组织了大量的人力、物力和财力，分期分批对滩区避水工程进行了加高、加固和整修，普遍将滩区避水工程在"96·8"洪水位的基础上加高 1.5 m，并将孤台变成了连台、连台变成了村台。目前，已建滩区避水村台 373 个，台顶面积 2696.34 万 m²，其中有 48 个避水台高程超 12370 m³/s 流量相应水位 1 m，可解决 2.99 万人的避大洪安置问题。

濮阳市滩区群众主要撤退桥梁共 5 座，撤退道路 30 条，总长 120 多 km。濮阳市滩区主要撤退道路基本情况见表 1-4-2。

目前，濮阳市滩区迁安救护船只及救护工具都比较少，一旦发生大洪水需要群众外迁，还需要请求上级及社会各方的大力支援。据统计，滩区现有救生船只仅有 28 艘，冲锋舟 10 只，救生圈 600 只，三马车 31719 辆等。

表 1-4-2　濮阳市黄河滩区主要迁安撤退道路情况

序号	市县乡	道路起止点	道路长度（km）	路面宽度（m）	路面类型	路况
	濮阳市	合计	123.7			
一	濮阳县	小计	38.1			
1	渠村乡	三合村—大堤	3	4	沥青碎石	差
2	渠村乡	青庄险工—大堤	2	4	沥青碎石	差
3	郎中乡	南上延控导—坝头集	2	3.5	沥青碎石	差
4	郎中乡	南上延控导—赵屯村	2.5	3.5	沥青碎石	差
5	梨园乡	尹庄控导—大堤	7.9	4	沥青碎石	差
6	梨园乡	屯庄村—大堤	3.2	4	沥青碎石	差
7	白堽乡	龙长治控导—大堤	2.5	4	沥青碎石	差
8	王称堌乡	马张庄控导—大堤	4.5	3	沥青碎石	良好
9	徐镇镇	潘寨村—张相楼村	8	6	沥青碎石	差
10	习城乡	南习城寨村—大堤	2.5	4	沥青碎石	差
二	范县	小计	47.5			
11	辛庄乡	大堤—马棚村	1	4	沥青碎石	好
12	辛庄乡	辛庄集—毛楼村	3	10	沥青碎石	好
13	辛庄乡	大堤—安冯庄村	3.5	6	沥青碎石	好
14	陆集乡	大堤—南杨庄村	5	4	沥青碎石	好
15	陆集乡	陆集—吴老家控导	6	6	沥青碎石	好
16	陆集乡	陆集—刘庄村	7	4~6	沥青碎石	好
17	陆集乡	中军张村—张河涯村	2	4	沥青碎石	好
18	张庄乡	李菜园村—李盘石村	6	6	沥青碎石	一般
19	张庄乡	陆集—后军张村	5	4	沥青碎石	好
20	张庄乡	后房庄—丁沙窝村	9	6	沥青碎石	很差
三	台前县	小计	38.1			
21	清河乡	北葛村—甘草村	2.3	6	沥青碎石	差
22	清河乡	路庄村—潘集村	4.6	6	沥青碎石	差
23	清河乡	仝庄村—王英楼村	2.8	7	沥青碎石	一般
24	清河乡	徐沙沃村—清河村	2.5	6	沥青碎石	良好
25	马楼乡	吴楼村—幸福闸村	5.3	6	沥青碎石	良好
26	马楼乡	马楼村—前韩村	5.8	6	沥青碎石	一般
27	马楼乡	大寺张村—武楼村	4.4	6	沥青碎石	一般
28	马楼乡	陈楼村—刘心实村	6.4	6	沥青碎石	一般
29	马楼乡	胡那里村—刘楼村	2	6	沥青碎石	良好
30	吴坝乡	大堤—林楼村	2	6	水泥路面	良好

　　由上述可见，濮阳市滩区群众避洪还存在着诸多问题。一是属于纯低滩区，"二级悬河"形势严峻，致使漫滩概率大，灾害损失严重。二是滩区现有的 370 多个

避水村台，大部分达不到 12370 m³/s 流量的设防标准。当发生 10000 m³/s 流量以上洪水时，迁安救护任务相当繁重，易形成小水不迁，大水水中迁的不利局面。三是滩区撤退道路少，标准低，难以满足迁安救护的需要。四是水路迁安救生船只、漂浮工具少，不能满足大洪水时群众迁安需要。同时，滩区树木较多，救护船只航行困难，也增加了水中迁移的难度。

第二节 各流量级洪水滩区风险分析

当预报和发生较小漫滩洪水时，滩区群众要充分利用现有避水工程避洪固守，群众之间要互帮互助抗御洪水，保证生命安全，尽量减少财产损失。凡预测漫滩洪水进村的村庄，当地政府和有关群众必须按照对口安置的原则，在洪水到来之前完成群众迁移安置任务。

一、各流量级洪水滩区风险分析依据

各流量级洪水濮阳市黄河滩区风险分析的依据是：2013 年河南黄河河道排洪能力分析、河道地形地物现状、当地流量大于 6000 m³/s 时不考虑护滩工程（生产堤）阻水；国务院批准的《黄河中下游近期洪水调度方案》和有关水库调度规程；从 2008 年开始小浪底水库进入拦沙后期运用，当黄河发生 4000~8000 m³/s 流量高含沙洪水时，小浪底水库敞泄运用。由此可见，黄河花园口站出现 5000 m³/s 流量以上洪水的概率很大，濮阳市黄河滩区群众面临着极大的漫滩洪水威胁，迁安救护任务艰巨。

二、各流量级洪水滩区风险分析情况

（1）当黄河花园口站发生 4000 m³/s 流量洪水时，与当前濮阳市黄河河道排洪能力基本持平，不会发生洪水漫滩情况。

（2）当黄河花园口站出现 5000 m³/s 流量洪水时，如果洪水持续时间较短，沿程衰减比较大，濮阳市现有护滩工程在加强防守情况下，不会发生洪水漫滩情况；如果洪水持续时间长，沿程衰减比较小，护滩工程在长时间高水位的浸泡下可能失守造成洪水漫滩。漫滩后滩面水深 0.6~2.8 m，堤根水深 1.1~3.4 m。滩区需内迁上高台避洪 24 个自然村，人口 1.5 万人，经济损失约 3.16 亿元。

（3）当黄河花园口站出现 6000 m³/s 流量洪水时，滩区将全部漫水，大堤全部偎水，耕地全部被淹，滩面水深 1.1~3.0 m，堤根水深 1.8~4.0 m。滩区需陆路外迁安置 138 个自然村，人口 9.60 万人，经济损失约 20.24 亿元。

（4）当黄河花园口站出现 8000 m³/s 流量洪水时，滩面水深 1.6~3.6 m，堤根水深 2.0~4.2 m。滩区需外迁 220 个自然村，人口 15.53 万人（其中 6000 m³/s 流量洪水时已迁移 9.6 万人，本级洪水需陆路迁移 0.62 万人，水路迁移 5.31 万人），经济损失约 27.97 亿元。

（5）当黄河花园口站出现 10000 m³/s 流量洪水时，滩面水深 2.0~3.9 m，堤根水深 2.4~4.4 m。滩区需外迁 284 个自然村，人口 20.38 万人（其中 8000 m³/s 流量洪水时已迁移 15.53 万人，本级洪水需陆路迁移 0.16 万人，水路迁移 4.69 万人），经济损失约 34.67 亿元。

（6）当黄河花园口站出现 12000 m³/s 流量洪水时，滩面水深 2.5~4.8 m，堤根水深 3.0~5.0 m。滩区需外迁 324 个自然村，人口 23.45 万人（其中 10000 m³/s 流量洪水时已迁移 20.38 万人，本级洪水需水路迁移 3.07 万人），经济损失约 38.39 亿元。

（7）当黄河花园口站出现 15000 m³/s 流量洪水时，滩面水深 3.0~5.0 m，堤根水深 3.3~5.5 m。滩区需外迁 350 个自然村，人口 24.76 万人（其中 12000 m³/s 流量洪水时已迁移 23.45 万人，本级洪水需水路迁移 1.31 万人），经济损失约 43.24 亿元。

（8）当黄河花园口站出现 20000~22000 m³/s 流量洪水时，滩面水深 3.3~5.8 m，堤根水深 4.0~6.3 m。滩区水位将超过历史最高水位，需外迁 372 个自然村，人口 26.35 万人（其中 15000 m³/s 流量洪水时已迁移 24.76 万人，本级洪水需水路迁移 1.59 万人），经济损失约 48.38 亿元。本级洪水全市滩区仅剩范县辛庄乡于庄村 900 多人不需外迁安置（因避水台高又紧偎大堤）。

第三节　滩区运用准备

一、滩区运用指挥部成员组成及职责

黄河滩区在运用前（一般在每年的汛前），沿黄各级政府都要成立黄河滩区运用指挥部，并进行明确分工，赋予相应的职责。濮阳市黄河滩区运用指挥部组成及职责如下：

濮阳市黄河滩区运用指挥部，由濮阳市市长担任指挥长，主抓农业的副市长担任常务副指挥长，市军分区参谋长、中原石油勘探局副局长、黄河河务局局长、市委常务副秘书长、水利局局长、发展改革委主任等担任副指挥长，市直有关部门主要领导为指挥部成员。指挥部主要负责制定黄河滩区迁安救护方案，全面组织实施滩区群众的迁移和安置工作，研究部署洪水期间的救护措施，督促、检查、落实滩区迁安救护工作。

濮阳市黄河滩区运用指挥部下设新闻报道和警报信息组、转移安置组、交通和安全保障组、通信和电力保障组、闸门（口门）运用组、应急抢险组、物资供应组和后勤保障组等领导组织。

新闻报道和警报信息组由市文广新局组成，该单位主要领导为责任人。该组主要负责通过媒体进行新闻宣传、预警发布、洪水预告；宣传黄河滩区迁安救护方针，做好滩区迁安救护情况报道及各项资料的整理，并对迁移命令进行有效的传达。

转移安置组由市军分区、民政局组成，军分区司令员和民政局局长为责任人。该组主要负责实施黄河滩区迁安方案，组织、落实包村带队转移干部；制定灾民安置和生活保障方案,并负责灾民的生活安置和救灾物资的接收、管理、发放工作;及时统计受灾情况,并向上级报告。

交通和安全保障组由市公安局、交通运输局组成,其局主要领导为责任人。该组主要负责迁安救护船只筹集、运输车辆的落实;外迁道路、桥梁、码头、群众安置地的治安保卫工作;确保迁移主干道畅通和过境车辆拦截工作;维持交通治安秩序,保障迁安救护车辆和防汛抢险车辆通行;滩区易燃、易爆及剧毒物品的安全转移和储藏工作。

通信和电力保障组由市联通公司、供电公司组成,其公司主要领导为责任人。该组主要负责制定应急通信保障方案,确保通信设施的防洪安全,为迁安救护工作提供通信保障;制定应急供电保障方案,做好搬迁群众安置地的电力供应,保证生活用电;及时切断漫滩区域的电力供应。

闸门(口门)运用组由市水利局、市武警支队组成,市水利局分管副局长和武警支队队长为责任人。该组主要负责黄河滩区进洪口门和退洪口门的选址、爆破等工作。

应急抢险组由济南军区某集团军组成,其集团军参谋长和市政府分管副秘书长为责任人。该组主要负责滩区工程抢险(防洪工程、涵闸)和滩区受灾群众迁移安置的紧急救援工作。

物资供应组由市国资委、财政局组成,该单位主要领导为责任人。该组主要负责救生设备的接受、调配等工作;制定资金保障方案,筹集迁移安置所需资金,确保资金及时足额到位。

后勤保障组由市发展改革委、卫生局、粮食局组成,该单位主要领导为责任人。该组主要负责迁移安置群众的粮油和食品供应,保证灾民的生活需要;负责卫生防疫和医疗救护工作,为受灾群众提供及时到位的医疗服务,做到大灾无大疫。

二、滩区抢险救生队伍准备

各级政府在每年汛前都要组建或调整充实黄河滩区抢险救生队伍。抢险救生队伍由各县、乡(镇)群防骨干、人民解放军和武装警察部队组成。当地政府群防骨干负责滩区群众陆地救护转移,人民解放军和武装警察部队负责滩区群众水上救生转移及突发事件的巡查搜救工作。黄河滩区群防骨干抢险救生队伍情况见表1-4-3。

表1-4-3　濮阳市黄河滩区群防骨干抢险救生队伍情况

县别	救护队(人)	运输队(人)	治安留守队(人)	合计(人)
濮阳县	8300	8300	1900	18500
范县	4100	4100	680	8880
台前县	4550	3350	650	8550
合计	16950	15750	3230	35930

三、迁移安置物资准备

迁移安置物资主要包括冲锋舟、船只、救生衣、救生圈、漂浮工具（如竹筏、木板、轮胎等）、交通运输车辆、救灾帐篷等。冲锋舟、船只和交通运输车辆主要由交通运输部门负责筹集，并提供操作人员；救生衣、救生圈的筹集由交通运输部门主办、民政部门协办；民政部门负责救灾帐篷的筹集和发放工作。群众自有的漂浮工具、交通运输车辆，已经作为迁移安置物资进行登记。濮阳市黄河滩区迁安救灾物资准备情况见表1-4-4。

表1-4-4 濮阳市黄河滩区迁安救灾物资准备情况

县别	冲锋舟（只）	船只（只）	救生衣（件）	救生圈（只）	车辆（辆）	竹竿（根）	帐篷（块）	塑料布（万 m²）
濮阳县		18	100	600	500	5000	60	10
范县	16		100		400	2500	80	0.6
台前县	5	10	60		900	500	20	5
合计	21	28	260	600	1800	8000	160	15.60

迁移安置物资的准备以滩区和滞洪区社会储备为主。如紧急情况下，滩区社会储备迁移安置物资不能满足需要时，应逐级上报申请，请求动用国家储备或人民解放军、武警部队支援。

四、转移安置准备

濮阳市黄河滩区群众转移安置准备主要有以下几个方面。

（一）落实迁安救护明白卡

每年汛前，市、县防汛抗旱指挥部都要组织有关部门，对已发放的滩区迁安救护明白卡片进行检查落实、修改补充。县、乡（镇）级防汛抗旱指挥部，应保留迁移方与安置方户主名单，以便指挥和备查。

（二）落实漂浮救护工具

每年汛前，有关县、乡（镇）级防汛抗旱指挥部，应组织有关部门，对辖区内的大型船只、救生设备等漂浮、救护工具进行再检查、再落实，逐一登记造册。教育滩区群众须准备必要的简易救生工具，以便应付突发洪水。

（三）确定迁安撤退路线

为保证滩区撤退群众有组织、有计划、有秩序地按迁安救护明白卡迁移到对口村庄，必须在汛前合理安排好撤退道路。

（四）落实滩区迁安救护通道

有关县、乡（镇）级防汛抗旱指挥部，汛前要规划好滩区水上迁安救护船只通道，并按照救护船只航行一般主干道宽度不小于 100 m，次干道宽度不小于 60 m 的要求，对影响船只航行的片林等障碍物进行彻底清除。

（五）宣传动员

沿黄各级党委宣传部和文广新局，汛前要制定切实可行的滩区迁安救护工作宣传计划，并充分利用广播、电视、网站、报纸、宣传车等多种媒体传播方式，大力宣传滩区群众迁安救护工作方针和有关知识，及时发布上级迁安救护预警指令，广泛动员滩区群众做好转移工作。

第四节　滩区群众转移安置

一、通信报警

（一）警报发布

当黄河河务部门接到洪水预报后，及时分析汛情并向行政首长（指挥长）报告，提出滩区群众迁安建议。指挥长根据汛情签发滩区群众迁安救护命令，并立即组织召开市、县滩区运用指挥部成员会议，部署迁安救护工作，明确各相关单位、相关部门的迁安救护任务和责任。黄河滩区群众迁安转移警报发布以县为单位进行。在新闻媒体发布滩区群众迁安转移警报的同时，有关乡（镇）党委书记、迁移村支部书记分别负责向辖区内滩区群众进行警报发布，将各项警报信息指令通知传达到滩区有关村、户，达到家喻户晓，人人皆知。

（二）报警方式

滩区群众迁安转移报警主要通过有线电视、广播、电话、鸣锣、鸣笛、焰火、专用信号车、报警器、通知等方式完成。电视、广播传播由各级文化广电新闻出版局负责，确保电话畅通和移动电话的调配由各级通信运营部门负责。

（三）报警信号分级

根据黄河花园口站洪水流量共划分为"警戒"、"待命"、"行动"和"结束"4个级别。

当黄河花园口站发生 4000 m^3/s 流量洪水时，为"警戒"信号。本级洪水到达濮阳市境内的时间一般为 18~30 h。滩区运用指挥部应在接到洪水预报后 3 h 内通知滩区有关群众，其内容应包括洪水到达当地时间和流量等。

当黄河花园口站发生 5000 m^3/s 流量洪水时，为"待命"信号。本级洪水到达濮阳市境内的时间一般为 16~28 h。滩区运用指挥部应在规定的时间内，向滩区可能进水村庄的群众发布待命信号，做好迁移准备工作。

当黄河花园口站发生 6000 m^3/s 流量及以上洪水时，为"行动"信号。本级洪水到达濮阳市境内的时间一般为 15~25 h，预估滩区要漫滩，部分或大部分村庄要进水。滩区运用指挥部应在规定的时间内，向滩区可能进水村庄的群众发布行动信号，立即进行迁移工作。

当辖区内洪水退落为 4000 m^3/s 流量以下且无后续洪水时，为"结束"信号。

二、群众转移安置

(一)转移安置原则

在洪水漫滩的情况下,滩区群众转移安置应本着确保群众生命安全,尽最大努力减少财产损失的原则。

目前,根据河南黄河河道排洪能力分析推算,濮阳市滩区各村的设计洪水位与现有村台平均高程相比较,当黄河花园口站发生 4000~5000 m³/s 流量洪水时,由于护滩工程的存在,全滩区可不考虑群众迁移;当黄河花园口站发生 6000 m³/s 流量及以上洪水时,相应洪水位加 1 m 与村台平均高程相比较,不低于该标准村台的群众可以固守避水,否则必须进行迁移。

(二)转移安置措施

当预报黄河花园口站洪水将达到或超过漫滩水位时,在滩区运用指挥部的统一领导下,要采取得力措施,做好相应的工作。

一是各级迁安救护组织进入临战状态,所有人员立即到岗到位,开展工作。二是将迁移警报及要求迅速、准确传达到滩区每户群众,并优先将滩区老、小、弱、病残人员和主要贵重物品迅速转移到安全地带。三是市滩区运用指挥部要积极联系、落实舟桥部队,完成浮桥架设、摆渡被水围困群众等项任务。四是县、乡(镇)滩区运用指挥部要及时请求上级调运救生衣、救生圈等救生工具,并迅速分发到有关村户。五是实行各级干部包县、包乡(镇)、包村、包户迁安责任制,特别是包村、包户干部要深入责任村、责任户,现场指挥,恪尽职守,带领群众按撤退路线迁移到对口安置地,并采取得力措施,确保人畜不回流。六是要立即关闭滩区内的砖瓦窑厂、旅游景区等,并及时通知、转移和安置好相关人员。七是若遇花园口站 22000 m³/s 流量以上超标准洪水,北金堤滞洪区准备分洪时,要采取措施,确保已迁移到滞洪区内的滩区群众,随滞洪区群众一起再次迁移到安全地区。

(三)迁移群众生活保障

做好滩区群众迁移安置后的生活保障工作,至关重要。各级粮食、供销、发展改革委、商务等有关部门,要切实做好被迁移灾民的粮、油、蔬菜、饮用水等生活必需品的及时、足额供应以及临时帐篷、器材的供应调运工作。

三、交通管制和治安保障

交通部门要组织好、分配好滩区群众迁安运输车辆,确保所需。公安部门要组织足够的警力,维护好滩区群众迁移道路、桥梁、码头、中转站及安置地的治安保卫工作,确保群众迁移道路畅通和治安秩序,并妥善处理好滩区易燃、易爆及剧毒物品,确保安全。

四、医疗救助和卫生防疫

各级卫生防疫部门要组织卫生防疫队,深入到滩区和安置区群众当中去,认真做好迁移群众的生活饮用水卫生消毒、药品供应、卫生防疫以及医疗救护等工作。若出现疫情，应立即采取果断有效措施，控制疫情的蔓延，尽一切力量确保迁移群众的身体健康。

第五节　滩区运用及人员返迁安置

一、滩区启用条件和运用方式

当当地黄河流量超过平滩流量时黄河滩区即具备启用条件。当当地黄河流量超过平滩流量时，部分护滩工程（生产堤）薄弱堤段可能先决口，洪水自然漫滩。如果这种自然漫滩会造成洪水直冲村庄，威胁到滩区群众安全，或造成"横河"、"斜河"，威胁到堤防安全时，就须事先人为有计划、有选择地破除护滩工程口门进洪，让洪水有利于滩区群众避洪和堤防安全。当滩区水位高于黄河主河槽水位时（滩区退洪时），应对滩区护滩工程较高的堤段实施人为破除，以便于洪水尽快退滩。对于滩区"二级悬河"地段，若积水危及堤防工程安全，可采取开启引黄（涵）闸或增设临时移动泵站进行引水、提水退洪。

二、应急抢险和救生

沿黄背河乡（镇）须在汛前组成一定数量的抢险救生队，承担滩区群众一部分抢险救生任务。各对口安置村庄也须组织一定力量的队伍，帮助迁移群众搬迁和安置。市、县（区）政府机关及企事业单位视情况组织一定的力量，奔赴迁安救生前线，支援帮助滩区群众安全转移。在紧急情况下，各级指挥部可根据有关调度程序要求，逐级上报申请人民解放军和武警部队支援抢险救生工作。

三、滩区人员返迁安置

当洪水退后，各有关单位和部门应积极做好滩区群众返迁安置工作。一是各级交通运输和公路部门应组织人员和机械，对滩区原防汛（撤退）道路、桥梁进行翻修整理，给滩区群众返迁及以后生产、生活创造交通条件。二是各级卫生防疫部门要对被淹村庄进行全面的卫生防疫和消毒，确保群众返迁后无疫情发生。三是各级商务、供销等部门应做好救灾物资的供应和运输工作。四是各级民政部门应做好被毁房屋的修复和重建工作，并按规定对受灾村庄进行范围界定和人口统计，做好相关的补偿工作。同时支持、鼓励、扶持滩区群众迁至背河居住，尽量减少滩区蓄滞洪运用造成的经济损失，有效解决滩区发展和河道治理之间的矛盾。五是各级粮食部门应做好滩区群众返迁后的生活物资供应工作；教育部门做好灾区学校复建、学生复课工作；农业等部门要帮助滩区群众尽快恢复生产；黄河河务部门要组织人员对堤防和河道整治等工程的水毁情况进行普查和上报，并组织有关人员对水毁工程进行修复。

第五章　北金堤滞洪区

黄河是举世闻名的地上悬河，洪水灾害历来为世人瞩目，历史上被称为中国之忧患。为消除黄河水患，国家投入大量资金，加大治理力度，经过多年的治理与开发，初步形成了以中游干支流水库、下游堤防、河道整治、分滞洪区工程为主体的"上拦下排、两岸分滞"的防洪工程体系，并已逐步形成了比较科学的洪水调度模式和工程运用方式，对黄河的防洪减灾起到了很大作用。北金堤滞洪区是处理黄河下游超标准洪水的重要措施，在黄河防洪工程体系中具有不可替代的作用和地位。但由于小浪底水库的修建等原因，该滞洪区降为国家保留滞洪区。

第一节　滞洪区的开辟

一、滞洪区开辟的缘由

北金堤滞洪区的开辟是在总结历代治河经验的基础上，经过长时间酝酿和专家充分论证而决定设立的，是人们正确认识黄河泥沙、洪水危害的结果。

黄河自孟津以下，河道渐宽，到兰考东坝头又逐渐变窄。东坝头以上堤距一般为 14~20 km，东坝头以下堤距缩至 10~1 km，到了艾山口以下平均河宽已不足 1.0 km，最窄处仅几百米。东坝头以下河道上宽下窄，导致洪水不能顺畅下泄，特别是艾山口以下河道，单纯依靠两岸堤防已难以确保下游防洪安全。1951 年，根据当时的河道实测断面排洪能力计算出的各河段河道所能承泄的安全泄量，长垣县石头庄以下堤防高度严重低于洪水位，堤防溢决威胁十分严重。北金堤滞洪区正是顺应"为超标准洪水寻找出路"的迫切需要，于 1951 年经过专家科学探讨、反复论证，选定在长垣石头庄一带向堤外分洪，后经政务院批准，开辟了北金堤滞洪区。

二、滞洪区的改建及历史沿革

20 世纪 50 年代初，黄河下游以防御陕州流量 18000 m³/s 为防洪标准，但据历史记载和洪水调查，陕州发生过 22000 m³/s 以上的洪水。1951 年，中央做出了《关于预防黄河异常洪水的决定》。该决定指出："为预防黄河异常洪水，避免灾害，在中游水库未完成前，同意平原省及华北事务部提议在下游各地分期进行滞洪分洪工程，藉以减低洪峰，保障安全。第一期以陕州流量 23000 m³/s 的洪水为防御目标……在北金堤以南地区及东平湖区，分别修筑滞洪工程，北金堤滞洪区关系甚大，其溢洪口门应构筑控制工事……"据此，1951 年在长垣县石头庄附近修筑了溢洪堰分洪工程，设计最大水头 1.5 m，分洪流量 5100 m³/s，堰长 1500 m，采用印度式填石堰，堰身为浆砌石，厚 1.5 m，堰顶宽 6 m，堰前堰后均铺设块石铅丝笼，上下游坡脚及堰身下部共打圆木桩及木板桩 5 道，以防冲刷引起工程破坏。同时，将临黄堤与北金堤之间的区域开辟为滞洪区，当时设计滞洪面积 2918 km²，在区内修筑避水工程，营造救生船只等。1960 年三门峡水库建成投入运用后，该滞洪区一度停止使用，工程遭到不同程度的损坏。

1963 年海河流域发生大暴雨后，根据资料分析，三门峡水库建成后，黄河下游仍有发生大洪水的可能。国务院在 1963 年《关于黄河下游防洪问题的几项决定》中提出："黄河三门峡水库建成后，控制了黄河大部分流域面积的洪水。但在三门峡水库以下，如遇特大暴雨，在花园口仍有发生洪峰流量 22000 m³/s，甚至超过 22000 m³/s 的可能。为此，对黄河下游防洪问题，特作如下几项决定：……当花园口发生超过 22000 m³/s 的洪峰时，应利用长垣县石头庄溢洪堰或者河南省内的其他地点向北金堤滞洪区分滞洪水，以控制到孙口的流量最多不超过 17000 m³/s 左右……并大力整修加固北金堤的堤防，确保北金堤的安全。在滞洪区内应逐年整修恢复围村堰、避水台、交通道路以及通信设备等，以保证滞洪区内群众的安全。"故从 1964 年开始，又着手滞洪区的恢复工作。

1952 年至 1975 年，石头庄溢洪堰前的黄河滩区变化很大，滩区上游修建了控导工程，溢洪堰前的串沟被淤平，滩区修了灌溉渠道，这些对于分洪时引流入堰都十分不利。同时，分洪口门的爆破时机难以掌握，很难达到分洪效果；而分洪口门一旦冲开后，由于黄河水位比过去抬高，又可能分洪过多，甚至夺流改道。因此，利用石头庄溢洪堰分洪，很难满足安全可靠的要求。1975 年 8 月淮河特大暴雨成灾后，经过多种方法计算和综合分析研究，在利用三门峡水库控制上游来水后，花园口仍可能出现 46000 m³/s 特大洪水。据此，1976 年河南、山东两省及水利电力部向国务院上报了《关于防御黄河下游特大洪水意见的报告》。该报告指出："目前三门峡到花园口之间，尚无重大蓄洪工程。如果发生特大洪水，既吞不掉，也排不走。因此，拟采取'上拦下排，两岸分滞'的方针。即在三门峡以下兴建干支流水库工程，拦蓄洪水，改建现有滞洪设施，提高分洪能力；加大下游河道泄量，排洪入海……为适应处理特大洪水的需要，并保证分洪安全可靠，一致同意新建渠村分洪闸，废除石头庄溢洪堰，并加高加固北金堤。"经国务院原则同意后，于 1977 年兴建渠村分洪闸，并开始改建北金堤滞洪区。

第二节　滞洪区自然地理特征及社会经济状况

一、自然地理特征

北金堤滞洪区位于黄河下游的左岸，处在黄河大堤与北金堤的夹角地带，呈西南东北向，上宽下窄呈羊角状，长 157 km，最宽处 40 km，最窄处 7 km，总面积

2316 km²，有效分滞洪水量 20 亿 m³。滞洪区地处我国地势的第三阶梯中后部，属黄河冲积平原，地势起伏变化甚微，自西南向东北沿黄河略有倾斜，地面纵比降 0.1‰，横比降 0.2‰。地貌特征为平地、洼地、沙丘、沟河相间。地面高程为 41.4～57.6 m。滞洪区南围堤为临黄大堤，北围堤为北金堤。区内有一贯穿滞洪区的排涝河——金堤河，全长 159.8 km。北金堤滞洪区共涉及河南省长垣县、滑县、濮阳市高新区、濮阳县、范县、台前县和山东省莘县、阳谷县部分区域，总面积为 2316 km²，其中涉及河南省面积 2252 km²，濮阳市面积 1699 km²。

该滞洪区分洪后根据区内地形、地貌、河流等情况及分洪相应水位分析测算，主流将沿濮阳回木沟、三里店沟及濮清南干渠直泄濮阳县南关入金堤河，然后沿金堤河直抵台前县张庄闸，退入黄河。分洪后的滞洪区按洪水流势，划分为 4 个区域，即浅水区（水深 1 m 以下）、深水区（水深 1～3 m）、主流区、库区。其中浅水区面积 414 km²（指濮阳黄河河务部门参与管理的安阳市滑县和濮阳市范围，以下同），涉及村庄 340 个，人口 26.58 万人（不含中原油田人数，以下同）；深水区面积 897 km²，涉及村庄 912 个，人口 70.93 万人；主流区面积 543.9 km²，涉及村庄 431 个，人口 34.98 万人；库区面积 460.5 km²，涉及村庄 391 个，人口 30.49 万人。其详细情况见表 1-5-1。

表 1-5-1　北金堤滞洪区四个区域内村庄、人口情况

县别	村（个）	人口（人）	浅水区		深水区		主流区		库区	
			村（个）	人口（人）	村（个）	人口（人）	村（个）	人口（人）	村（个）	人口（人）
濮阳	891	682166	250	170656	313	235499	328	276011		
范县	602	367253	3	2687	406	247997	92	61661	101	54908
台前	290	250018							290	250018
高新区	6	6146			6	6146				
滑县	285	324232	87	92451	187	219619	11	12162		
合计	2074	1629815	340	265794	912	709261	431	349834	391	304926

二、社会经济状况

北金堤滞洪区共涉及濮阳、安阳两市 53 个乡（镇），2074 个自然村，人口 169.48 万人（含中原油田），固定资产约 810.03 亿元（含中原油田）。其详细情况见表 1-5-2。

表 1-5-2 北金堤滞洪区社会经济情况

县别及单位	乡 (镇)(个)	村庄 (个)	人口 (人)	耕地 (万亩)	房屋 (万间)	财产 (亿元)
濮阳县	20	891	682166	98.28	69.24	350
范县	12	602	367253	44.79	44.12	22.82
台前县	9	290	250018	18.46	32.50	42.56
高新区	1	6	6146	1.12	0.46	0.65
滑县	11	285	324232	61.29	49.14	23.60
中原油田			65000			370.40
合计	53	2074	1694815	223.94	195.46	810.03

第三节　滞洪区控制工程

北金堤滞洪区控制工程主要有北金堤堤防、渠村分洪闸和张庄退水闸。

一、北金堤堤防

北金堤是滞洪区的北围堤。从河南省滑县白道口镇至山东省阳谷县陶城铺，北金堤总长 158.59 km。其详细情况见第二章第二节。为确保濮阳市辖区内北金堤安全，在其险要堤段分别修建了濮阳县城南、焦占、刘庄、兴张、赵庄等 5 处险工，工程总长度 9680 m，共有 68 坝。

城南险工位于濮阳县县城正南，相应北金堤桩号 1+595~9+630。该工程始建于 1978 年，平面布局为平顺型，工程总长度 8030 m，现有 50 道坝。

焦占险工位于濮阳县清河头乡焦占村南，相应北金堤桩号 16+747~16+985。该工程始建于 1979 年 7 月，平面布局为平顺型，工程总长度 400 m，现有 5 道坝。

刘庄险工位于濮阳县清河头乡刘庄村南，相应北金堤桩号 21+474~21+839。该工程始建于 1957 年，平面布局为平顺型，工程总长度 800 m，现有 6 道坝。

兴张险工位于濮阳县柳屯镇兴张村东南，相应北金堤桩号 28+592~28+832。该工程始建于 1957 年，平面布局为平顺型，工程总长度 200 m，现有 3 道坝。

赵庄险工位于濮阳县柳屯镇赵庄村东南，相应北金堤桩号 37+296~37+539。该工程始建于 1965 年，平面布局为平顺型，工程总长度 250 m，现有 4 道坝。

二、渠村分洪闸

渠村分洪闸位于河南省濮阳县渠村集南 2 km 处，黄河左岸青庄险工上首，闸轴线大堤桩号为 48+150。它是在黄河出现特大洪水时，向北金堤滞洪区分流洪水的大型工程，设计分洪最大流量为 10000 m³/s。该闸为一级建筑物，于 1978 年 5 月竣工，闸门总宽 749 m，闸室长 15.5 m，系钢筋混凝土灌注桩基础开敞式水闸。该闸共 56 孔，每孔尺寸为 12 m×4.5 m（宽×高）。闸门为钢筋混凝土平板闸门，尺寸为

12.86 m×4.35 m（宽×高），每块闸板重 80.2 t。每孔设置 2×80 t 固定卷扬启闭机 1 台，22 kW 或 28 kW 的电动机 2 台，启闭速度分别为 1.33 m/min、1.8 m/min，闸门开启总负荷为 2800 kW，由 4 组变压器供电。该闸地基为深厚的第四纪冲积层，基础采用混凝土灌注桩，桩径 0.85 m，桩长 13~19 m，造孔 1855 个。闸后消能采用二级消力池，消力池、海漫及抛石槽总长 115 m。

为防止泥沙在闸门前堆积而影响闸门开启，在闸前筑有长 1200 m 的控制围堤，围堤顶部高程（黄海）65.66~66.13 m，顶宽 3 m，临水堤坡 1:3，背水边坡 1:1.5。围堤中段为设计破口段，布设爆破口门 6 个，松动爆破口门 5 个，口门总宽 55 m，破口距围堤两端各 120 m，破口距闸身 133~223 m。设计爆破后过水深度 0.7 m，爆破深度 2.2 m。

由于渠村分洪闸已建成 30 多年，年久老化，被评定为三类闸，急需进行改建加固。

三、张庄退水闸

张庄退水闸亦称张庄入黄闸，它位于金堤河入黄口处的台前县吴坝镇张庄村北，大堤桩号为 193+981。它具有退水、排涝、挡水、倒灌等多种功能。

该闸为 I 级水工建筑物，是一座具有防洪、除涝、泄洪及倒灌作用的双向运用开敞式轻型水闸，建成于 1965 年。由于工程老化严重，挡黄标准不够，于 1998~2000 年进行了改建加固。该闸共 6 孔，闸门总宽度 60 m，闸孔尺寸 10 m×4.7 m（宽×高），每孔设有弧形闸门和固定卷扬机。闸底板高程 40 m（该工程为黄海高程），设计防洪水位 48.08 m（设计水平年为 2030 年），校核防洪水位 49.08 m，可防御黄河当地流量 11000 m³/s 的洪水；设计排涝水位 43.09 m，闸后相应水位 42.78 m（背河侧称闸前，临黄侧称闸后），相应最大泄水流量 620 m³/s；设计滞洪退水和倒灌分洪能力均为 1000 m³/s。

闸门操作按水工模型试验制定的程序进行，以防止远驱式水跃发生。闸门开启由中至边对称逐步开启，每次每孔开启度不大于 0.5 m。在过闸流量小于设计流量时，闸门可以吊出水面；泄放大流量时，采用闸门控制泄流规模。

第四节 滞洪区避水及撤退工程

在北金堤滞洪区安全建设初期的 1951~1958 年，主要以修建围村堰为主。经过一度废弃后，1964~1969 年主要以修建避水台为主。这两个阶段共修建围村堰 360 个，避水台 1919 个，共完成土方 5674 万 m³。1978 年滞洪区改建后，分洪口门下移 28 km 至渠村建分洪闸，设计分洪流量加大，主流区、深水区的位置均发生了变化，不少区域设计水位抬高 0.7~3.2 m，原有堰台绝大部分防洪能力不足，能达到设计防洪标准的村堰只有 25 个，村台 89 个。因此，滞洪区改建初期采取"以迁为主"的方针。但因外迁的人口多、时限短、实施难度大，遂改为"防守和转移并举，以防为主，就近迁移"的方针。按照此项方针，在水深 1 m 以下浅水区，利用原避水工程就地防守；在水深为 1~3 m 的深水区，整修或新修避水埝台，做好固守；在主流区及部分深水区，根据撤退外迁规划，加快桥路建设与配套工程建设，同时落实迁安救护和通信指挥设施。其滞洪区围村堰、避水台、撤退道路等修建标准如下：

围村堰顶宽均为 2~4 m，边坡均为 1:2。水深在 2 m 以上时，围村堰顶高于设计洪水位 1.5 m；水深在 1.5~2 m 时，堰顶高于设计洪水位 1.0 m；水深在 1.0~1.5 m 时，堰顶高于设计洪水位 0.7 m。

避水台按每人 5 m² 兴建，边坡均为 1:2。水深在 1.5 m 时，台顶高于设计洪水位 1 m；水深在 1~1.5 m 时，台顶高于设计洪水位 0.5 m。

撤退道路为沥青路面，路面级别为 3 级，路基宽度 6~8 m，路面宽度 4~6 m。

撤退桥梁结构为钢筋混凝土，桥面宽 7~10 m，最大跨度为 16 m。

目前，共在滞洪区内修建避水台 562 个（面积 154 万 m²），围村堰 99 个（长 13.02 万 m），撤迁滞洪干道 76 条（长 706.98 km），撤退桥梁 25 座，避水指挥楼 15 座等。其滞洪区避水堰、避水台设施详细情况见表 1-5-3。

表 1-5-3　北金堤滞洪区避水堰、避水台设施情况

县别	村庄（个）	人口（人）	围村堰				避水台			
			村庄（个）	人口（人）	堰数（个）	长度（m）	村庄（个）	人口（人）	台数（个）	面积（m²）
濮阳县	214	170090	45	48992	34	47697	169	121098	172	431327
范县	260	150941	15	13567	12	14251	245	137374	274	724580
滑县	142	168779	53	58128	53	68300	89	110651	116	380997
合计	616	489810	113	120687	99	130248	503	369123	562	1536904

第六章 濮阳黄河防汛

第一节 防汛形势与组织

一、防汛形势

濮阳市黄河河段位于河南黄河的最下游,具有6个方面的特点。一是濮阳黄河大部分河段属于过渡型河段,河道形态上宽下窄,洪水下泄慢,滞留时间长,防洪工程易出险,抗洪抢险任务大。二是濮阳黄河河段槽高、滩低、堤根洼、临背河悬差大,是典型的"豆腐腰"和"二级悬河"河段,存在着发生"斜河"、"横河",甚至"滚河"的潜在危险,堤防防守任务重。三是辖区内标准化堤防建设尚未完成,河道整治工程还需完善,部分险点、险段还未完全消除,工程防守难度大。四是濮阳黄河滩区属于纯低滩区,漫滩概率大,灾害损失严重,迁安救护任务艰巨。五是随着河道纬度逐渐增加,气温相对变化较大,濮阳黄河河段属于不稳定封河河段,历史上凌汛灾害频繁,是河南黄河防凌工作的重点区域。六是承担着黄河特大洪水分滞洪任务,滞洪迁安救护任务十分艰巨。

由此可见,濮阳市黄河防汛形势非常严峻,工程防守、抗洪抢险及迁安救护任务都十分艰巨。

二、防汛指挥机构与职责

（一）防汛指挥机构

在每年汛前,濮阳市及沿黄各县均分别调整、充实防汛抗旱指挥部,负责辖区内防汛抗旱工作。濮阳市及沿黄各县防汛抗旱指挥部指挥长由市、县人民政府行政首长担任,由一名政府主抓农业的副职担任常务副指挥长,政府有关部门、驻军、武警和黄河河务部门的主要领导担任副指挥长或指挥部成员。各级防汛抗旱指挥部下设黄河防汛抗旱办公室,具体负责黄河防汛的日常工作。

（二）防汛职责

黄河防汛工作实行各级人民政府行政首长负责制,统一指挥,分级分部门负责。

濮阳市黄河防汛工作由濮阳市市长负总责,分管副市长具体负责。市防汛抗旱指挥部是市政府的防汛抗旱指挥机关,下设的黄河防汛抗旱办公室是市政府、市防汛抗旱指挥部的办事机构,负责全市的黄河防汛日常工作。沿黄各县人民政府负责本辖区的黄河防汛工作。

1. 行政首长职责

（1）统一指挥本辖区的防汛抗洪抢险工作，对辖区内的防汛抗洪抢险工作负总责。

（2）督促建立健全防汛机构。负责组织制定本辖区有关防洪的法规、政策，并贯彻实施。教育广大干部群众树立大局意识，以人民利益为重，服从统一指挥调度。组织做好防汛宣传，克服麻痹思想，增强干部群众的水患意识，做好防汛抗洪的组织和发动工作。

（3）贯彻防汛法规和政策，执行上级防汛抗旱指挥部的指令。根据统一指挥、分级分部门负责的原则，协调有关部门的防汛责任，及时解决防汛抗洪经费和物资供应等问题，确保防汛工作的顺利开展。

（4）组织有关部门制定本辖区黄河各级洪水的防御方案、工程抢险措施和滩区、滞洪区群众迁安救护方案。

（5）主持防汛抗旱会议，部署黄河防汛工作，进行防汛工作检查。负责本辖区河道的清障工作。加快本辖区防洪工程建设，不断提高抗御洪水的能力。

（6）根据本辖区汛情和抗洪抢险实际，认真听取黄河河务部门参谋意见，批准管理权限内的工程防守、群众迁安、抢险救护方案，以及紧急情况下的决策方案，调动所辖地区的人力、物力有效地投入抗洪抢险斗争。

（7）洪灾发生前后，迅速组织滩区、滞洪区群众的迁安救护，开展救灾工作，妥善安排灾区群众的生活，尽快恢复生产，重建家园，修复水毁防洪工程，保持社会稳定。

（8）对防汛工作必须切实负起责任，确保安全度汛，防止发生重大灾害损失。按照分级管理的原则，对下级防汛抗旱指挥部的工作负有检查、监督、考核的责任。

（9）搞好其他有关防汛抗洪工作。

2. 防汛抗旱指挥部职责

（1）各级防汛抗旱指挥部是所辖地区负责防汛抗旱工作的常设机构，受同级人民政府和上级防汛抗旱指挥部的共同领导，行使防汛抗旱指挥权，组织并监督防汛抗旱工作的实施。

（2）贯彻国家有关防汛抗旱工作的方针、政策、法规，执行上级防汛抗旱指挥部的各种指令。负责向同级人民政府和上级防汛抗旱指挥部报告工作，全面做好黄河防汛工作。

（3）遇设防标准以内的洪水，确保防洪工程防洪安全；遇超标准洪水，尽最大努力，想尽一切办法减小灾害。

（4）组织召开防汛抗旱工作会议，部署防汛抗旱工作。做好群众的组织宣传工作，提高全社会的防洪减灾意识。

（5）组织防汛检查，督促并协调有关部门做好防汛抗旱工作，完善防洪工程的非工程防护措施，落实各种防汛物资储备。

（6）根据黄河防洪的总体要求，结合当地防洪工程现状，制定防御洪水的各种预案，研究制定工程防洪抢险方案。

（7）负责下达、检查、监督防汛调度命令的贯彻执行，并将贯彻执行情况及时上报。

（8）组织动员社会各界投入黄河防汛抢险和迁安救灾等工作。

（9）探讨研究和推广应用现代防汛科学技术，总结经验教训，按有关规定对有关单位和个人进行奖惩。

（10）做好其他有关防汛抗洪工作。

3. 黄河河务部门职责

（1）贯彻国家有关防汛工作的方针、政策，执行上级和本级防汛抗旱指挥部命令和指示。

（2）根据黄河防洪总体要求，结合辖区内的工程现状，制定防御各种洪水预案和抗洪抢险方案。

（3）负责辖区内的防洪工程建设、维护和管理。

（4）组织防汛宣传和工程检查。

（5）及时掌握防汛动态，随时向上级和有关部门通报气象、雨情、工情、灾情和抗洪抢险情况。分析防洪形势，预测各类洪水可能出现的问题，提出处理意见。

（6）协调并督促检查各部门防汛工作。

（7）负责国家储备的防汛物资调配和管理。

（8）做好防汛总结，推广防汛先进经验。

（9）做好其他有关防汛抗洪工作。

4. 其他有关部门的职责

（1）气象部门：负责暴雨、台风和异常天气的监测，及时向防汛抗旱指挥部提供长期、中期、短期天气和降雨预报。

（2）电力部门：保障防汛机构、防洪工程和防洪抢险电力供应。

（3）电信部门：为防汛通信提供优先便利条件，必要情况下，运用应急通信网络，保障防汛通信畅通。

（4）民政部门：负责滩区、滞洪区灾民安置及救济工作，及时统计受灾情况，向本级黄河防汛抗旱办公室报告。

（5）卫生部门：负责组织灾区卫生防疫和医疗救护工作，确保大灾无大疫。

（6）物资、商业、供销、发展改革委、经贸委等部门：负责社会各种防汛物资储备，并负责协调、保障防汛抢险物资供应。

（7）铁路、交通、民航部门：汛期优先运送防汛抢险人员和物料，为紧急抢险和撤离人员及时提供所需运输工具，保障人员、物资运输畅通。

（8）公安部门：负责抗洪抢险的治安管理和交通管理，维护防汛抗洪秩序，保障防汛抗洪道路畅通，严厉打击破坏防洪工程设施、盗窃防汛物资、妨碍防汛抗洪的违法行为。

（9）新闻宣传部门：负责利用广播、电视、报刊等新闻媒体进行防汛宣传动员及紧急时期滩区、滞洪区群众迁安的警报工作。

（10）人民解放军和武装警察部队：承担抗洪抢险、营救群众、转移物资、灾民救济等急、重、险、难任务。

（11）其他有关部门：根据各自的职责和防汛指挥部指令，做好防汛抗洪工作，共保黄河防洪安全。

三、防汛督察组织

黄河防汛实行分级督察，逐级负责的督察制度。市、县分别成立防汛督察组织，由同级党、政领导担任负责人，成员一般由防汛抗旱指挥部成员及有关人员组成。每年汛前各级防汛督察组织要对辖区内防汛工作进行全面检查，督促各项防汛工作的开展，对重大防汛任务或出现重大险情时，进行专项或巡回督察。防汛督察的主要工作内容：一是以行政首长负责制为重点的各项防汛责任制的落实情况。二是分管范围内行政首长和有关部门履行防汛职责情况。三是国家防汛法规、政策和上级防汛指令贯彻执行情况。四是防汛基建工程和度汛工程建设施工情况；滩区、滞洪区安全建设及河道清障情况；各类防汛队伍组织落实、技术培训情况；水文、通信、信息部门的防汛准备情况；国家常备料物、社会团体和群众备料到位情况等。五是洪水期间领导上岗到位履职和防汛队伍上堤防守以及巡堤查险情况；工程抢险、迁安救护等防汛抗洪工作的开展落实情况。六是汛后赈灾、救灾等善后工作开展情况。

四、防（汛）洪预案

防（汛）洪预案是防洪非工程体系的重要组成部分，是防汛决策和防洪调度的依据，是未雨绸缪、变被动防洪为主动防洪的重要举措。黄河防洪预案由黄河防汛抗旱办公室负责编制，经过防汛抗旱指挥部讨论通过，由同级人民政府颁发。

（一）防（汛）洪预案编制的基本原则

贯彻行政首长负责制，统一指挥，分级分部门负责；全面部署，充分准备，保证重点，以防为主，全力抢险；工程措施和非工程措施相结合；顾全大局，团结抗洪，充分调动全社会积极因素。

（二）防（汛）洪预案的主要内容

防（汛）洪预案的主要内容包括黄河河道基本情况、防洪工程概况、河道排洪能力分析、防洪存在的问题，防洪任务、险情处置原则、防洪职责分工、各种保障措施以及各级洪水防守预案等。

濮阳市黄河防（汛）洪预案编制以黄河花园口站下泄流量为分级依据，分为 3000 m^3/s 流量以下、3000~4000 m^3/s 流量、4000~6000 m^3/s 流量、6000~10000 m^3/s 流量、10000~15000 m^3/s 流量、15000~22000 m^3/s 流量和 22000 m^3/s 以上流量共 7 个流量级别。

当花园口站发生 3000 m^3/s 流量以下洪水时，根据洪水资料分析，濮阳市黄河河段洪水不会出槽，河势不会发生大的变化，防守重点是靠河的河道工程，特别是新修及根基不稳的靠河河道工程。

当花园口站发生 3000~4000 m³/s 流量洪水时，濮阳市黄河河段洪水一般不会出槽，河势不会发生大的变化，防守重点仍然是靠河的河道工程。应组织做好工程查险、报险工作，并切实做到险情抢早抢小，确保河道工程安全。

当花园口站发生 4000~6000 m³/s 流量洪水时，濮阳市黄河河段洪水将漫滩。工程防守的重点是偎水堤段、险工险段、涵闸等穿堤建筑物；控导（护滩）工程需根据洪水演进情况和抢护条件进行防守。若洪水超过控导（护滩）工程防守标准，且已失去防守条件，经省防汛指挥部批准，可将人员撤防到堤防上，加强堤防防守；根据洪水漫滩情况，全力指挥抗洪抢险和滩区群众迁安救护工作。

当花园口站发生 6000~10000 m³/s 流量洪水时，濮阳市滩区将全面漫滩。工程防守的重点是全线堤防（险工、防护坝）、引黄涵闸等穿堤工程，并做好滩区群众迁安救护工作。

当花园口站发生 10000~15000 m³/s 流量洪水时，濮阳市最紧迫的任务是坚守黄河大堤，认真开展巡堤查险和加强顺堤行洪堤段的抢护，并认真做好滩区群众的迁安救护工作。

当花园口站发生 15000~22000 m³/s 流量洪水时，濮阳市防汛抗洪抢险和滩区群众迁安救护工作进入非常时期，全市要紧急动员，党政军民全力以赴，尽最大努力，保证堤防安全，减少灾害损失，并做好北金堤滞洪区运用准备工作。

当花园口站发生 22000 m³/s 以上流量洪水时，濮阳市黄河洪水位将超过堤防工程设防标准，须在做好群众迁安救护工作的同时，做好北金堤滞洪区运用准备，一旦国务院决定分洪，保证及时准确启动渠村分洪闸，并加强北金堤堤防的防守。

在黄河洪水洪峰过后的退水期间，濮阳市防守的重点是新抢险堤段、堤身偎水较深的堤段、临河堤坡、河道工程坝岸、各引黄涵闸工程的护坡等。

（三）编制的主要防（汛）洪预案名称

多年来，根据上级的要求和濮阳市黄河防汛的实际需要，濮阳市防汛指挥机构组织有关专家编制了《濮阳市黄河防洪预案》、《濮阳市黄河防汛应急预案》、《濮阳市黄河滩区蓄滞洪运用预案》、《濮阳市北金堤滞洪区蓄滞洪运用预案》、《濮阳市黄河堤防度汛预案》、《濮阳市黄河滚河防护预案》、《濮阳市涵闸（虹吸）抢险预案》、《濮阳市黄河防汛通信保障预案》、《濮阳市黄河防汛物资供应调度保障预案》、《濮阳市黄河防御大洪水夜间照明保障预案》、《濮阳市北金堤防守预案》、《渠村分洪闸运用实施方案》、《张庄入黄闸运用实施方案》共 13 个防（汛）洪预案（方案）。濮阳县、范县和台前县也都根据本地实际情况编制了相应的黄河防洪（汛）预案。

第二节 防汛队伍

确保黄河防洪安全，就必须实行"工防"与"人防"相结合。因此，若实现黄河防洪安全之目标，在加强防洪工程体系建设的同时，还须建立一支组织健全、纪律严明、有知识、有技术的"人防"队伍，进行严密防守和抢护。人民治黄以来，主要依靠了军民联防，才确保了黄河岁岁安澜。多年来，濮阳市黄河防汛队伍建设不断得到了进一步加强，建立并完善了专业防汛队伍、群防队伍和人民解放军"三位一体"的联防体系。

一、专业防汛队伍

濮阳市黄河防汛专业队伍是防汛抢险的骨干力量。专业防汛队伍主要由黄河河务部门专业机动抢险队及防洪工程管理人员组成。该队伍主要担负防洪工程建设与管理，水情、河势、工情测报，工程险情的紧急抢险与防汛技术指导工作。防汛专业队伍的调度由濮阳市黄河防汛抗旱办公室负责。

二、群众防汛队伍

群众防汛队伍是防汛抢险的基础力量。该队伍以沿黄基干民兵为骨干，吸收有防汛抢险经验的人员参加，组成基干班、亦工亦农抢险队、护闸队等不同类别的防汛队伍。其主要任务是当黄河发生洪水、工程出现险情时，参加巡堤查险、抢险、迁安救护和防汛抢险料物采运等工作。群众防汛队伍每年汛前进行登记造册和培训，做到思想、组织、技术、工具料物、责任"五落实"。

三、人民解放军和武警部队

人民解放军和武装警察部队是防汛抢险的突击力量，是抗洪抢险的中流砥柱。每年汛前，承担防汛抢险任务的部队都要明确防守任务，勘察了解情况，制定行动方案，组织抢险演练。各级黄河防汛部门应主动与部队通报有关情况，建立沟通、联系机制。当黄河发生洪水或紧急抢险需要部队支援时，由各级防汛指挥部逐级向省防汛指挥部报请省军区派部队支援。在非常紧急情况下，各级防汛指挥部也可直接请求部队支援，边行动边报告。部队主要承担急、重、险、难的抗洪抢险和救灾任务，他们在历年的黄河防洪抢险救灾中都作出了突出的贡献。

第三节　防汛通信与物资供应

一、防汛通信

濮阳市黄河防汛通信专网是由多种通信手段组成的综合通信网络，主要有数字微波、一点多址微波、无线接入系统、移动通信系统、移动信息采集车及数字程控交换等。地方通信网是以光通信为主的基本传输渠道，主要有程控交换机、光通信、微波通信、移动通信、应急通信车等。部队通信主要为无线通信。黄河专网、地方、部队三部分通信相互联网结合，其各种通信手段互为补充、相互完善，共同保障黄河防汛各种信息的准确、快捷、及时传递。必要时还应调动公安、交通运输等专业通信网及广播、电视等信息传播手段，确保一切险情、工情、水情的通信需要和各种防汛信息的及时传递。

黄河通信专网是黄河防汛通信保障的基本手段。濮阳市黄河通信专网的日常维护工作，由濮阳黄河河务部门信息中心及所属各级业务部门负责。近年来，地方通信网发展比较迅速，目前已经形成了较为完善的网络系统。该系统传输容量大、可靠性强，是黄河防汛通信的重要保障手段，在黄河通信专网满足不了防汛信息传递需要的情况下，申请地方通信网支持。地方通信网须根据黄河防汛需要，优先向黄河通信专网提供足量的电路，黄河通信管理部门应做好联网的各项工作，确保各级防汛抗旱指挥部、各级政府、河务部门之间的联络畅通；确保险工、控导（护滩）、引黄涵闸工程和分滞洪区及重要堤段的联络畅通；确保汛情、工情、险情的及时、准确传递。部队通信网主要保证参加防汛的部队与各级防汛指挥机构的联络，必要时，也可作为黄河通信的重要补充，以增加黄河通信保障能力。

二、防汛物资供应

（一）物资储备

黄河防汛物资储备贯彻"安全第一，常备不懈，以防为主，全力抢险"的工作方针，采取国家储备、社会团体储备和群众备料相结合的储备方式。防汛物资管理遵循"统一领导，归口管理，科学调度，确保需要"的原则，以保障抗洪抢险物资供应。

国家储备的防汛物资，是指黄河河务部门按照物资储备定额和防汛需要而储备的防汛抢险物资。其主要包括石料、铅丝、木桩、砂石料、篷布、麻袋、编织袋、土工织物、发电机组、柴油、汽油、冲锋舟、橡皮艇、抢险设备、查险照明灯具及常用抢险工器具等。

社会团体储备的防汛物资，是指社会各行政机关、企事业单位为黄河防汛筹集的和所掌握的可用于防汛抢险的物资。其主要包括各种抢险设备、交通运输车辆、通信工具、救生器材、发电机照明设备、铅丝、麻料、编织袋、篷布、木材、钢材、水泥、砂石料及燃料等。

群众储备的防汛物资，是指根据当地资源和抢险习惯，群众自有的可用于防汛抢险的物资。其主要包括各种抢险设备、交通运输车辆、漂浮工具、树木及柳秸料等。

社会团体和群众储备的黄河防汛物资，应按照"汛前备料、备而不集、用后付款"的原则筹措。其储备物资的品种、规格、数量，由防汛物资储备单位，乡（镇）、村群众所在的县人民政府，根据防汛任务和抗洪抢险需要，结合储备能力确定。

（二）物资调用原则

黄河防汛储备物资供应与调度按照"满足急需，先主后次，就近调用，早进早出"的原则办理。国家储备的防汛物资主要用于黄河防洪工程抢险，由各级黄河河务部门按照管理权限负责组织采购、管理和调用。

社会团体储备的防汛物资用于黄河防洪工程抢险，由发生险情的县黄河防汛抗旱办公室提出调用物资指令，由储备单位负责物资供应到位。

群众储备的防汛物资，由发生险情所在的县黄河防汛抗旱办公室根据黄河防洪工程出险情况下达调度指令，由储备任务的乡（镇）政府、村民委员会负责组织群众供应。

在黄河紧急防汛期，各级黄河防汛指挥机构根据抗洪抢险需要，有权在管辖范围内调用物资、设备及交通运输工具，并在汛期结束后及时返还。如造成损坏或无法归还的，按照有关规定给予经济补偿。

第四节　河道工程出险情况

自 2004~2012 年 9 年间，濮阳市共有 23 处黄河河道工程靠河出险 3479 坝次，其中一般险情 3456 坝次，较大险情 19 坝次，重大险情 4 坝次。根据抢早抢小的原则，均做到了所有险情发现及时、报险准确、抢早抢小，确保了河道工程安全。抢险共用石料 23.40 万 m³，铅丝 147.13 t，麻料 19.85 t，碎石料 936.00 m³，柳秸料 2015.50 t，总投资 4942.57 万元。其详细情况见表 1-6-1。

表 1-6-1　2004~2012 年濮阳市黄河河道工程出险情况

工程名称	出险坝数（道）	出险坝次（坝次）	险情级别	抢险用料					投资（万元）
				石料（万 m³）	铅丝（t）	麻料（t）	碎石料（m³）	柳秸料（t）	
三合村控导	50	118	一般	0.71	3.03				149.04
青庄险工	37	134	一般	1.20	4.15				217.83
		4	较大	0.40	8.53	10.36		735.80	140.06
		3	重大						
		小计 141		1.60	12.68	10.36		735.8	357.89
南上延控导	6	227	一般	1.88	15.11				510.00
		2	较大	0.08	1.67	0.13		16.60	28.93
		小计 229		1.96	16.78	0.13		16.60	538.93
南小堤险工	1	1	一般	0.01	0.08				2.14
连山寺控导	78	161	一般	1.46	7.89				308.77
尹庄控导	8	20	一般	0.12	0.41	0.06		7.56	29.41
龙长治控导	40	137	一般	1.09	5.49				228.13
		2	较大	0.07	1.12	0.15		18.90	20.16
		小计 139		1.16	6.61	0.15		18.90	248.29
马张庄控导	54	115	一般	0.97	8.25				185.55
彭楼险工	37	50	一般	0.26	0.22				81.73

续表 1-6-1

工程名称	出险坝数（道）	出险坝次（坝次）	险情级别	抢险用料					投资（万元）
				石料（万 m³）	铅丝（t）	麻料（t）	碎石料（m³）	柳秸料（t）	
李桥险工	2	2	一般	0.01					2.52
李桥控导	31	182	一般	1.08	6.04				323.25
邢庙险工	4	20	一般	0.09	0.35				28.18
吴老家控导	126	449	一般	2.78	13.70			27.50	711.25
杨楼控导	95	383	一般	2.51	14.73	5.23		573.10	767.45
		6	较大	0.18	0.86				
		小计389		2.69	15.59	5.23		573.10	767.45
孙楼控导	52	152	一般	0.75	5.05		97.00	105.24	128.79
		1	较大	0.04	0.60				7.13
		小计153		0.79	5.65		97.00	105.24	135.92
韩胡同控导	41	298	一般	1.70	23.29	1.40	84.00	185.10	281.67
梁路口控导	55	153	一般	0.68	10.08	0.06	381.00	26.10	94.66
影唐险工	40	233	一般	1.21	8.10	2.46	24.09	319.60	189.49
		1	重大	0.43					52.70
		小计234		1.64	8.10	2.46	24.09	319.60	242.19
枣包楼控导	78	419	一般	2.19	8.38		350.00		298.20
		4	较大	0.43					52.70
		小计423		2.62	8.38		350.00		350.90
张堂险工	13	113	一般	0.51					47.88
贺洼护滩	2	27	一般	0.15					16.78
白铺护滩	2	50	一般	0.35					31.57
姜庄护滩	1	12	一般	0.06					6.60
合计	853	3479		23.40	147.13	19.85	936.00	2015.5	4942.57

一、三合村控导（护滩）工程

三合村控导（护滩）工程在 2004~2012 年 9 年间，共出险 118 坝次，均为一般险情。抢险共用石料 0.71 万 m³，铅丝 3.03 t，总投资 149.04 万元。其详细情况见表1-6-2。

二、青庄险工

青庄险工在 2004~2012 年 9 年间，共出险 141 坝次，其中一般险情 134 坝次，较大险情 4 坝次，重大险情 3 坝次。抢险共用石料 1.60 万 m³，铅丝 12.68 t，麻料

10.36 t，柳秸料 735.80 t，总投资 357.89 万元。其详细情况见表 1-6-3。

表 1-6-2　三合村控导（护滩）工程出险情况

出险时间（年）	出险坝数（道）	出险坝次（坝次）	险情级别	抢险用料		投资（万元）
				石料（万 m³）	铅丝（t）	
2004	10	53	一般	0.30	0.35	63.75
2005	11	22	一般	0.13	1.50	27.37
2006	0	0				
2007	6	11	一般	0.07	0.60	13.86
2008	9	10	一般	0.08		16.74
2009	3	8	一般	0.05	0.06	9.15
2010	6	6	一般	0.02		4.71
2011	2	3	一般	0.02		4.64
2012	3	5	一般	0.04	0.52	8.82
合计	50	118		0.71	3.03	149.04

表 1-6-3　青庄险工出险情况

出险时间（年）	出险坝数（道）	出险坝次（坝次）	险情级别	抢险用料				投资（万元）
				石料（万 m³）	铅丝（t）	麻料（t）	柳秸料（t）	
2004	3	23	一般	0.21	0.26			11.35
2005	10	23	一般	0.20	1.96			40.07
2006	1	5	一般	0.04	0.48			8.76
2007	2	4	一般	0.03	0.31			6.48
2008	2	10	一般	0.08	0.38			15.43
2009	4	10	一般	0.09	0.76			18.78
2010	7	21	一般	0.18				35.33
		1	较大	0.04	0.56			8.88
		共 22		0.22	0.56			44.21
2011	5	28	一般	0.25				50.97
		2	较大	0.08	1.11	10.36	735.8	18.91
		3	重大	0.23	4.80			99.85
		共 33		0.56	5.91	10.36	735.8	169.73
2012	3	10	一般	0.12				30.66
		1	较大	0.05	2.06			12.42
		共 11		0.17	2.06			43.08
合计	37	141		1.60	12.68	10.36	735.8	357.89

三、南上延控导工程

南上延控导工程在 2004~2012 年 9 年间，共出险 229 坝次，其中一般险情 227 坝次，较大险情 2 坝次。抢险共用石料 1.96 万 m³，铅丝 16.78 t，麻料 0.13 t，柳秸料 16.60 t，总投资 538.93 万元。其详细情况见表 1-6-4。

表 1-6-4 南上延控导工程出险情况

出险时间 （年）	出险坝数 （道）	出险坝次 （坝次）	险情级别	抢险用料				投资 （万元）
				石料 （万 m³）	铅丝 （t）	麻料 （t）	柳秸料 （t）	
2004	9	55	一般	0.46	0.66			126.42
2005	10	71	一般	0.65	8.11			179.51
2006	7	18	一般	0.15	2.36			42.00
2007	6	27	一般	0.22	2.74			58.47
2008	5	14	一般	0.10	1.24			25.72
2009	6	12	一般	0.08				20.40
2010	5	7	一般	0.04				10.07
2011	7	15	一般	0.12				31.08
2012	6	8	一般	0.06				16.33
		2	较大	0.08	1.67	0.13	16.60	28.93
		共 10		0.14	1.67	0.13	16.60	45.26
合计	61	229		1.96	16.78	0.13	16.60	538.93

四、南小堤险工

南小堤险工在 2004~2012 年 9 年间，仅在 2009 年发生 1 坝次一般险情，共用石料 0.01 万 m³，铅丝 0.08 t，总投资 2.14 万元。

五、连山寺控导工程

连山寺控导工程在 2004~2012 年 9 年间，共出险 161 坝次，均为一般险情。抢险共用石料 1.46 万 m³，铅丝 7.89 t，总投资 308.77 万元。其详细情况见表 1-6-5。

表 1-6-5 连山寺控导工程出险情况

出险时间 （年）	出险坝数 （道）	出险坝次 （坝次）	险情级别	抢险用料		投资 （万元）
				石料（万 m³）	铅丝（t）	
2004~2005	0	0		0	0	0
2006	7	40	一般	0.36	1.23	75.36
2007	7	30	一般	0.26	3.48	55.72
2008	10	17	一般	0.15	2.03	32.06
2009	9	10	一般	0.08		16.84

续表 1-6-5

出险时间 （年）	出险坝数 （道）	出险坝次 （坝次）	险情级别	抢险用料		投资 （万元）
				石料（万 m³）	铅丝（t）	
2010	15	21	一般	0.19		39.15
2011	18	28	一般	0.27		54.39
2012	12	15	一般	0.15	1.15	35.25
合计	78	161		1.46	7.89	308.77

六、尹庄控导工程

尹庄控导工程在 2004~2012 年 9 年间，共出险 20 坝次，均为一般险情。抢险共用石料 0.12 万 m³，铅丝 0.41 t，麻料 0.06 t，柳秸料 7.56 t，总投资 29.41 万元。其详细情况见表 1-6-6。

表 1-6-6　尹庄控导工程出险情况

出险时间 （年）	出险坝数 （道）	出险坝次 （坝次）	险情级别	抢险用料				投资 （万元）
				石料 （万 m³）	铅丝 （t）	麻料 （t）	柳秸料 （t）	
2004~2006	0	0		0	0	0	0	0
2007	1	4	一般	0.02	0.23			4.95
2008	1	2	一般	0.01				2.86
2009	1	1	一般	0.01				1.72
2010	1	6	一般	0.04				8.23
2011	2	3	一般	0.02				5.04
2012	2	4	一般	0.02	0.18	0.06	7.56	6.61
合计	8	20		0.12	0.41	0.06	7.56	29.41

七、龙长治控导工程

龙长治控导工程在 2004~2012 年 9 年间，共出险 139 坝次，其中一般险情 137 坝次，较大险情 2 坝次。抢险共用石料 1.16 万 m³，铅丝 6.61 t，麻料 0.15 t，柳秸料 18.90 t，总投资 248.29 万元。其详细情况见表 1-6-7。

八、马张庄控导工程

马张庄控导工程在 2004~2012 年 9 年间，共出险 115 坝次，均为一般险情。抢险共用石料 0.97 万 m³，铅丝 8.25 t，总投资 185.55 万元。其详细情况见表 1-6-8。

九、彭楼险工

彭楼险工在 2004~2012 年 9 年间，共出险 50 坝次，均为一般险情。抢险共用石料 0.26 万 m³，铅丝 0.22 t，总投资 81.73 万元。其详细情况见表 1-6-9。

表 1-6-7　龙长治控导工程出险情况

出险时间（年）	出险坝数（道）	出险坝次（坝次）	险情级别	抢险用料				投资（万元）
				石料（万 m³）	铅丝（t）	麻料（t）	柳秸料（t）	
2004	4	29	一般	0.22	0.28			47.80
2005	8	21	一般	0.17	1.56			34.72
2006	2	5	一般	0.03	0.16			6.87
2007	3	24	一般	0.19	1.57			39.41
2008	4	10	一般	0.09	0.47			17.74
2009	3	11	一般	0.09	0.36			17.77
2010	3	8	一般	0.06				12.97
		1	较大	0.04	0.10			9.05
		小计 9		0.10	0.10			22.02
2011	9	19	一般	0.16	1.09			32.97
2012	4	10	一般	0.08				17.88
		1	较大	0.03	1.02	0.15	18.90	11.11
		小计 11		0.11	1.02	0.15	18.90	28.99
合计	40	139		1.16	6.61	0.15	18.90	248.29

表 1-6-8　马张庄控导工程出险情况

出险时间（年）	出险坝数（道）	出险坝次（坝次）	险情级别	抢险用料		投资（万元）
				石料（万 m³）	铅丝（t）	
2004	7	20	一般	0.14	0.19	29.55
2005	7	16	一般	0.12	1.71	25.48
2006	4	10	一般	0.07	0.85	14.11
2007	5	13	一般	0.10	1.38	21.60
2008	7	12	一般	0.11	1.30	22.23
2009	7	13	一般	0.10	1.24	21.64
2010	7	10	一般	0.07	0.83	15.51
2011	6	11	一般	0.08		16.51
2012	4	10	一般	0.08	0.75	18.92
合计	54	115		0.97	8.25	185.55

表 1-6-9　彭楼险工出险情况

出险时间 （年）	出险坝数 （道）	出险坝次 （坝次）	险情级别	抢险用料		投资 （万元）
				石料 （万 m³）	铅丝 （t）	
2004	6	7	一般	0.03	0.00	9.85
2005	10	14	一般	0.05		16.78
2006	8	9	一般	0.05	0.22	14.14
2007	8	12	一般	0.07		20.88
2008~2009	0	0		0	0	0
2010	5	8	一般	0.06		20.08
2011~2012	0	0		0	0	0
合计	37	50		0.26	0.22	81.73

十、李桥险工

李桥险工在 2004~2012 年 9 年间，共出险 2 坝次，均为一般险情。抢险共用石料 0.01 万 m³，总投资 2.52 万元。其详细情况见表 1-6-10。

表 1-6-10　李桥险工出险情况

出险时间 （年）	出险坝数 （道）	出险坝次 （坝次）	险情级别	抢险用料		投资 （万元）
				石料（万 m³）	铅丝（t）	
2004	0	0		0	0	0
2005	1	1	一般	0.01		1.93
2006~2008	0	0		0	0	0
2009	1	1	一般			0.59
2010~2012	0	0		0	0	0
合计	2	2		0.01	0	2.52

十一、李桥控导工程

李桥控导工程在 2004~2012 年 9 年间，共出险 182 坝次，均为一般险情。抢险共用石料 1.08 万 m³，铅丝 6.04 t，总投资 323.25 万元。其详细情况见表 1-6-11。

十二、邢庙险工

邢庙险工在 2004~2012 年 9 年间，共出险 20 坝次，均为一般险情。抢险共用石料 0.09 万 m³，铅丝 0.35 t，总投资 28.18 万元。其详细情况见表 1-6-12。

十三、吴老家控导工程

吴老家控导工程在 2004~2012 年 9 年间，共出险 449 坝次，均为一般险情。抢险共用石料 2.78 万 m³，铅丝 13.70 t，柳秸料 27.50 t，总投资 711.25 万元。其详细情况见表 1-6-13。

表 1-6-11　李桥控导工程出险情况

出险时间 （年）	出险坝数 （道）	出险坝次 （坝次）	险情级别	抢险用料		投资 （万元）
				石料 （万 m³）	铅丝 （t）	
2004	6	62	一般	0.45	4.23	138.19
2005	6	55	一般	0.31	1.24	90.04
2006	5	24	一般	0.12	0.57	33.58
2007	5	28	一般	0.12		37.52
2008	1	2	一般	0.01		3.45
2009	0	0				
2010	5	5	一般	0.03		10.10
2011	2	5	一般	0.03		7.93
2012	1	1	一般	0.01		2.44
合计	31	182		1.08	6.04	323.25

表 1-6-12　邢庙险工出险情况

出险时间 （年）	出险坝数 （道）	出险坝次 （坝次）	险情级别	抢险用料		投资 （万元）
				石料 （万 m³）	铅丝 （t）	
2004	1	3	一般	0.01	0.00	2.94
2005	1	10	一般	0.05	0.20	14.29
2006	1	5	一般	0.02	0.15	6.90
2007~2009	0	0		0	0	0
2010	1	2	一般	0.01		4.05
2011~2012	0	0		0	0	0
合计	4	20		0.09	0.35	28.18

表 1-6-13　吴老家控导工程出险情况

出险时间 （年）	出险坝数 （道）	出险坝次 （坝次）	险情级别	抢险用料			投资 （万元）
				石料 （万 m³）	铅丝 （t）	柳秸料 （t）	
2004	15	153	一般	0.90	8.07		186.58
2005	18	61	一般	0.38	2.12		106.74
2006	17	46	一般	0.28	1.85		77.57
2007	16	42	一般	0.24	0.11		63.78
2008	10	29	一般	0.18	0.36		47.99
2009	16	29	一般	0.16			42.37

续表 1-6-13

出险时间 （年）	出险坝数 （道）	出险坝次 （坝次）	险情级别	抢险用料			投资 （万元）
				石料 （万 m³）	铅丝 （t）	柳秸料 （t）	
2010	18	37	一般	0.23	1.19	27.50	69.21
2011	5	5	一般	0.03			8.43
2012	11	47	一般	0.38			108.58
合计	126	449		2.78	13.70	27.50	711.25

十四、杨楼控导工程

杨楼控导工程在 2004~2012 年 9 年间，共出险 389 坝次，其中一般险情 383 坝次，较大险情 6 坝次。抢险共用石料 2.69 万 m³，铅丝 15.59 t，麻料 5.23 t，柳秸料 573.10 t，总投资 767.45 万元。其详细情况见表 1-6-14。

表 1-6-14　杨楼控导工程出险情况

出险时间 （年）	出险坝数 （道）	出险坝次 （坝次）	险情级别	抢险用料				投资 （万元）
				石料 （万 m³）	铅丝 （t）	麻料 （t）	柳秸料 （t）	
2004	16	70	一般	0.45	3.21			116.13
2005	12	100	一般	0.63	3.43			184.67
		4	较大	0.07	0.86			0.84
		小计 104		0.70	4.29	0.16	19.60	185.51
2006	13	49	一般	0.27	1.79			72.74
2007	14	57	一般	0.34	1.17			89.80
2008	11	23	一般	0.14	0.18			35.04
2009	5	9	一般	0.06				14.57
2010	12	42	一般	0.32				89.43
		2	较大	0.11				58.11
		小计 44		0.43	2.29	2.94	267.10	147.54
2011	8	22	一般	0.23	2.54	2.01	271.40	84.58
2012	4	11	一般	0.07	0.12	0.12	15.00	21.54
合计	95	389		2.69	15.59	5.23	573.10	767.45

十五、孙楼控导工程

孙楼控导工程在 2004~2012 年 9 年间，共出险 153 坝次，其中一般险情 152 坝次，较大险情 1 坝次。抢险共用石料 0.79 万 m³，铅丝 5.65 t，碎石料 97.00 m³，柳秸料 105.24 t，总投资 135.92 万元。其详细情况见表 1-6-15。

表1-6-15 孙楼控导工程出险情况

出险时间（年）	出险坝数（道）	出险坝次（坝次）	险情级别	抢险用料				投资（万元）
				石料（万 m³）	铅丝（t）	碎石料（m³）	柳秸料（t）	
2004	8	16	一般	0.09	1.29		105.24	20.45
2005	18	71	一般	0.30	1.29	97.00		48.18
2006	5	15	一般	0.08	0.98			13.07
2007	4	7	一般	0.03	0.22			5.40
2008	0	0	一般					0
2009	1	11	一般	0.06	0.81			9.66
2010	8	19	一般	0.11	0.16			18.54
2011	5	9	一般	0.05				8.54
2012	3	4	一般	0.03	0.30			4.95
		1	较大	0.04	0.60			7.13
		小计 5		0.07	0.90			12.08
合计	52	153		0.79	5.65	97.00	105.24	135.92

十六、韩胡同控导工程

韩胡同控导工程在 2004~2012 年 9 年间，共出险 298 坝次，均为一般险情。抢险共用石料 1.70 万 m³，铅丝 23.29 t，麻料 1.40 t，碎石料 84.00 m³，柳秸料 185.10 t，总投资 281.67 万元。其详细情况见表 1-6-16。

表1-6-16 韩胡同控导工程出险情况

出险时间（年）	出险坝数（道）	出险坝次（坝次）	险情级别	抢险用料					投资（万元）
				石料（万 m³）	铅丝（t）	麻料（t）	碎石料（m³）	柳秸料（t）	
2004	9	127	一般	0.67	18.39	1.40		185.10	116.01
2005	7	59	一般	0.34	1.61		84.00		53.60
2006	3	33	一般	0.20	0.88				31.23
2007	4	21	一般	0.12	1.23				19.49
2008	4	10	一般	0.07	0.24				10.23
2009	1	2	一般	0.01	0.11				2.26
2010	4	14	一般	0.08	0.83				14.88
2011	5	22	一般	0.16					25.19
2012	4	10	一般	0.05					8.78
合计	41	298		1.70	23.29	1.40	84.00	185.10	281.67

十七、梁路口控导工程

梁路口控导工程在 2004~2012 年 9 年间，共出险 153 坝次，均为一般险情。抢险共用石料 0.68 万 m³，铅丝 10.08 t，麻料 0.06 t，碎石料 381.00 m³，柳秸料 26.10 t，总投资 94.66 万元。其详细情况见表 1-6-17。

表 1-6-17　梁路口控导工程出险情况

出险时间 （年）	出险坝数 （道）	出险坝次 （坝次）	险情 级别	抢险用料					投资 （万元）
				石料 （万 m³）	铅丝 （t）	麻料 （t）	碎石料 （m³）	柳秸料 （t）	
2004	13	38	一般	0.13	3.07				19.21
2005	22	65	一般	0.26	3.74	0.06	381.00	26.10	35.92
2006	5	15	一般	0.05	1.39				8.43
2007	4	16	一般	0.08	1.62				10.96
2008	1	1	一般	0.01	0.10				1.32
2009	2	4	一般	0.03	0.16				3.85
2010	3	5	一般	0.04					5.47
2011	2	4	一般	0.04					4.72
2012	3	5	一般	0.04					4.78
合计	55	153		0.68	10.08	0.06	381.00	26.10	94.66

十八、影唐险工

影唐险工在 2004~2012 年 9 年间，共出险 234 坝次，其中一般险情 233 坝次，重大险情 1 坝次。抢险共用石料 1.64 万 m³，铅丝 8.10 t，麻料 2.46 t，碎石料 24.09 m³，柳秸料 319.60 t，总投资 242.19 万元。其详细情况见表 1-6-18。

表 1-6-18　影唐险工出险情况

出险时间 （年）	出险坝数 （道）	出险坝次 （坝次）	险情 级别	抢险用料					投资 （万元）
				石料 （万 m³）	铅丝 （t）	麻料 （t）	碎石料 （m³）	柳秸料 （t）	
2004	6	21	一般	0.11	0.22				14.95
2005	8	68	一般	0.32	0.66		24.00		39.88
2006	7	36	一般	0.18	0.16				22.24
2007	3	36	一般	0.06					36.95
		1	重大	0.43					52.70
		小计 37		0.49	6.78	2.46	0.09	319.60	89.65
2008	2	31	一般	0.18	0.08				25.55
2009	5	19	一般	0.17					22.08
2010	3	10	一般	0.09					14.11
2011	2	2	一般	0.02					1.96
2012	4	10	一般	0.08	0.20				11.77
合计	40	234		1.64	8.10	2.46	24.09	319.60	242.19

十九、枣包楼控导工程

枣包楼控导工程在 2004~2012 年 9 年间，共出险 423 坝次，其中一般险情 419 坝次，较大险情 4 坝次。抢险共用石料 2.62 万 m^3，铅丝 8.83 t，碎石料 350.00 m^3，总投资 350.90 万元。其详细情况见表 1-6-19。

表 1-6-19　枣包楼控导工程出险情况

出险时间 （年）	出险坝数 （道）	出险坝次 （坝次）	险情级别	抢险用料			投资 （万元）
				石料 （万 m^3）	铅丝 （t）	碎石料 （m^3）	
2004	9	79	一般	0.38	1.21		49.47
2005	11	125	一般	0.69	4.29	350.00	91.02
2006	9	64	一般	0.38			58.85
2007	7	47	一般	0.07			10.45
		4	较大	0.43			52.70
		小计 51		0.50	3.09		63.15
2008	7	26	一般	0.14			16.78
2009	6	16	一般	0.12			15.75
2010	5	13	一般	0.06	0.24		8.57
2011	12	32	一般	0.23			32.81
2012	12	17	一般	0.12			14.50
合计	78	423		2.62	8.83	350.00	350.90

二十、张堂险工

张堂险工在 2004~2012 年 9 年间，共出险 113 坝次，均为一般险情，抢险共用石料 0.51 万 m^3，总投资 47.88 万元。其详细情况见表 1-6-20。

表 1-6-20　张堂险工出险情况

出险时间 （年）	出险坝数 （道）	出险坝次 （坝次）	险情级别	抢险用料		投资 （万元）
				石料 （万 m^3）	铅丝 （t）	
2004	5	18	一般	0.06		6.48
2005	5	68	一般	0.32		29.52
2006	2	24	一般	0.11		9.69
2007	1	3	一般	0.02		2.19
2008~2012	0	0		0	0	0
合计	13	113		0.51		47.88

二十一、贺洼控导护滩工程

贺洼控导护滩工程在 2004~2012 年 9 年间，共出险 27 坝次，均为一般险情，抢险共用石料 0.15 万 m³，总投资 16.78 万元。其详细情况见表 1-6-21。

表 1-6-21　贺洼控导护滩工程出险情况

出险时间（年）	出险坝数（道）	出险坝次（坝次）	险情级别	抢险用料		投资（万元）
				石料（万 m³）	铅丝（t）	
2004	1	2	一般	0.01		0.91
2005		15	一般	0.09		10.25
2006	1	10	一般	0.05		5.62
2007~2012	0	0		0	0	0
合计	2	27		0.15		16.78

二十二、白铺控导护滩工程

白铺控导护滩工程在 2004~2012 年 9 年间，共出险 50 坝次，均为一般险情，抢险共用石料 0.35 万 m³，总投资 31.57 万元。其详细情况见表 1-6-22。

表 1-6-22　白铺控导护滩工程出险情况

出险时间（年）	出险坝数（道）	出险坝次（坝次）	险情级别	抢险用料		投资（万元）
				石料（万 m³）	铅丝（t）	
2004	0	0		0	0	0
2005	1	41	一般	0.30		27.27
2006	1	9	一般	0.05		4.30
2007~2012	0	0		0	0	0
合计	2	50		0.35		31.57

二十三、姜庄控导护滩工程

姜庄控导护滩工程在 2004~2012 年 9 年间，仅在 2004 年发生一般险情 12 坝次，抢险共用石料 0.06 万 m³，投资 6.60 万元。

第五节　多年洪水位表现情况

一、相关黄河水文站多年最大洪峰流量与最高水位

花园口、高村和孙口 3 个水文站与濮阳市黄河防汛关系最为密切。花园口水文站位于郑州市北郊，高村、孙口水文站分别位于濮阳县、台前县境内。高村站上距

花园口站约 189 km，下距孙口站约 130 km。其多年来最大洪峰流量、最高水位情况见表 1-6-23（本节洪水位均为大沽高程）。

表 1-6-23　濮阳相关水文站多年最大洪峰流量与最高水位

年份	花园口站			高村站			孙口站		
	月-日 T 时	水位(m)	流量(m³/s)	月-日 T 时	水位(m)	流量(m³/s)	月-日 T 时	水位(m)	流量(m³/s)
1987	08-29T04	92.96	4300	08-30T16	62.13	3200	08-31T20	47.19	3000
1988	08-16T22	93.40	6900	08-18T20	62.84	6550	08-23T08	48.58	6100
1989	07-25T10:30	93.19	6000	07-26T20	62.70	5280	07-26T23	48.30	5200
1990	07-10T08	92.99	4250	07-10T22	62.53	3800	07-11T05:24	47.79	3620
1991	06-14T08	92.85	3150	06-15T08	62.32	2500	06-16T08	47.51	2600
	07-30T20	92.95	3100	08-01T08	61.85	2300	08-02T08	46.93	1700
1992	08-16T18:12	94.33	6260	08-19T04	63.12	3600	08-20T06	48.24	3500
				08-19T08	63.05	3990			
1993	08-07T11:30	93.84	4360	08-09T01	62.59	3420	08-10T02:12	48.26	3300
1994	08-08T06:20	94.16	6260	07-13T06	62.90	3690	07-14T15	48.41	3540
1995	08-01T16	93.67	3610	08-03T04	62.50	2190	08-03T15	47.73	2200
1996	08-05T14	94.73	7600	08-10T00	63.87	6200	08-15T00	49.66	5540
1997	08-04T02	93.93	4020	08-04T12	62.80	2200	08-05T10	47.80	1850
1998	07-16T14	94.24	4700	07-18T21	63.40	3050	07-20T03:30	48.52	2600
1999	07-24T17:12	93.95	3260	07-26T04	63.31	2710	07-27T06	48.38	2300
2000	04-27T09:48	93.34	1180	11-28T08	62.80	1000	02-24T16:18	47.80	1140
2001	04-03T09:42	93.02	1680	04-07T14	62.94	1430	04-10T18	47.92	1200
2002	07-06T06:30	93.63	3080	07-11T06:24	63.75	2930	07-17T12	48.98	2860
2003	10-11T03:00	93.09	2760	10-13T06:00	63.32	2930	10-15T00:00	48.90	2750
2004	07-11T09:00	92.70	2920	07-11T12:00	63.02	2870	07-12T09:06	48.72	2950
2005	06-24T16:00	92.85	3550	06-26T06:00	62.93	3510	06-26T16:00	48.89	3430
2006	06-23T09:24	92.80	3920	06-23T00	62.79	3800	06-24T20	48.81	3720
	06-26T09:06	92.74	3860	06-28T16	62.85	3900	06-29T08	48.90	3700
2007	06-28T09:00	92.86	4290	06-29T02:00	62.99	3880	06-30T06:00	49.03	3920
	07-31T19:54	92.91	4150	06-30T09:00	62.89	3940			
2008	06-26T08:00	92.79	4200	06-27T13:00	62.79	4170	06-28T13:00	48.89	4090
2009	07-01T10:03	92.71	4610	07-02T09:45	62.46	3700	06-28T09:06	48.46	3900
2010	07-05T12:36	93.16	6680	07-06T12:42	62.42	4700	07-07T00:00	48.62	4510

二、辖区内黄河水位站多年最高水位

为及时掌握水情，濮阳市在沿黄3县各设立了4个水位主要观测站。沿黄3县各水位站多年来最高水位表现情况见表1-6-24、表1-6-25、表1-6-26。

表1-6-24　濮阳县境内各黄河水位站多年最高水位

年份	青庄站		南上延站		连山寺站		马张庄站	
	月-日 T 时	水位(m)	月-日 T 时	水位(m)	月-日 T 时	水位(m)	月-日 T 时	水位(m)
1983							10-09T06	58.17
	08-04T04	63.82	08-04T08	62.42			08-04T10	58.15
1984	08-07T20	63.21			08-07T20	58.31	09-27T20	58.26
	09-28T04	63.51	08-07T20	61.92	09-27T20	59.34	08-08T04	58.16
1985	09-18T16	64.10	09-19T20	62.59	09-19T00	59.81	09-18T06	58.63
1986	07-14T08	62.53	07-02T08	61.38)	07-14T08	58.57	07-02T08	57.19
1987	08-30T20	62.65	08-30T08	61.03	08-30T20	58.78	08-31T02	57.36
1988	08-18T14	63.77	08-19T03	62.31	08-23T03	59.80	08-10T14	58.31
1989	07-26T18	63.57	07-26T16	62.14	07-26T14	59.75	07-26T18	58.36
1990	07-10T20	63.33	07-10T20	61.80	07-11T00	59.45	07-11T04	57.81
1991	06-15T20	63.01	06-15T08	61.41	06-15T08	59.03	06-15T08	57.22
	07-31	63.29						
1992	08-18T17:30	63.73	18-23T03	62.11	08-19T01:30	59.61	08-19T15:30	58.05
1993	08-09T16	63.20	08-09T17	61.05	08-09T20	59.24	08-09T22	57.99
1994	07-13T04	63.47			07-13T16	59.49	07-13T08	58.22
1995	08-02T20	63.14	08-03T00	62.00	08-03T00	58.79	08-03T08	57.26
1996	08-10T04	64.50	08-10T12	63.40	08-10T20	60.14	08-11T04	59.05
1997	08-04T01	63.52	08-04T07	62.23	08-04T00	59.35	08-04T15	57.97
1998	07-18T13	64.33	07-18T16	63.02	07-19T05	59.83	07-20T00	58.85
1999	07-26T03	64.15	07-26T08	62.94	07-26T14	59.88	07-26T20	58.63
2000	07-06T08	63.36	07-07T08	62.20	11-10T08	59.64	07-31T08	57.60
2001	10-03T08	63.44	10-03T20	61.24	04-07T08	59.47	10-04T08	57.69
2002			07-11T10	63.28	07-09T00	60.05	07-09T18	58.73
2003	10-07T04	64.38	10-13T10	63.04	10-10T04	60.07	10-14T08	58.81
2004	07-11T12	63.90	07-11T13	62.73	07-12T00	59.80	07-11T16	58.68
2005	06-26T02	63.58	06-26T04	62.40			06-26T11	58.37
2006	06-23T12	63.50	06-23T20	62.31	06-23T18	59.48	06-24T08	58.27
	06-29T04	63.59	06-28T20	62.29	06-29T00	59.46	06-29T10	58.35
2007	06-30T04:00	63.64	06-29T00:00	62.36	06-29T16:00	59.82	06-29T16:00	58.26
2008	06-27T18:00	63.60	06-27T22:00	62.24	06-28T00:00	59.73	06-28T06:00	58.22
2009	06-24T12:00	63.02	06-28T16:00	61.70	06-27T12:00	59.24	06-29T00:00	57.55
2010	07-06T11:00	63.39	07-06T13:00	61.89	07-06T16:00	59.40	07-06T16:00	57.80

表 1-6-25　范县境内各黄河水位站多年最高水位

年份	彭楼站		邢庙站		吴老家站		杨楼站	
	月-日 T 时	水位（m）	月-日 T 时	水位（m）	月-日 T 时	水位（m）	月-日 T 时	水位（m）
1983	10-09T06	56.77						
	08-04T08	57.73	08-05T10	54.48				
1984	08-07T20	56.60						
	09-18T18	57.07	08-08T06	56.25				
1985	07-02T08	55.58	09-19T02	54.55				
1986	08-31T00	55.68	07-02T10	53.24				
1987	08-22T21	56.73	08-31T02	53.14				
1988	07-26T14	56.73	08-23T07	54.53				
1989	07-11T00	56.27	07-27T04	54.31				
1990	07-10T00	56.27	07-11T20	53.85				
1991	06-15T20	55.77						
	08-01T08	55.37	08-01T08	53.97			07-31T08	49.94
1992	08-19T12:30	56.70	08-19T16:30	54.32			08-19T19	52.31
1993	08-10T00	56.69	08-10T02	54.14			08-10T08	52.30
1994	07-13T08	56.53	07-13T16	53.08			07-14T00	52.53
1995	08-03T08	55.97					08-03T12	51.92
1996	08-11T08	57.43	08-11T17	55.28				
1997	08-05T17	56.26	08-05T15	52.60			08-05T09	52.04
1998	07-19T15	56.95	07-19T04	54.67			07-19T20	52.79
1999	07-26T11	57.00	07-26T03	54.80			07-27T02	52.56
2000	11-29T08	56.20						
2001	01-08T08	56.56	01-10T11	53.74				
2002	07-14T00	57.30	07-14T00	55.07	07-16T16	53.96	07-17T10	52.68
2003	10-14T20	57.25	10-14T08	54.73	10-15T00	53.86	10-10T00	52.64
2004	07-11T20	56.82	07-12T04	54.43	07-11T20	53.65	07-12T00	52.50
2005	06-26T04	56.91	06-26T16	54.53	06-26T11	53.51	06-26T11	52.58
2006	06-24T08	56.69	06-24T10	54.47	06-24T14	53.4	06-24T14	52.23
	06-29T00	56.78	06-29T12	54.54	06-29T08	53.54	06-28T20	52.44
2007	06-29T12:00	56.81	06-29T16:00	54.49	06-30T12:00	53.45	06-30T20:00	52.4
2008	06-28T04:00	56.67	06-28T08:00	54.39	06-28T06:00	53.29	06-28T10:00	52.24
2009	06-25T12:00	56.05	06-27T16:00	53.91	06-29T04:00	52.83	06-29T04:00	51.81
2010	07-06T17:00	56.28	07-06T18:00	54.12	07-06T19:00	52.89	07-06T19:00	51.93

表 1-6-26 台前县境内各黄河水位站多年最高水位

年份	孙楼站		韩胡同站		梁路口站		邵庄站	
	月-日T时	水位(m)	月-日T时	水位(m)	月-日T时	水位(m)	月-日T时	水位(m)
1983			10-09T18	50.58	10-10T06	48.80	10-10T06	45.84
	08-06T12	51.65	08-05T12	50.56	08-05T10	48.70	08-06T00	45.84
1984	09-27T20	51.54	09-28T04	50.79	09-29T20	48.82	09-29T08	45.59
	08-08T08	51.34	08-08T08	50.55	08-08T08	48.53	08-08T08	45.20
1985	09-18T22	51.47	09-19T12	50.98	09-19T18	48.98	09-19T22	45.98
1986	07-14T20	50.52	07-05T00	49.73	07-02T16	47.70	07-02T19	44.37
1987	08-31T08	50.38	08-30T08	48.87	08-31T09	47.66	08-31T09	44.50
1988	08-23T05	51.66	08-23T06	50.60	08-23T13	48.91	08-23T10	45.20
1989	07-26T18	51.41	07-26T06	50.31	07-26T23	48.70	07-27T04	45.74
1990	07-11T16	51.04	07-11T12	49.91	07-11T04	48.24	07-11T16	45.46
1991	06-15T20	50.90					06-16T08	45.03
	08-01T20	50.34	08-01T08	49.22	08-01T08	47.54	08-01T20	44.66
1992	08-19T23	51.44	08-19T13:30	50.35	08-20T00	48.71	08-20T05:30	45.65
1993	08-10T09	51.50	08-10T08	50.23	08-10T04	48.69	08-10T10	45.75
1994	07-14T00	51.66	07-13T16	50.35	07-14T16	48.83	07-14T16	45.82
1995	08-03T12	51.17			08-03T12	48.15	08-03T12	44.48
1996	08-12T15	52.94	08-12T15	51.24	08-14T09	49.78	08-16T10	46.38
1997	08-05T16	51.16	08-05T15	49.86	08-05T10	48.24	08-05T17	44.36
1998	07-20T03	51.88	07-20T02	50.49	07-19T20	49.03	07-20T09	45.17
1999	07-26T15	51.66	07-26T11	50.39	07-27T02	49.90	07-26T21	45.04
2000	12-03T08	51.28			07-07T08	47.88	12-03T08	44.46
2001	04-10T08	51.22	10-04T08	49.73	10-04T08	47.69	01-07T08	44.63
2002	07-17T08	52.27	07-17T18	51.37	07-17T14	49.27	07-18T00	45.61
2003	10-10T08	52.22	10-15T04	51.34	10-10T08	49.14	10-09T08	45.37
2004	07-12T08	51.97	07-12T20	50.95	07-12T00	49.03	07-12T08	45.35
2005	06-26T11	52.03	06-26T21	51.02	06-26T06	48.97	06-26T19	45.81
2006	06-23T12	51.80	06-24T14	51.11	06-24T10	48.92	06-25T06	45.89
	06-29T08	51.87	06-29T08	51.39	06-29T14	49.05	06-29T16	46.06
2007	06-30T00:00	51.89	06-29T16:00	51.3	06-30T08:00	49.16	06-30T12:00	46.13
2008	06-28T14:00	51.71	06-28T10:00	51.12	06-28T14:00	49.05	06-28T16:00	46.1
2009	06-27T20:00	51.14	06-29T12:00	50.42	06-29T12:00	48.56	06-30T00:00	45.66
2010	07-06T22:00	51.51	07-06T22:00	50.50	07-06T22:00	48.78	07-07T00:00	45.97

第六节　历次大洪水防御和重大险情抢护

1946 年至 2013 年，濮阳市先后共战胜了 1949 年、1958 年、1982 年和 1996 年 4 次大的黄河洪水。在这期间，濮阳市境内贯台（现归新乡市管辖）、邢庙、桑庄、青庄等险工多次发生重大险情，均得到了及时抢护，确保了工程安全。

一、战胜历次大洪水情况

（一）1949 年抗洪斗争

1949 年是丰水年，花园口站年径流总量达 676.5 亿 m³。伏汛期多次涨水，其中 7 月 27 日花园口站最大洪峰流量 11700 m³/s；秋汛也多次涨水，其中 9 月 14 日花园口站最大洪峰流量 12300 m³/s。该年汛期洪水具有洪峰次数多、水位高、持续时间长的特点。在濮阳市境内高村站 9 月 15 日最大流量达 9850 m³/s，最高洪水位 62.21 m；9 月 16 日孙口站流量达 9350 m³/s，最高水位 47.31 m。

当时黄河归故不久，堤坝工程尚未来得及彻底整修加固，抗洪能力很差。9 月份，濮阳市境内黄河滩区全部漫滩，洪水迫岸盈堤。濮阳县河段堤顶一般出水 2.5 m，最低仅 1.4 m；濮县李桥至寿张县枣包楼 58 km 堤顶出水 1 m 左右；寿张陈楼一段，几乎与堤平，特别是枣包楼以下，水位超过堤顶 0.5~0.8 m，全靠子埝挡水。在高水位长时间的考验下，堤坝工程内部的隐患和弱点全部暴露出来，险象丛生。

濮阳专署和沿黄政府，立即调集专、县、区干部 5000 余人，沿河群众 6 万余人，日夜防守抢护。时值北京正在召开第一届政治协商会议，中共平原省委、省政府向抗洪前线的广大干部群众发出了"保卫党中央，保卫中华人民共和国成立，不怕牺牲，战胜洪水，不准决口"的号召，极大地激发了抗洪大军的斗志。平原省防汛指挥部政委刘晏春、河务局副局长袁隆等领导亲赴一线坐镇指挥，在 30 h 内抢修了近百公里子埝，抢堵了 66 个漏洞，抢修了 5000 m 长的风波护岸。按照平原省防汛指挥部"废除民埝，保全大局"的指示，除动员说服滩区群众全部破除临河民埝外，还于 9 月 15 日 24 时，主动扒开了张庄民埝，倒灌蓄洪，随后枣包楼民埝亦相继溃决，溃水进入北金堤与临黄堤之间，起到了蓄洪削峰作用，减轻了位山以下窄河段的堤防负担。在紧张抢险的日子里，濮阳地区 6 万多名群众所组成的抢险大军，遇有漏洞就抢堵，堤防渗水就加宽，不够高的就加高，埽坝坍塌就抢护，堤坝垮了再重修，料物不够后方送，干部、工人、部队、群众、学生，在雨里、泥里、水里守着堤坝，日夜抢护，经过 40 多个日日夜夜的顽强奋战，终于战胜了黄河归故后的首次较大洪水，迎来了中华人民共和国的成立。

据统计，沿黄长垣、濮阳、濮县、范县、寿张共淹滩区村庄 708 个，受淹人口 24.9 万人，淹地 85.4 万亩，90%的耕地面积绝产，房屋倒塌 40%以上。张庄扒口，枣包楼溃决，洪水倒漾至竹口。金堤与临黄堤之间一片汪洋，受淹村庄 350 个，34265 户，15.4 万人，淹地 39.83 万亩。此次抗洪抢险，共用秸料 209.11 万 kg，柳枝

120.71 万 kg，石料 9745 m³，砖 30.96 万块，铅丝 3013 kg，麻料 7.15 万 kg，木桩 36283 根，竹缆 57 根，麻袋 979 条，草袋 340 个，动用土方 5.37 万 m³，用工 24.9 万个工日。

（二）1958 年抗洪斗争

1958 年入汛后，雨量充沛，黄河流域连续降雨，自 7 月 14 日开始，晋陕区间和三花间干支流又连降暴雨，致使黄河下游接连出现洪峰。当年 7 月和 8 月两个月花园口站共出现 5000 m³/s 流量以上的洪峰 13 次，10000 m³/s 流量以上的洪峰 5 次，其中 7 月 17 日 24 时花园口站出现 22300 m³/s 洪峰流量，为黄河有水文观测以来最大洪水。该洪峰具有水位高、水量大、来势猛、含沙量小、持续时间长的特点。洪峰于 7 月 19 日 5 时到达高村站，流量达 17900 m³/s，水位 62.96 m；于 20 日 13 时到达孙口站，流量达 16000 m³/s，水位 49.28 m。

洪峰到达濮阳市境内，所辖河段全部漫滩偎堤，堤根水深一般为 3~4 m，个别堤段达 5.5~6.8 m。洪水位大部分超过堤防保证水位，其中高村站超出堤防保证水位 0.38 m，孙口站超出堤防保证水位 0.78 m；枣包楼至姚邵（大堤桩号 176+000~178+500）2.5 km 堤段，洪水位与堤顶平（有的堤段水位超过堤顶 0.2 m）；大堤 181+000~194+600 堤段，洪水位超出堤顶 0.75~1.35 m。洪水迫岸盈堤，险情相继发生。

安阳地区各级党委政府主要负责人刘东升、陈东升、孙乃东、吕克明、侯松林、王惠民等驻守一线指挥，带领干部群众抗洪抢险。领导干部分段包干负责，大批干部深入各公社防守责任段，和群众一起巡堤查水，抗洪抢险。在大洪水到来之前，及时转移安置了滩区 20 多万名群众，寿张县（今台前县）调集 2 万余名群众连夜抢修加高了枣包楼至张庄 18.6 km 的大堤子埝。沿黄县、公社全民总动员，共组织上堤抗洪的各级干部 4800 多人，防汛队伍 12.9 万多人。经过广大干部群众连续 7 个昼夜的奋战，终于战胜了这次特大洪水。

在洪水过程中，全区防洪工程共出现各种险情 110 处、段，其中渗水 12 段，长1540 m，漏洞 1 处，管涌 1 处，裂缝 8 处，大堤蛰陷 77 处，堤、坝坡严重冲刷 11处。在不分洪、不滞洪的情况下，保证了堤防安全，夺取了抗洪斗争的伟大胜利。

（三）1982 年抗洪斗争

1982 年是枯水沙少年。花园口站汛期水量仅为 246 亿 m³，沙量为 5.17 亿 t，分别较多年平均值偏少 9% 和 53%，但洪水集中。7 月 29 日至 8 月 2 日，三门峡到花园口干支流区 4 万多 km² 普降暴雨或大暴雨，局部地区降了特大暴雨，形成伊、洛、沁、黄 4 河洪水并涨。洪水汇流，来势迅猛。8 月 2 日，花园口站出现 15300 m³/s 流量洪峰，最大 5 日洪量 40.84 亿 m³，12 日洪量 65.24 亿 m³，10000 m³/s 流量以上洪水持续 52 h，是仅次于 1958 年的大洪水。

本次洪水在濮阳境内的表现特点是：其一持续时间长。8 月 3 日 4 时洪水进境到夹河滩（当时管辖长垣县），8 月 7 日 12 时洪峰过邵庄出境，历时 104 h；其二水位偏高。马寨、高村、邢庙、孙口、邵庄水位，与 1958 年 22300 m³/s 流量水位比较，分别高 1.59 m、1.20 m、1.82 m、0.47 m 和 0.61 m；其三含沙量小。高村站 7 日平均含沙量 33.1 kg/m³，孙口站 7 日平均含沙量 20.3 kg/m³；其四传递速度上快下慢。花园口站洪峰传到高村站，距离 189 km，历时 38 h，传递速度 4.97 km/h；高村站传到孙口站，距离 130 km，历时 49 h，传递速度 2.65 km/h。

8 月 1 日，黄河水利委员会（以下简称黄委）副主任李延安及 33990 部队首长，到长垣孟岗防汛一线，安排和指导抗洪抢险工作。8 月 2 日，安阳地委书记王英、副书记宋国臣、谭枝生，副专员郭福兴，沿黄长垣、濮阳、范县、台前县 4 县县委书记韩洪俭、赵良文、杨道卓、林英海及安阳地区防汛指挥部成员，在长垣县（孟岗）修防段召开紧急会议，部署抗洪抢险工作。从 8 月 1 日至 8 月 10 日，地、县、社和部队主要负责人亲临一线，指挥抗洪斗争。4000 多名干部和近 2000 名黄河职工，实行包堤段、包险工、包涵闸责任制，率领 82300 多名防汛队伍，昼夜巡堤查险、抢险堵漏、屯堵涵闸、搬迁安置滩区灾民，顶风冒雨奋战在抗洪第一线。

按照国家防总命令，8 月 3 日破除生产堤口门 44 个后，滩区进水，滩面水深一般在 1 m 以上，深的达 4~6 m。受淹村庄 618 个，受淹群众 41.42 万人，倒塌房屋 33.6 万间，淹没耕地造成绝收的 72.7 万亩，伤亡 1440 人，其中死亡 17 人。滩区水利工程设施、通信线路、公路、涵闸、桥梁等建筑物水毁严重。

在洪水过程中，境内临黄大堤全线偎水，一般水深 3~4 m，最深达 5~6 m。发现并及时处理堤身裂缝 19 处，长 565 m，缝宽一般 1~4 cm，最宽 20 cm，陷坑 8 处，其他险情 4 处。濮阳南上延控导工程 19~35 坝普遍漫溢，顶部被冲，坝挡、联坝冲决多处；台前孙楼工程 19~20 坝坝挡冲溃，口门宽 140 m，引水闸冲毁，水深 8.5 m，过水量约 1000 m³/s；韩胡同新建 1 坝至老 1 坝联坝冲决，口门宽 210 m，水深 5 m，过水量约 500 m³/s。险工、控导工程总计有 14 处，77 道坝出险，抢护 110 道坝次，共用石 8920 m³，柳枝 55 万 kg，铅丝 8977 kg、麻绳 1236 条、木桩 695 根。在洪水到来之前，对南小堤、董楼、彭楼、刘楼、王集 5 座涵闸（顶管），采取了屯堵措施，共用土方 3.7 万 m³，秸料 5 万 kg，麻草袋 14317 条，木桩 292 根，铅丝 350 kg，麻绳 287 根，电石 400 kg，帆布篷 3 块。参加涵闸抢堵干部 370 人，技术工人 155 人，民工 2600 人，推土机 6 台。彭楼引黄闸围堤因水位高、压力大被大水冲垮，后经二次围堵才获得成功；王集引黄闸围堤，在水面下 1.5 m 处发生漏洞，直径 0.8 m，在临河采取盖帆布、沉土袋等抢护措施，确保了围堤安全。

在与洪水搏斗中，广大军民团结战斗，涌现出不少英雄模范人物，做出了感人的事迹。8 月 5 日，濮阳县习城公社兰寨大队小队会计兰风初，奋不顾身救护群众 27 人，最后自己精疲力尽落水光荣牺牲。安阳水泥厂工人马二印，回家探亲期间遇上黄河涨水，在濮阳滩区群众搬迁时，一小孩落水，他不顾个人安危，跳入水中抢救，当他把小孩推向岸边时，自己却沉没在洪水中，献出了宝贵的生命。

（四）1996 年抗洪斗争

1996 年 8 月 1 日至 4 日，由于受第 8 号台风的影响，晋陕区间的北洛河、泾河、渭河和三花间伊洛河、沁河一带普降中到大雨，局部暴雨。8 月 2 日暴雨中心位于伊河一带，最大降雨量鸦岭站 167 mm，8 月 3 日暴雨中心移到小浪底至花园口区间及沁河一带,小花间赵堡站最大降雨量达 198 mm。在这场降雨过程中黄河干支流相继出现洪峰,花园口站 8 月 5 日 14 时出现 1996 年第 1 号洪峰,流量为 7600 m³/s,水位 94.73 m。由于河道淤积严重,水位表现异常偏高,比 1958 年 22300 m³/s 流量水位高出 0.74 m,创黄河水文有记载以来最高水位。8 月 13 日 4 时 30 分,黄河出现 1996 年第 2 号洪峰,花园口站流量 5200 m³/s,水位 94.09 m。第 2 号洪峰到达孙口站与第 1 号洪峰叠加,水位没有明显变化。

本次洪水于 8 月 10 日 0 时到达濮阳市境内,高村站流量为 6200 m³/s,水位 63.87 m,较 1982 年 15300 m³/s 流量水位低 0.26 m。8 月 15 日 0 时洪峰到达孙口站,流量为 5540 m³/s,水位 49.66 m,较 1982 年洪水位低 0.09 m。

本次洪水具有水位表现高、推进速度慢、持续时间长的特点。按照正常黄河洪水传递时间计算,花园口站到高村站为 32 h,高村站到孙口站为 16 h。而这次洪峰花园口站到高村站用了 106 h,高村站到孙口站用了 120 h。从花园口站传递到孙口站长达 226 h,超出正常时间 178 h。由于本次洪水在濮阳河段持续时间长,加之河槽淤积严重,槽高、滩低、堤根洼的严峻形势,洪峰过程中造成了严重险情和灾情。濮阳市 151.7 km 黄河大堤全部偎水,堤根水深 2~4 m,个别堤段达 5 m。黄河 12 处险工、17 处控导工程相继出现险情,共抢险 1031 坝次。黄河滩区全部被淹,淹地面积 43 万亩,351 个村庄偎水,27.6 万人被水围困,直接经济损失达 12.60 亿元。

8 月 5 日至 12 日,濮阳县南上延控导工程、台前县韩胡同控导工程和范县李桥险工相继出现重大险情,濮阳河务部门立即组织抢护,及时为各险点调集抢险设备和料物,增派抢险人员。濮阳市河务局局长商家文带领增援的解放军,冒雨涉水前往南上延工地参加抢险,各种抢险料物及时不断运往工地。经过广大治黄职工、部队官兵和抢险民工的奋力抢护,险情终于得到控制,使工程转危为安。

在洪水期间,濮阳市党政军民 14 万人投入抗洪抢险,人民解放军某部 700 人和济南军区舟桥团 218 人增援抗洪抢险和滩区迁安救援,经过广大军民 10 多个昼夜连续奋战,战胜了洪水,确保了黄河防洪安全。

二、重大险情抢护

(一)1949 年贯台险工重大险情抢护

1949 年 6 月下旬,贯台险工受大溜顶冲,致使该工程西大坝的第 2、3 砖柳坝和下边四段秸料埽均相继坍塌掉蛰,全部入水,曲河段全体员工,抢护 3 昼夜尚未出水,形势危急。濮阳地委迅速组成抢险指挥部,由濮阳地委副专员李立格任指挥长,黄委工程处处长张方、第二修防处副主任仪顺江、曲河段段长陈玉峰任副指挥长。抽调长垣、濮阳、昆吾 3 个修防段干部 30 多人,工程队员 70 多名投入抢险。黄委副主任赵明甫由开封带领一部分工程技术人员赶赴现场,协助抢险。确定重点是修守老合龙处以上 2 道坝及 5 段护岸。

7 月 6 日黄河出现第 1 次洪峰,主溜外移,贯台险工暂时脱险。

7 月 13 日大河水落,贯台险工再靠大溜,1~3 段护岸掉蛰 2~3 m,接着溜势上提,再次顶冲 2~3 坝,2 坝约 15 m 掉蛰入水,急调东明、菏泽修防段工程队支援。险情继续发展,在 3 坝秸埽上新加修的柳埽又掉蛰入水,回溜淘刷 2、3 坝间的堤坦,迅速坍塌,边塌边抢,塌了再修,同洪水一尺一寸地争夺。一昼夜间 2、3 坝多次下蛰,坝身所剩无几。2、3 坝间之埽和堤坦也几乎坍尽,大堤也塌去一半,其余坝埽也大都入水,险情十分严重。在此紧急时刻,濮阳地委、专署负责人来到工地,坐镇指挥抢险,并由行署和黄委抽调一批干部赶赴工地,参加抢险。

曲河、长垣、濮阳等县民工昼夜赶运料物,长垣县动员群众拆县城城墙大砖送到工地,不少群众顾全大局,忍痛将房箔秸秸,房上的砖石拆下支援抢险。同时,组织民工 5000 多人,由长垣修防段工务股股长张新民、刘元川带领,在险工后边修起了一道高 2 m、宽 5 m、长 1400 m 的新堤,并开挖一道宽 18 m、深 1 m、长 1800 m 的引河。经过 10 多个昼夜抢护,直到 7 月下旬,黄河第 2 次涨水,溜势外移,险情才逐渐缓和下来。

本次抢险,从 6 月下旬开始,至 8 月 20 日结束,历时 50 多天,共用秸柳料 491 万 kg,砖 130 多万块,石料 1000 m³,木桩 5800 多根,用工 8 万多工日。

（二）1954 年邢庙险工重大险情抢护

1946 年黄河归故后,河走中泓,流势顺直,邢庙险工距河约 2000 m,并不靠河。1949 年洪水期间,对岸吴张庄至大邢庄间胶泥岸坍塌,坐弯挑溜,河势逐渐北移。1953 年 7 月,邢庙险工 8~11 坝靠溜生险,进行抢护。

1954 年是丰水年,汛期秦厂发生 17 次洪峰,4000~7000 m³/s 流量出现 8 次,7000~10000 m³/s 流量出现 8 次,10000 m³/s 流量以上洪水出现 3 次。中水流量洪水持续时间长,且邢庙险工坝基系流沙,裹护单薄没有根基,一遇溜势顶冲淘刷,各坝相继频繁出险。7 月中旬 1 坝、2 坝、3 坝水流冲刷生险,柳石裹护平墩下蛰。8 月 5 日溜势下挫,8~12 坝普遍平墩掉蛰,继而 5~7 坝也发生险情,险情频繁,情况危急。濮县、范县防汛指挥部迅速抽调干部 40 余名,组织群众 2000 余人,工程队 50 人冒雨赶送物料,进行抢险。河南河务局抢险总队派 40 名技术工人赶赴工地参加抢险。采取柳石搂厢加高、外抛柳石枕护根,边墩蛰边抢护之方法,自 8 月 5 日至 14 日,连续奋战 8 昼夜,工程才得到稳固。

各坝抢护围长 45.5~76 m,墩蛰抢护深度 3.3~9.6 m,搂厢平均宽 3.5 m,共抢护体积 18726 m³,其中柳石搂厢 15185 m³,柳石枕 2537 m³,散抛块石 1006 m³。实用柳料 242 万 kg,铅丝 5844 kg,石料 5548 m³,木桩 7846 根,麻绳 17233 kg,竹缆 784 根,蒲绳 3053 根,用人工 61000 个工日。

（三）1955 年桑庄险工重大险情抢护

1954 年 6 月,南岸毛固堆、陈庄间坐弯,溜势折向北岸,至 1955 年 10 月,塌滩 2016 m。10 月 21 日大河顶冲桑庄险工 38 坝、39 坝,致使两坝出险。10 月 23 日,34~37 坝及 40~41 坝也相继出险。

险情发生后,濮县县政府迅速成立了桑庄险工抢险指挥部,由副县长房磊森任指挥长、修防段段长张和庭任副指挥长,抽调 40 多名干部,组织民工 2106 人,运石胶轮车 640 辆，马车 37 辆。同时，还从山东河务部门调来长清、齐河、东阿、寿张工程队和山东河务局工程总队，以及濮县、范县工程队共同组成 120 人的抢险队，采取水上柳石搂厢、水下抛柳石枕固根方法进行抢护。从 10 月 23 日至 31 日，经连续 9 昼夜的奋力抢护，才化险为夷。

本次抢险共抢护 8 坝次，抢护体积 4820 m³，其中柳石搂厢 4000 m³，柳石枕 820 m³。抢险共用柳料 63.6 万 kg，乱石 725 m³，铅丝 1870 kg，各种绳缆 6830 根，蒲包 2091 个，木桩 2256 根，实用工日 3424 个。

（四）1990 年青庄险工重大险情抢护

青庄险工 18 坝为控导工程标准，始建于 1990 年汛前。1990 年 8 月 18 日 8 时，由于河势下挫，青庄险工 18 坝首次靠大溜出险，上跨角及迎水面根坦石下蛰入水 1 m，长 46 m，宽 1 m，体积 110.4 m³。险情发生后，濮阳县河务部门迅速组织工程队 38 人紧急抢护。但由于河势一直恶化，河床土质层沙层淤，18 日 15 时 30 分及 20 时险情两次迅速发展，坝上跨角及迎水面长 50 m 的根坦石全部坍塌入水。濮阳县河务部门连夜组织机关及局属施工队 86 人，火速赶赴现场，投入抢险战斗。同时紧急向濮阳市河务部门和濮阳县政府报告险情，濮阳市河务部门和濮阳县政府领导及时赶到现场指挥抢险。

19 日 6 时该坝坝前头长 15 m 的根坦石开始下蛰，上跨角及迎水面长 69 m、宽 3.9 m 的坦石及土坝基坍塌入水。参加抢险的黄河职工增加到 112 人，并组织 150 名民工配合抢险。到 20 日 16 时 40 分险情基本得到控制，局部出险部位基本恢复原状。

由于 18 坝无基础，河床为格子底，大溜一直顶冲，20 日 17 时 40 分，迎水面长 30 m 坦石在 30 分钟内全部坍塌入水，紧接着土坝基在大溜冲刷下迅速后退，险情危急。抢险人员增加到 300 多人，并动用搂厢船 1 只。22 时 10 分，迎水面（距坝后尾 64~94 m）长 30 m 的土坝基坍塌后退 8~10 m，备防石坍塌落河约 350 m³，致使坝前头无法抢护。21 日 0 时，坝前头已冲跑 13.5 m；迎水面（距坝后尾 24~64 m）长 40 m 也相继出险，土坝基坍塌后退 2~3 m。濮阳县政府领导和市河务局总工程师等到现场指挥抢险，并组织职工 176 人，民工 265 人，动用大小机动车辆 5 部，搂厢船 3 只，人力拉土车 31 辆，昼夜不停，连续奋战，到 22 日 6 时，险情基本得到控制。23 日开始进行坝前头及迎水面进占恢复。至 8 月 28 日 8 时 30 分已将出险部分（包括坝前头冲走的 13.5 m）基本恢复原状，转入推枕抛笼巩固阶段。

由于大溜一直顶冲淘刷 18 坝，8 月 30 日 17 时 18 分，迎水面（距坝后尾 22~64 m）长 41 m 的根坦石在 30 分钟内猛墩入水，紧接着水流溃塘，土坝基迅速坍塌后退。22 时，土坝基平均坍塌后退 12 m，最大坍塌后退 15 m，坝基基本溃透，坍塌落河备防石约 420 m³。同时，坝前头在大溜顶冲下也开始坍塌出险，险情十分严峻。濮阳县河务部门一方面组织职工 170 人和民工 500 多人，并紧急调用车辆，对迎水面及溃塘部位进行紧急抢护；另一方面立即向省、市级河务部门以及市、县政府报告险情。濮阳县两名副县长到各乡催运柳料，市河务局局长和两名副局长亲往工地指挥抢险。并从中原油田连夜调来2部D80大型推土机协助抢险。经过两昼夜的奋力抢护，于9月1日有效控制了溃塘部位的险情。但迎水面至坝前头长37 m的坝体被洪水冲跑。9月2日至4日对溃塘部位进行了搂厢、推枕和抛笼巩固。9月5日集中黄河职工170人、民工300多人，翻斗车11辆，人力车50辆，进行水中进占，开始恢复被冲走的坝前头（当时水深7.5~8 m），9月13日完成进占任务，9月14日完成推枕、抛笼加固任务，抢险基本结束。

第七节 较大凌汛情况

一、凌汛的成因

凌汛的形成，受河道所处地理位置与气温、流量变化及河道形态等多种因素影响。濮阳地区河道由西南流向东北，上下端纬度相差3度多，冬季气温上暖下寒。上段河道冷的晚，回暖早，零下气温持续时间短，下段河道则反之。因此，濮阳下段河道封冻早，封冻期长，冰层厚，开河晚，上段河道封冻晚，冰层薄，融冰开河早。当上段河道解冻开河，冰水齐下时，而下段河道往往冰尚固封，极易发生冰凌插塞堆积，甚至形成冰坝阻塞水流，致使冰坝以上水位陡涨，轻则串水漫滩，重则漫堤决口成灾。历年强寒流入侵，气温骤降，促成河水淌凌封冻，寒潮过后，气温回升，又促成解冻开河。

黄河下游冬季河道流量为上中游地下径流汇集，据历史资料统计，冬季（12月至次年2月）高村站月平均流量为590 m^3/s。河道流量因受宁夏、内蒙古河段淌凌、封冻河槽蓄水增多的影响，呈现为流量由大到小，再由小到大的马鞍形过程。凌汛期小流量时段，同时也是低气温时段，因流量小，气温低很容易封冻，形成封冻早，冰盖低，冰下过流断面小。当流量增大时，迫使冰盖随水位上涨抬高，尤其来水突然增大时，水位会急剧上涨。水鼓冰开，冰水齐下，导致“武开河”，形成严重的凌汛。濮阳黄河河道上宽下窄，窄河段且多弯曲，凌汛开河时，水冰齐下，极易在狭窄弯曲或宽浅河段插塞，致使水位陡涨，冰水漫滩偎堤，造成灾害。

二、凌汛的灾害

20世纪50年代初期，濮阳地区黄河凌情较为严重，60年代以后，运用三门峡水库控制调节下游泄洪流量，为下游防凌创造了有利条件，凌汛渐趋缓和。现将濮阳市境内发生的几次比较严重的凌汛情况介绍如下。

（一）1931年凌汛

民国二年（1913年）7月，河决濮阳习城双合岭，因军阀混战，决口未堵。当年冬，濮阳坝头河段卡凌阻水，水位抬高，12月19日该口门进凌水，堤北群众受灾严重，尤其是郎中寨村，房屋几乎全被冲塌，全村480户死绝23户，淹饿死亡87人。

（二）1970 年凌汛

1969 年至 1970 年度，濮阳凌汛比较严重。1970 年 1 月 5 日凌晨，气温降至−16℃，濮阳河段冰凌开后又封，共封河 23 段，长 100 km，冰厚 15~20 cm，冰量约 1044.41 万 m³。1 月 20 日后，气温回升，冰凌开始融化。22 日高村以上河道主槽全部开通，25 日彭楼以上河段全部开通。由于范县李桥湾卡冰阻水，旧城水位抬高 1.6~1.8 m，造成范县彭楼至李桥滩区进水被淹。26 日下午，李桥、苏阁、蔡楼等河段相继开河，孙口站流量由 956 m³/s 猛增到 1600 m³/s，造成位山以上武开河的局面。

（三）1971 年至 1972 年凌汛

1971 年 12 月 21 日，濮阳河道开始封河，1972 年 1 月 18 日开河，封冻期 28 天，最大封冻长度 181 km，其中全封段 93 km，边封或花封段 88 km，冰厚 10~20 cm，总冰量约 785.27 万 m³。本次凌汛濮阳地区上下游河段同时封河，开河时先下游后上游，濮阳县河段开河最晚。因卡冰阻水，高村站流量 820 m³/s，水位抬高到 61.86 m，比 1954 年洪峰流量 12600 m³/s 的水位（61.61 m）高 0.25 m，比 1970 年洪峰流量 5200 m³/s 的水位高 0.41 m。本次凌汛造成生产堤偎水，危及滩区群众安全，后因对岸生产堤决口水位骤降，濮阳县渠村、郎中两乡滩区及习城滩才幸免受灾。

（四）1980 年至 1981 年凌汛

1980 年至 1981 年度凌汛期，范县旧城至刘庄河道封河 6 km，解冻开河时，卡冰阻水，壅高水位，蒲笠固堆生产堤及于庄引黄闸引水渠堤决口，造成滩区进水。本次凌汛凌水偎堤 9 km，堤根水深 1.5~3.5 m，滩区受淹村庄 29 个，人口 2.70 万人，淹没麦田 4 万余亩。同年，台前县孙口南姜庄至周庄河段，长 14.35 km 凌水进滩，造成凌水围困村庄 23 个，人口 1.5 万人，淹没麦田 1.12 万亩。

（五）1996 年至 1997 年凌汛

1996 年至 1997 年度，濮阳凌汛非常严重。1996 年 11 月 25 日至 12 月中下旬，受西伯利亚寒流影响气温骤降，濮阳地区温度达到 −7~−9℃，造成濮阳县青庄至南上延河段花封或边封，范县李桥险工至杨楼河段全封，台前县梁路口以下河段全封，冰厚一般在 10~20 cm。进入 1997 年 1 月份，由于气温偏高，自 1 月 4 日，台前县河段开始淌凌，淌凌密度占河道水面的 60%~70%。1 月 9 日，台前县河道林楼湾出现封河，由于卡冰壅水，水位急剧上涨。孙口水文站大河流量仅有 250 m³/s，水位就达48.28 m，相当于"96·8"洪水时期孙口站 2350 m³/s 流量的水位。当时由于"96·8"洪水期间的滩区进退水口门尚未完全堵复，造成台前县滩区先后有 6 处口门进水。特别是马楼滩区尚岭村北口门水深溜急，天寒地冻，腹背皆水，进水口门无法堵复，致使凌水自马楼滩区下首往上倒灌，淹没面积迅速扩大，马楼、清水河两乡（镇）滩区几乎全部被凌水淹没。截至 1 月 19 日，台前县已有 6 个乡（镇）的滩区进水，10 万亩土地被淹（包括嫩滩），滩面水深 1.0~2.5 m，109 个行政村，8.66 万人被凌水围困，交通、通信全部中断，水利、电力等基础设施再次被毁，群众生活陷入困境。黄河大堤（150+000~166+000、169+000~182+000）29 km 偎水，堤根水深 2~3 m，河道冰封长度延续到韩胡同工程下首对岸伟那里工程，长度达 36 km。

凌汛发生后，濮阳市河务部门立即向上级作了汇报，并下发了关于做好防凌工作的紧急通知，要求沿黄各县紧急行动起来，堵复所有串沟及过水口门。各级黄河防汛办公室日夜值班，密切注视凌情变化，并要求机动抢险队全员待命，发现险情立即抢护。

台前县滩区凌水漫滩后，受到了各级领导的高度重视。濮阳市市长黄廷远于1月11日上午带领市直有关人员到台前县查看灾情；河南河务局局长王渭泾等领导受河南省省长马忠臣的委托，于11日晚连夜赶赴濮阳市，与市委书记张世军、市长黄廷远、市河务局局长商家文等共商防凌措施。次日王渭泾局长在市委副书记何东成陪同下，视察了台前县的凌汛灾情，并针对实际情况提出了防凌抗灾措施。1月13日上午，马忠臣省长在郑州专门听取了王渭径局长的汇报，并于当日连夜带领河南省军区、黄委、河务局、民政厅、气象局等有关部门领导，赶到濮阳，查看凌情、灾情、慰问灾民，现场办公解决问题，落实救灾款项，确保滩区人民安全度过凌汛。

国务院副总理姜春云对濮阳市这次黄河凌汛十分关注，1月16日亲自作了批示："请国家防办密切注视凌汛灾情，与两省商讨采取得力措施，必要时请求解放军支持，尽量减少灾害损失，严防发生大的问题。"根据姜春云副总理的批示，濮阳市立即行动，采取有力措施，狠抓工作落实。台前县立即选派224名国家干部进驻受灾村庄，动员群众围堵串沟，遏止凌水倒灌。为了滩区灾民的生活安定，台前县各行各业及职工群众纷纷捐款捐物，县委、县政府采取各种手段千方百计把400 t煤炭，50万 kg面粉，2000多床棉被发放到了灾民手中。

台前县河务部门在这次防凌斗争中，付出了比防伏秋大汛还要大的代价。在零下十几摄氏度的气温下，黄河职工和护堤、护坝员，日夜巡堤查水。特别是梁路口和韩胡同两处控导工程的防守人员，在四面被水围困，天寒地冻，通信中断的情况下，仍坚守在抗凌第一线，用仅有的一部"手持机"（防汛专用手机），联系凌情，通报水位。参加防凌抗洪的全体黄河职工不怕苦，不怕累，作出了巨大的牺牲，取得了救灾抗凌的伟大胜利。

第七章　濮阳黄河水利工程建设

第一节　工程建设管理体制沿革

从 1946 年人民治黄以来，随着社会的发展，人类的进步，黄河水利工程建设管理体制发生了巨大的变化。大致经历了 4 个阶段。

第一个阶段，从 1946 年人民治黄开始，到 1978 年党的十一届三中全会。黄河水利工程建设管理受计划经济、国民经济等因素的影响，实行的是集"修、防、建、管"于一体的"自营式"模式。也就是要进行黄河堤防加固、加培、加高，险工、控导工程修建及改建等防洪工程建设，是由县级治黄部门自己勘测、设计，逐级上报，待上级批准后，仍由县级治黄部门自己施工管理，由地（市）级治黄部门组织工程验收。防洪工程建设的施工力量，主要是通过当地人民政府组织的群众力量。比较大的堤防加固、加培、加高工程建设任务，是靠行政命令分堤段落实到各公社及大队组织群众承担。防洪工程建设的指挥组织管理模式，是根据工程大小和复杂、重要程度，由县、公社和治黄部门共同成立工程建设指挥部，发动群众，组织群众，通过工程大会战完成建设任务。工程建设指挥部，一般由当地县级政府领导担任指挥长，武装部长、治黄部门负责人等为副指挥长，县有关部门和有关公社主要领导为成员，属于临时机构，工程一旦结束，自行解散。参加工程大会战施工的主要工具是人力小推车、架子车，少有推土机，土方均采用人工硪实的方法压实。参加施工人员的主要报酬是生活补助费和粮食补贴，由治黄部门按每方土规定的补助、补贴标准及完成的工程量给予兑付。对于技术含量比较高的新建或改建引黄涵闸等兴利工程，由勘测设计单位负责设计，由专业队伍承担钢筋混凝土等较为复杂的工程施工任务，土石方工程施工仍由当地群众承担。其工程指挥组织管理模式与防洪工程相同。

第二个阶段，自 1978 年党的十一届三中全会以来，至 1998 年长江、嫩江、松花江三江大水时的 20 年间。在此阶段，农村进行了土地改革，分田到户，治黄部门为自我维持和发展，组建了自己的施工队伍，黄河工程建设管理虽仍然实行的是集"修、防、建、管"于一体的"自营式"模式，但工程建设施工力量主要依靠的是治黄部门的内部施工企业和社会力量，不再靠行政命令组织当地群众（大会战）完成施工任务。这一时期，工程建设的主要工具和设备有翻斗车、三马车、推土机、铲运机，还少有人力小推车、架子车，土方压实由人工硪实逐渐变为推土机压实。施工人员（机械设备）的施工报酬已逐步取消粮食补贴，按照施工定额，变为支付工程款，初步走向了施工市场化。

第三阶段，1998年"三江大水"之后，至2011年年底。"三江大水"之后，国家加大了水利基础设施建设投资，黄河治理迎来了新的机遇。为了适应市场经济发展的新形势，加强工程建设管理，管好、用好建设资金，确保工程质量，根据国家建设部、水利部的要求，黄河防洪工程建设逐步推行了"三项制度"改革。即黄河防洪工程建设必须实行"项目法人制、招标投标制和建设监理制"为主要内容的黄河水利工程建设管理新体制。后来又加了一个工程合同制，俗称水利工程建设管理"四制"。

随着工程建设管理体制的不断改革和完善，逐步形成了黄委为黄河水利工程建设项目的上级主管单位，省级河务部门为主管单位，地（市）级河务部门为项目法人的工程建设管理模式。为充分发挥县级河务部门的地理优势和作用，还明确县级河务部门为项目法人（建设单位）的延伸，代行项目法人部分职能，并承担工程建成后工程管理单位的管理职能。

2003年，各地（市）级河务部门，根据水利部水建管〔2001〕74号文件精神，组建了较为完善的工程建设项目法人——黄河防洪工程建设管理局（简称建管局），承担着工程建设管理的职责，对辖区内黄河水利工程建设项目的进度、质量、资金、安全管理等负总责。建管局的正、副局长、技术负责人，分别由地（市）级河务部门的主要领导、分管工程建设的领导、总工程师担任。建管局下设工务、财务、综合处（科）三个处（科），处（科）长分别由地（市）级河务部门的工务、财务、办公室负责人担任。为了充分调动县级河务部门的积极性，发挥其地理优势，建管局均在沿黄县级河务部门设立了工程建设项目管理办公室，作为项目法人职责的延伸和工程建设现场管理机构，承担着现场管理的职责。项目管理办公室主任、副主任，分别由县级河务部门的主要领导、分管工程建设的领导担任，成员由县级河务部门有关科室负责人组成。为了适应新的工程建设管理体制，加强工程建设管理工作，项目法人先后制定完善了一系列的规章制度、办法等，明确了各自的职责，规范了工程建设参建各方的建设行为。为了加强对工程建设管理各方面的监督，省级河务部门代表政府成立了工程质量监督站，还在各地（市）级河务部门设立了工程质量监督分站，并按照"重点工程重点监督，其他工程巡回监督"的原则，对工程建设实行重点监督或巡回监督，发现问题，及时督促整改。这种管理模式，虽然市、县级河务部门权利较小、责任较大，但经过多年来的实践证明，还是比较有效的，最大限度地发挥了市、县级河务部门的职能和作用，基本符合黄河系统工程建设管理的实际情况。

第四阶段，从2011年底至今。2011年下半年，按照水利部、黄委的有关文件规定，要求省级河务部门组建工程建设项目法人，废除地（市）级河务部门组建的项目法人。截至2012年春，省级河务部门的项目法人——工程建设局已基本组建完毕，地（市）级河务部门的项目法人随之被撤销。

由于黄河水利工程建设项目战线长、管理任务重、责任大，省级河务部门组建的项目法人人员少等原因，难以全部担负起工程建设管理的任务和职责。因此，省级河务部门要求各地（市）、县级河务部门共同组建工程建设管理部（简称建管部），作为项目法人职责的延伸和现场管理机构，承担辖区内工程建设管理的部分职责。例如，濮阳黄河河务部门组建了由其主管工程建设的副职任部长，由副总工程师、工管处正、副处长及沿黄3县河务部门主要负责人任副部长的濮阳黄河工程建管部。其建管部下设工务、财务和综合处3个处室，并分别在沿黄3县河务部门成立了现场管理办公室，其办公室主任和副主任分别由县级河务部门主要领导和分管工程建设管理的副职兼任。

另外，从2012年10月开始，河南黄河防洪工程建设占地补偿和房屋拆迁安置工作管理模式进行了改革。在此之前，该项工作的实施，是在当地各级政府的领导下，由地（市）、县级河务部门具体负责管理。现在，该项工作由工程建设局直接委托给河南省移民征迁（移民办公室）机构负责实施。省移民征迁机构将此项工作任务逐级下达到有关市、县和乡（镇）政府，由市、县政府移民征迁机构和乡（镇）政府具体组织实施。同时，河南黄河防洪工程建设临时占地补偿工作管理模式也进行了改革。以往该项工作的实施，也是在当地各级政府的领导支持下，由地（市）、县级河务部门负责完成。现在，该项工作由工程建设局直接委托给工程所在地县级政府临时征迁机构负责组织实施。没有临时征迁管理机构的市、县政府，均指定了有关部门承担了此项工作任务。市、县政府还成立了此项工作的领导组织及其办公室。

从1998年"三江大水"到目前的15年间，黄河水利工程建设的主要工具和设备有翻斗车、三马车、自卸汽车、挖掘机、推土机、铲运机等。土方压实机械主要是推土机、光轮压路机、轮胎压路机、振动压路机等设备，为确保工程质量奠定了基础。

第二节　近些年来工程建设管理经验教训

新中国成立后，濮阳黄河作为黄河下游治理的重点，开展了大规模的治黄工程建设。对151.721 km大堤进行4次大规模的加高培厚，共新建、改建、续建险工、防护坝28处（含北金堤险工），控导、护滩工程20处。还新建、改建引黄涵闸11座。为防御黄河特大洪水，开辟了北金堤滞洪区，修建了渠村分洪闸和张庄退水闸。这些工程的建设，为确保濮阳黄河岁岁安澜，发展引黄供水事业，奠定了牢固的物资基础。

特别是自2005年濮阳市实施标准化堤防工程建设以来，濮阳市各级河务部门在河南河务局的正确领导和当地政府的大力支持下，经过参建各方的共同努力，截至2012年底，已圆满完成亚行贷款项目濮阳县堤防加固工程、2006年度和2007年度濮阳市堤防加固工程共3期标准化堤防建设任务。共完成堤防加固土方3457万 m³，总投资8.96亿元，高标准加固堤防长度53.425 km。目前，正在开工建设的濮阳近期黄河防洪工程总投资达11.19亿元。认真总结近些年来濮阳市黄河堤防加固工程建设管理经验教训，对于更好更快地完成濮阳市剩余的标准化堤防建设任务，确保黄河安澜，促进濮阳市经济社会又好又快发展都具有重要的意义。

一、工程建设管理工作取得的经验

近些年来，濮阳市黄河标准化堤防工程建设管理的主要经验有以下3个方面。

（一）当地政府的大力支持，是确保工程顺利完成的根本保证

多年来的工程建设管理实践证明，影响黄河防洪工程建设进度的主要瓶颈是工程占地、房屋拆迁及施工环境3大因素。解决这一瓶颈问题的关键，主要是靠当地政府。因此，千方百计争取当地各级政府对防洪工程建设的大力支持，是确保工程尽快开工和顺利完成的根本保证。为此，濮阳河务部门在每期防洪工程建设任务批复后，就立即向濮阳市委、市政府汇报，并协助市政府及时成立工程建设领导组织，制定工作方案，召开动员会议。还通过签订工程建设目标责任书的形式，将工程占地、房屋拆迁、施工环境等工作任务，层层分解落实到有关县、乡（镇）。在工程建设中，各级河务部门加强与当地各级政府的汇报、沟通，及时争取上级领导的支持，也十分必要。例如，在2007年度堤防加固工程建设前期阶段，由于部分房屋拆迁进展缓慢，造成工程无法全面开工建设。经省、市河务部门向省、市政府领导汇报后，省、市政府领导亲临建设工地，指导、协调房屋拆迁工作，使房屋拆迁进展慢的问题，很快得到了妥善解决。濮阳市3期黄河标准化堤防工程建设任务，之所以能圆满完成，主要是有当地各级政府的大力支持。

（二）认真履行项目法人职责，是做好工程建设管理工作的关键

濮阳市河务部门，是3期黄河标准化堤防工程建设项目的建设单位（项目法人），所属沿黄3县河务部门是建设单位的延伸和现场管理机构，共同构成了标准化堤防工程建设管理的责任主体。认真履行和发挥工程建设责任主体的职责和作用，是做好工程建设管理工作的关键。濮阳市两级河务部门党组，始终将标准化堤防工程建设管理工作当作核心工作来抓，主要领导定期不定期地亲临建设一线现场办公，及时协调解决工程建设中存在的突出问题；分管领导带领有关人员，长期吃住在施工第一线，并实行月检查、周例会、日碰头制度和领导干部包难点、包重点责任制，及时协调解决影响工程质量、制约工程进度的有关问题；各县级河务部门（现场管理办公室）实行主要领导负总责，其他班子成员包乡（镇）、包标段责任制，并抽调足够的干部职工，实行包村、包户征迁，包单元、包管线生产责任制。项目法人职责的认真履行，使工程建设管理工作得到了加强，强力推进了工程建设进度，确保了工程质量与安全。

（三）细化管理，落实责任，是加快工程建设进度的重要举措

濮阳市黄河标准化堤防工程建设战线长、涉及面广、制约因素多，是一项比较系统、比较复杂的建设项目。因此，落实各方责任，细化各环节的管理，对于确保工程质量和安全，加快施工进度都非常重要。在工程占地、房屋拆迁等前期工作方面，实行干部入村包户责任制，采取广泛性宣传与针对性宣传相结合、普遍教育与

重点教育相结合、感化教育与依法惩治相结合、严格政策与解决实际问题相结合、困难户与帮扶相结合等措施，有力促进了工程建设前期工作的开展，为工程尽快开工和顺利进行奠定了基础。在工程施工管理方面，实行甲乙双方捆绑责任日夜盯单元、盯管线淤筑生产制度、发现问题报告制度与解决问题快速反应制度、停止生产原因和恢复生产时间报告制度以及与工程进度挂钩的奖惩制度等。细化了工程质量、施工安全、设计变更等方面的管理。还强化了施工设备维修、施工供电、排水、资金供应等方面的管理与监督。为切实落实各方责任，制定实施了一系列的工程建设管理工作责任追究办法等。

二、工程建设管理工作的教训

近些年来，濮阳市黄河标准化堤防工程建设管理的主要教训有以下3个方面。

（一）设计变更较多，影响工程建设工期

黄河标准化堤防工程建设项目，由于从工程勘测设计到工程批复时间长以及设计难度大等原因，造成设计变更较多，在很大程度上影响到工程建设工期。设计变更较多的项目，主要集中在工程占压区地形地貌的变化，房屋、树木、鱼塘、井等地面附着物的增加以及淤筑工程的退水方式变化等方面。解决设计变更较多的方法：一是尽量缩短勘测设计周期；二是勘测设计单位在初设阶段，要尽早、尽量多征求当地政府及基层河务部门的意见。并组织足够的力量对工程所在地的周边环境、社会经济情况进行详查，对工程永久性占地、临时用地上的附着物及地下管网等设施进行详查、多问，尽最大努力增加设计深度，提高设计精度；三是在设计审查、上报、批复漫长的过程中，设计单位要与当地政府、各级河务部门加强联系与沟通，及时补充设计漏项；四是勘测设计单位在工程初设批复后，应立即进行工程地形地貌勘测，并对地表附着物及地下隐蔽设施进行核查，将存在的漏项和问题反映在施工图设计阶段，为设计变更申请、批复争取时间；五是简化设计变更报批程序，缩短变更周期。

（二）施工方法不科学，造成不必要的投资

堤防加固的船（泵）淤固堤工程施工，有些标段方法不科学、不合理，造成了不必要的投资。此问题突出表现在两个方面：一是用于施工退水和截渗的截渗沟开挖标准低、或疏通不及时，致使淤区渗水淹地和房屋裂缝增多，不仅造成不必要的投资，而且加大了施工协调难度。例如，在濮阳2007年度堤防加固工程施工中，因淤区渗水淹地、房屋裂缝，造成当地群众阻工、停工达20多次，并支付给当地群众淹地、房屋裂缝补偿损失达几百万元；二是施工单位往往将淤筑管线出泥口放置围堤侧，造成大堤处大量积水，浸泡堤身，致使堤身不均匀沉陷和堤顶柏油路面损坏。例如，濮阳市近些年3期标准化堤防工程，用于堤顶柏油路面损坏处理的投资达1000多万元。教训深刻，应引以为戒。

（三）工程建设标准低，造成重复投资

工程建设标准低，主要指新建工程外部尺寸标准低于工程管理考核标准。另外，新建工程的附属工程标准及数量也低于工程管理考核标准的要求。造成工程建设标准低的原因，从客观上讲，是设计标准低；从主观上讲，也有对工程建设外部质量标准控制不严的因素。由于工程建设标准低，造成工程竣工交付使用后，仍需要水管单位（河务部门）再投入较多的资金，用于工程外观整修，甚至再增设工程新的附属设施。如果在工程建设扫尾阶段，工程管理单位能与施工单位相互密切配合，采取适当的措施，就能使工程建设标准一次性达到工程管理考核标准，就会避免重复投资和资金浪费。

第三节 "二级悬河"治理试验工程

一、黄河"二级悬河"概念

黄河是一条非常特殊的河流，也是世界上最难治理的河流之一。黄河下游河道长期处于强烈的淤积抬升状态，使河道滩地逐渐高出背河地面，形成了"地上悬河"，这就叫"一级悬河"。随着黄河流域大量水利枢纽工程的修建和人类活动的加剧，黄河下游河道大洪水漫滩的概率愈来愈少，而中小洪水和枯水期淤积主要发生在主河槽和嫩滩上，远离主槽的滩地因水沙交换作用不强，淤积厚度较小，堤根附近淤积更少，再加之堤防加固临河取土等原因，致使主河道平槽水位明显高于主槽两侧滩地，甚至主河槽平均高程高于两侧及堤根的滩地，形成了"槽高、滩低、堤根洼"的局面，这就叫"二级悬河"。一级悬河是临河滩地相对于背河堤外两岸地面而言的，"二级悬河"则是相对于"一级悬河"而言的。

二、濮阳市黄河河段"二级悬河"状况及其危害

随着黄河干、支流水利枢纽工程的不断修建，上游来水量越来越小，再加之濮阳黄河滩区人口多，人与水争地的矛盾较为突出，造成濮阳滩区漫滩概率愈来愈少，致使黄河来沙的大部分集中淤积在主河槽内，逐步形成了"槽高、滩低、堤根洼"的"二级悬河"。2002年6月，黄河首次进行调水调沙，在高村水文站流量不足1800 m^3/s 时，就造成濮阳县习城乡万寨、连集等多处生产堤决口，致使滩区全部进水，损失惨重。这说明濮阳黄河河道淤积萎缩严重，是黄河下游最典型的"二级悬河"河段。"二级悬河"的危害性主要有以下3个方面。

（一）对防洪构成严重威胁

"二级悬河"的不断加剧，增大了堤防的防洪负担。特别是在河道不断淤积萎缩，主槽过流比降降低，主河槽行洪能力和对主溜控制能力很低的情况下，一旦发生大洪水，易发生"横河"、"斜河"、"滚河"，威胁堤防安全。

（二）对滩区群众生命财产安全构成极大威胁

黄河滩区既是洪水的行洪区，又是滩区人民繁衍生息的居住地。"二级悬河"的不断加剧，增加了中、小洪水情况下的漫滩概率，极易造成小水成大灾的局面。

（三）易导致河道整治工程失去作用

"二级悬河"的不断加剧，消弱了河道整治工程稳定河势的作用。又由于滩区的横比降大于纵比降，而水具有往低处流的特性，所以极易造成河势在工程上首坐弯，抄工程的后路，或者在工程下首滩地分流，使河道工程的送流作用大大降低。

三、"二级悬河"治理的主要措施

黄河"二级悬河"治理的主要措施可归纳为8项：一是继续适时黄河调水调沙，冲刷主河槽；二是淤筑相对地下河；三是淤筑堤河；四是淤筑低滩和串沟；五是进行主河槽疏浚；六是在沿堤修建滚河防护工程；七是严禁在主河槽两岸生产堤之间种植片林和高秆作物；八是废除生产堤，对滩区群众实行有关优惠和补偿性政策。

四、濮阳"二级悬河"治理试验工程

2002年6月，黄河首次进行调水调沙，在高村站大河流量不足1800 m³/s 流量时，造成濮阳滩区生产堤多处决口漫滩，引起了黄河防总和黄委的高度重视。2003年1月，黄委在濮阳市组织召开了由水利部、国家防汛抗旱指挥部办公室、清华大学等方面100多名专家参加的黄河下游"二级悬河"治理对策专题研讨会。经过专家们的认真分析和深入调研，决定首先在濮阳市南小堤至彭楼河段内开展"二级悬河"治理试验工程。现将试验工程情况介绍如下。

（一）工程设计标准

1. 疏浚河槽设计标准

疏浚河槽设计标准，采用2003年3月实测汛前断面成果，点绘双河岭断面上下游实测河槽深泓线、左右岸滩唇线。以调水调沙期高村水文站实测成果为依据，推算2600 m³/s 流量时该河段的设计水位。原则上以不超过河道实际深泓点并与设计流量相应水位比降一致为控制条件。通过开挖河槽，使该河段河槽过流能力扩大到与小浪底枢纽运用方式基本相适应。本次试验工程设计疏浚断面平均面积400 m²。

2. 淤填堤河设计标准

淤填堤河位于相应黄河大堤桩号75+100~83+350的临河侧，长度为8.25 km。淤筑堤河顶部高程比当地滩面稍高约0.5 m，淤面宽度以堤河实际宽度为准，为97.2~245.8 m。为保证淤区的完整性，淤区高程纵比降与滩面纵比降一致。为满足群众种植的土质要求，并节约投资，淤筑前将淤区表层土推出0.4 m，其中部分用来修作围格堤，另一部分作为淤区表层盖土，盖土厚度0.3 m。

3. 淤堵串沟设计标准

该串沟是在2002年黄河首次调水调沙时，习城乡万寨生产堤决口形成的。为达到小水不漫滩的治理目标，并考虑工程完工后当地群众可以耕种的实际情况，设计淤面高程与临近滩面平。淤堵万寨串沟的宽度按实际宽度，长度为串沟沟口处及其以下500 m。

（二）试验工程的实施

1. 工程布局

工程施工现场总体布局要满足两个方面的要求：一是满足工程设计的要求。既要满足疏浚断面的要求，又要满足淤填堤河的要求；二是满足现场施工条件的要求。即在水中采用挖泥船施工，在旱地采用泥浆泵疏浚河槽。根据设计和现场的实际情况，淤填堤河区划分为 12 个工段，每个工段架设独立的排泥管线。管线布设在考虑绕开建筑物的情况下，力求保持顺直，以减少沿途水头损失。共布设各类管线 12 条，其中在水中施工的各类设备管线 7 条，在滩地施工的组合泵管线 5 条。12 条管线总长度为 71.4 km。

2. 参建单位

濮阳市黄河河务局为该工程项目的建设单位，由河南黄河勘测设计院设计，黄河工程咨询监理有限责任公司监理。该工程分两个标段：第一标段由濮阳黄河工程有限公司承建，第二标段由河南黄河工程公司承建。两个公司均在施工现场成立了项目经理部。

3. 工程完成及验收情况

经过充分准备，"二级悬河"试验工程于 2003 年 6 月 6 日开工典礼，疏浚试验工程开始。8 月下旬，黄河发生历史罕见的秋汛，施工场地全部被淹，工程被迫停止，此时已完成疏沙土方 164.8 万 m³，并全部用于淤填堤河。秋汛后，建设单位又组织参建各方人员、设备重新进场，挖泥船、组合泵分别于 11 月 20 日、12 月 5 日恢复生产。于 2004 年 1 月 7 日完成疏浚主槽和淤填堤河的施工任务，于 2004 年 5 月 12 日完成淤区盖顶任务。本次试验工程共计完成疏沙 200.05 万 m³，其中船淤土方 150.42 万 m³，泵淤土方 49.63 万 m³。该工程 2005 年 12 日 6 日通过初步验收，2005 年 12 月 29 日通过交付使用验收，2006 年 7 月 5 日通过竣工验收。

（三）试验工程的工程观测

1. 河道疏浚过洪能力及减淤效果的观测与分析

河道疏浚过洪能力与减淤效果观测，主要是通过观测河道断面变化、沿程水位变化、控制断面输沙率增减，了解疏浚河段及其上下河段的冲淤变化、试验段的过洪能力变化，研究不同挖沙疏浚情况下的河道演变及减淤效果。

（1）测验断面布设。根据实施方案要求，分别在试验段的连集、侯寨、王寨、双合岭、潘寨、焦集、段寨、连山寺共布设了 8 个断面，其中王寨、双合岭、潘寨、焦集 4 个断面在疏浚河槽的 5.2 km 范围内，断面间距为 1.15 km，观测总长度为 8.05 km。河南黄河水文勘测总队在 8 个河道断面处共设置了 43 个断面桩。在试验工程实施前后，对 8 个断面进行了 4 次观测，共计施测断面总长度 60.8 km、2800 个点次。

（2）试验效果分析。一是扩大了主槽面积，增大了过洪能力。根据实测断面计算，经过疏浚和 2003 年的伏、秋洪水作用，试验段滩唇以下平均面积由 1217 m² 增大到 1728 m²，相应主槽平滩流量由 2464 m³/s 增大到 3222 m³/s，超过了设计平滩流量 2600 m³/s 的标准，增大流量 758 m³/s。扣除疏浚当年的自然洪水作用，因疏浚净增的平滩流量为 150 m³/s。

二是降低了主河槽的河底平均高程，减缓了"二级悬河"的发展。不计洪水作用，仅疏浚作用就降低试验段主槽河底平均高程 0.36 m。通过淤填堤河，使其堤河平均高程抬高 1.42 m，槽高、堤根洼的形势有所改善。若以双合岭断面中水河槽与平均滩地高程相比为例，横比降由疏浚前的 0.436‰降为 0.39‰，使"二级悬河"形势得到改善。同时，有效防止了小水漫滩的局面，在一定程度上减少了洪水漫滩、顺堤行洪、"横河"、"斜河"、"滚河"等发生的概率。

三是疏浚泥沙大部分为粗颗粒泥沙，有利于下游河段的冲刷。通过对淤填堤河泥沙的颗粒级配分析得出，无论是船淤还是泵淤，淤填的泥沙 80%以上都为大于 0.05 mm 的粗沙，且船淤的泥沙粒径又大于泵淤。这表明，通过疏浚这样的泥沙，无论对本河段还是对下游河段的冲刷和减淤都是有利的。

四是减淤具有一定的效果。扣除当年洪水作用的影响，通过疏浚，当年减淤比达到 0.48，这表明在计算时段内疏浚具有一定的减淤效果。但因疏浚段较短，疏浚量也较少，减淤效果只表现了一年。

五是疏浚部位是合理的。试验结果表明，疏浚河段选择的部位是合理的。其表现在两个方面：一方面疏浚段过洪能力增大使其瓶颈作用得到改善；另一方面河势得到进一步理顺，使河势向有利的方向发展。

六是通过淤填堤河，减少了顺堤行洪发生的可能，减弱了堤防发生渗水、管涌、坍塌的程度，改善了交通条件，有利于滩区群众的迁安救护。

七是通过淤堵万寨串沟，切断了串沟与堤河的联系，可有效防止在此处漫滩而形成的顺堤行洪。同时，也减少了河势在此处坐弯而发生"滚河"的可能性。

2. 施工设备的观测

在"二级悬河"治理试验工程中，采用了船、泵联合施工。实践证明，这是一种很好的挖河疏浚方式。挖泥船在主流中开挖粗颗粒河沙，LQS 型两相流潜水疏浚系统在浅水区域或嫩滩上施工，组合泵站在边滩上施工，3 种设备互相配合，从而达到疏浚河槽的最佳效果。在工程的施工设备观测中，重点对 120 m³/h 挖泥船进行了观测。120 m³/h 挖泥船在流速小于 2.0 m/s 时，能够稳定运行，且能够达到挖泥船的额定效率。但挖泥船还存在液压系统不稳定，非标准配件较多等问题，还需要进一步改善。

（四）试验工程的效益

1. 试验工程的实施在一定程度上减少了"小水成灾"的可能

扩宽挖深河槽，扩大了该河段过流断面，使平槽流量有所增大，再加上淤堵串沟的措施，相应减少了"小水成灾"的可能，从而避免了滩区群众的损失，保护了滩区群众生命财产的安全，为广大滩区人民创造一个安全、稳定的居住环境。

2. 增加了农民收入，改善了滩区的交通条件和生态环境

"二级悬河"治理试验工程，减少了滩区群众的漫滩损失，增加了滩区可耕种面积，提高了滩区群众经济收入。同时，淤填堤河不仅改善了滩区群众的交通条件，

也改善了堤河附近的生态环境，使当地的生产生活得到较多实惠。

3. 疏浚工程在经济上是可行的，并具有较大的潜力

尽管此次"二级悬河"治理试验工程的土方综合单价较高，但扣除其他在施工正常情况下可以扣除的费用后，疏浚单价可以降低至 20 元/m³ 以下。这说明疏浚工程在经济上是可行的，也具有较大的发展潜力。

（五）试验工程对环境的影响

1. 工程效益显著

工程均以保障防洪安全和滩区群众安全为主，同时造福于濮阳黄河滩区，给滩区的工农业生产和群众生活营造一个安定的环境，这是滩区社会建设、工农业发展和生态环境保护的根本保证。

2. 工程本身不会对环境带来污染，为非污染项目

该工程产生的废水、废气、噪声均很小，对环境影响很小。工程对环境的不利影响主要发生在施工期，可通过采取必要的环境保护措施，其影响绝大多数是轻微的或可以挽回的。

由此可见，濮阳黄河"二级悬河"治理试验工程是成功的，为今后开展黄河下游"二级悬河"治理工作积累了宝贵的经验，也为大规模疏浚下游河槽提供了可靠的科学依据。

第八章 濮阳黄河工程管理

濮阳黄河工程管理，主要是指对濮阳黄河堤防（含北金堤控制工程）、河道、引黄（涵）闸、虹吸等工程的运行管理。濮阳黄河堤防、河道工程及渠村分洪闸、张庄退水闸工程，属于纯公益性的防洪工程，其运行管理经费通过国家财政预算拨付；引黄（涵）闸、虹吸工程属于准公益性的兴利工程，其运行管理经费从引黄兴利中解决。堤防、河道、引黄（涵）闸等工程主要为土石方工程，受风雨侵蚀、水流冲刷、害堤动物破坏和人类活动的影响，容易老化，甚至发展为新的隐患，需要加强经常化管理，使工程常年处于正常运行状态，充分发挥工程效益。由此可见，加强工程管理工作十分必要。

第一节 工程管理体制沿革

一、古代工程管理体制

黄河堤防远在春秋中期已开始形成，战国、秦、汉逐渐完备，工程管理体制也随之逐步形成。秦国修建都江堰水利工程之后，创立了"一年一岁修，五年一大修"的水利工程岁修制度。

西汉时设"河堤督尉"、"河堤谒者"官职，沿河郡（州）都有专职防守河堤的官员和巡视河堤的职责。北金堤就是东汉明帝永平十三年（公元70年）王景治河时沿黄河南岸修筑的大堤。

宋代明确规定沿河地方官管理河防的责任制度，诏令沿河州府长吏，兼本州河堤使。宋王朝在中央设置了权限较大的都水监，专管治河，朝廷重臣也多参与治河方略的争议，并在沿河各州设河堤判官专管河事。

明代以后，随着社会经济发展和黄河决溢灾害加重，朝廷更为重视治河，治河机构逐渐完备。明代治河，以工部为主管，总理河道直接负责，以后总理河道又加上提督军务职衔，可以直接指挥军队，沿河各省巡抚以下地方官吏也都负有治河职责，逐步加强了下游河务的统一管理；明代除河兵分段管理外，还规定"每里十人以防"，建立了"三里一铺，四铺一老人巡视"的护堤组织，按分管堤段修补堤岸，浇灌树株。

清代河道总督权限更大，直接受命于朝廷。明末清初，治河事业有了很大发展，堤防修守及管理维护技术都有长足进步，涌现了以潘季驯、靳辅为代表的一批卓有成效的治河专家。清代另规定"每二里设一堡房，每堡设夫二名，住宿堡内，常川巡守"。"堡夫均有河上汛员管辖，平时无事搜寻大堤獾洞鼠穴，修补水沟浪窝，积土植树；有警，鸣锣集众抢护。"

清代末年及民国期间，战乱不断，国政衰败，治河也陷于停滞状态。濮阳黄河大堤前身是清咸丰五年（1855 年）铜瓦厢决口改道后，沿河村民自卫、州县劝民修筑的民埝，其中 65.89 km 民埝到民国六年（1917 年）改为官守，由河防营分段管理，常年驻工护堤防汛；其余堤段直至 1938 年花园口决口改道黄河南徙入淮，民埝始终未改归官修官守。

二、人民治黄以来工程管理体制变化

历史进展到国民政府花园口堵口合龙放水、使黄河归故，解放区晋冀鲁豫边区政府决定，治黄经费由全边区统一筹措，黄河大堤由国家修守。1946 年建立了人民治黄机构，5 月设立了冀鲁豫黄河水利委员会第二修防处（濮阳黄河河务局前身），下设修防段（县级河务局前身）。从此，人民治黄掀开了治黄历史上崭新的一页。

黄河工程管理工作，是随着治黄事业的不断发展而逐步建立、完善和发展起来的。在大力培修堤防的同时，颁发了有关工程管理的若干办法、规定，开展工程管理及养护工作。例如，1946 年 8 月冀鲁豫行政公署颁发了《保护黄河大堤公约》等。

新中国成立后，黄河开始全面规划、统一治理、统一管理，建立健全了系统的管理机构和管理制度。在第一个五年计划期间，由于重视调查研究，提倡实事求是，尊重客观规律，黄河水利建设事业得到了快速发展。随着水利工程的迅速增加，人们开始认识到工程管理的重要性和必要性，把水利工程管理作为水利部门的一项基本业务，开始进行管理业务建设，并将工程管理的主要内容明确规定为维修养护、检查观测和控制运用。黄河堤防工程管理，在实行专业队伍管理的基础上，县级以下均建立了群众性护堤组织，实现了专业队伍管理和群众管理相结合；河道工程管理，实行以专业队伍管理为主，雇用群众管理为辅的模式，加强了工程管理养护工作。但是，由于繁重的工程建设任务和存在着"重建设，轻管理"的问题，在很大程度上影响了工程管理工作的开展和管理水平的提高。

1955 年，沿河县（区）、乡开始建立堤防管理委员会和管理小组，其任务是组织、协调、检查、监督堤防管理工作，选派护堤员，订立护堤合同。1956 年农业合作化后，由农业合作社确定长期护堤员，组建护堤班，堤上收益与护堤员报酬，在修防段与农业合作社签订合同中给予明确。农村实现人民公社化后，堤防管理仍由社队分段承包管理养护，每 1 km 堤防固定护堤员 2~3 人，常年住堤。堤防管理委员会由县级政府负责人兼任主任，县公安局局长、修防段段长兼任副主任，沿堤社（乡）长为委员，日常办事机构设在修防段。堤防管理委员会的主要职责是：向群众宣传护堤政策、条例、办法；组织护堤员学习管理技术；制定多种经营规划，发动群众绿化堤防，发展河产，增加国家和护堤队的收入；开展工程管理检查评比，总结推广护堤经验；同破坏堤防的坏人作斗争，协助处理违章案件。堤防管理委员会定期召开堤防管理工作会议，安排部署、检查护堤工作。

在"大跃进"期间，水利建设虽然取得了很大的进展，但由于受"左"的思想影响，违反基本建设程序，单纯追求"高速度"，推行"边勘测、边设计、边施工"的三边政策，使许多工程留下了严重的后遗症。与此同时，"重建轻管"的倾向更为突出。

在"大跃进"后的调整时期，水利建设在"调整、巩固、充实、提高"八字方针指引下，进行了卓有成效的整顿工作，工程管理也获得了较大的恢复和提高。在这一时期，工程管理机构有所加强，管理制度有所健全，管理人员有所充实，管理业务建设取得了显著成绩，技术管理水平也大为提高。1960 年黄河修防处和修防段增设了公安特派员。1963 年按照黄委的规定，引黄涵闸、虹吸工程不再由地方水利部门负责，分别由工程所在的黄河修防段负责管理，配备专职人员进行启闭操作和日常维修养护工作。

在"文化大革命"期间，水利工程建设和管理工作均遭到了严重的破坏。管理工作基本停顿，规章制度废弛，甚至有些工程处于无人管理的状态。

党的十一届三中全会以后，水利事业进入了一个新的发展时期。随着水利改革的不断深入，水利工程管理工作也发生了根本性的变化。1978 年水电部召开全国水利管理工作会议，揭开了整顿、加强水利管理工作的序幕。1979 年 4 月，黄委颁发了《黄河下游工程管理条例》。1980 年 11 月，黄委召开工程管理现场会，贯彻落实水利工程管理工作"安全、效益和综合经营"三项基本任务。

1981 年全国水利管理会议又明确提出了把水利工作的着重点转移到管理上来的重大决策，即由过去的重点抓建设转到重点抓管理上来，首先管好用好现有工程，发挥效益，提高经济效果，使水利工程管理工作走上稳步健康发展的道路。此后，在国务院"加强经营管理，讲究经济效益"的水利方针指导下，水利部又提出水利工作要"全面服务，转轨变型"，即从以农业为主转到为社会经济全面服务的思想；从不讲投入产出转到以提高经济效益为中心的轨道，从单一生产型转到综合经营型；在水利工程管理中推行"两个支柱，一把钥匙"，即以水费收入和综合经营为两个支柱，以加强经济责任制为一把钥匙。

1982 年 6 月 26 日，河南省人民代表大会常务委员会第十六次会议通过了《河南省黄河工程管理条例》。为贯彻落实《条例》精神，各级领导都加大了工程管理力度。黄委、河南河务局每年都下发工程管理年度工作要点和意见，制定了一系列黄河工程管理制度、规定和办法，有力地推动了工程管理工作的发展。1982 年各修防段设立了黄河公安派出所。

三、30 多年来濮阳黄河工程管理体制变化与发展

黄河防洪兴利工程"三分靠修，七分靠管"。1980 年以来，濮阳黄河工程管理体制与机制均发生了很大的变化与发展，大致经历了以下 6 个阶段：

第一阶段（1980~1983 年），主要解决重建轻管的问题。从宣传和政策入手，调动管理单位和管理人员的积极性。

第二阶段（1984~1986年），按照"安全、效益、综合经营"工程管理的三项基本任务，努力提高技术管理水平，逐步向科学化发展，并通过加强管理向工程要效益。

第三阶段（1987~1990年），通过加强《水法》学习、宣传、贯彻和配套法规建设，依法管理初见成效，管理水平有了新的提高。

第四阶段（1991~1995年），着重抓了工程管理正规化、规范化建设。通过认真贯彻执行《黄河下游工程管理考核标准》、《河南黄河工程管理达标验收办法》，积极开展工程管理达标活动，实行河道目标管理，整体管理水平有了质的飞跃，经济效益越来越明显。濮阳县、范县、台前县河务局都被认定为国家二级河道目标管理单位。

第五阶段（1996~2000年），主要是强化工程日常管理，巩固达标成果，"争名次，上台阶"，提高工程强度，促进黄河产业经济快速发展。

第六阶段（2001年以来），即改革发展阶段。一是抓工程景点、亮点和示范工程建设，实施精品工程带动战略，以点带面全面提升工程管理水平。根据《河南黄河示范工程考核办法》、《河南黄河工程管理检查内容和考核标准》、《河道目标管理考评办法》，大力开展景点、亮点、示范工程建设和河道目标管理上等级活动，打造精品工程，以点带面，全面提高濮阳黄河工程管理水平，使各防洪兴利工程更加完整、坚固，并日趋美观。经过不懈的努力，各类工程管护班点基本建设成为"四季常青，三季有花"的花园式庭院，基本实现了"一处工程，一处景观"的奋斗目标，较大地提高了工程的防洪效益、经济效益和社会效益，并较大程度地改善了职工的工作环境、生活条件和生活水平，调动了管理职工的积极性。范县河务局被认定为国家级水利工程管理单位。二是按照"以水养水，以堤养堤，管养分离"的原则，进行水管体制改革。变专业队伍管理和群众管理相结合的管理体制，为单独的专业队伍管理体制。2002年9月，国务院批准了水利部制定的《水利工程管理体制改革实施意见》。按照该意见和水利部、黄委的统一部署，河南黄河开始了基层水管单位政、事、企分开的运行模式探索，随即出台了"管养分离"改革实施方案。2003年濮阳黄河堤防群众护堤员全部下堤，并实现了堤防树木国有化。2004年，财政部、水利部、黄委在充分调研论证的基础上，出台了工程养护人员定额和经费定额（简称"两定"）标准。2005年，水利部、黄委在濮阳黄河河务部门选择了两个水管单位进行了水管体制改革试点。2006年5~6月，各基层水管单位完成了水管体制改革任务，濮阳黄河河务部门成立了濮阳供水分局、闸管所和濮阳黄河水利工程维修养护有限公司以及工程维修养护分公司。通过改革，调整和规范了水利工程管理和维修养护的关系，理顺了管理体制，实现了管理单位、供水单位、维修养护单位和其他企业机构人员、资产的分离，形成了政、事、企分开，"三驾马车，并驾齐驱"的新格局，打破了运行了几十年的"专管与群管"相结合的"修、防、管、营"四位一体传统的管理体制，建立了适应社会主义市场经济体制要求，充满生机与活力，权责明确，运行规范的水利工程管理体制和良性运行机制，为加强工程管理现代化建设，促进濮阳黄河治理开发与管理事业更好的发展，奠定了基础。

第二节　现行工程管理模式与运行机制

水管体制改革后，按照水管单位职责和任务将工程管理工作分成管理和维修养护两部分。把原来管理与维修、养护一体化的运行机制，通过机构改革实现职能分离，通过严格的定岗、定编、定责，建立能力素质强，技术水平高的精干管理队伍，以降低工程管理成本。推行"管养分离"，将维修养护职能和人员从管理机构中剥离出来，组成维修养护公司，实现对工程专业化管理养护，按照水利工程维修养护定额标准实行合同管理。管理部门具有一定水行政管理职能，对管辖工程进行资产、安全、调度等层次上的管理。因此，在县级河务部门设有工程管理科，代表其单位具体负责工程管理工作；另设有运行观测科，具体负责工程日常运行、观测、维修养护工作的监督任务。堤防、河道整治等工程维修养护工作，由专业养护公司实行专管。维修养护公司按照企业管理模式，根据维修养护内容及标准与水管单位签订维修养护合同，以合同形式规范双方的权利和义务，实行内部合同管理。

一、黄委颁布七个工程维修养护管理办法，规范维修养护行为

在新的黄河水利工程管理体制下，为了加强工程维修养护经费使用管理，进一步规范工程维修养护行为，巩固水管体制改革成果，建立完善水管运行机制，黄委于 2011 年底至 2012 年初相继出台颁布了《黄河水利工程维修养护工作责任制若干规定》、《黄河水利工程维修养护项目外包管理办法》、《黄河水利工程维修养护经费使用管理暂行办法》、《黄河水利委员会维修养护公司财务管理暂行办法》、《关于进一步加强黄河水利工程维修养护公司人员管理的通知》、《关于进一步加快推进黄河水利工程维修养护企业内部收入分配制度改革的通知》、《黄河水利工程维修养护石料采购与使用管理规定》等 7 个工程维修养护管理办法。黄委出台颁布的 7 个工程维修养护管理办法，是指导全河上下开展工程管理、做好维修养护工作的规范性文件，对养护经费合理使用、有效管理和维修养护项目的规范实施都起到了重要的指导作用。

二、创新工程管理方法，推行"工程管护责任制"

濮阳黄河河务部门在新的工程管理体制下，为进一步明确养护职工的职责、权利和义务，充分调动养护职工的积极性、主动性，强化工程日常管理，提高工程养护与管理水平，确保工程安全运行，依据《水利工程管理考核办法》（试行）、《中华人民共和国河道管理条例》以及有关规定，结合濮阳黄河工程运行及维修管护实际情况，探索总结出了一套不断提高工程管理水平的长效机制——"工程管护责任制"。经过多年来推行工程管护责任制，取得了显著的成效。

（一）工程管护责任制机制的探讨与研究

如何建立一套工程维修养护规范化管理的长效机制，以达到不断提高工程管理水平，充分发挥工程防洪、兴利效益的目的，既是形势发展的要求，也是濮阳黄河河务部门长期以来一直不断探讨、不断实践的治黄课题之一。

特别是水管体制改革后，在新的工程管理体制和新的形势下，如何尽快建立起适应社会主义市场经济体制要求、充满生机与活力、"事企分开、产权清晰、权责明确、运行规范"的良性运行机制；如何调动广大职工的积极性、主动性，规范日常管理行为，建立起不断提高工程管理水平的规范化管理的长效机制，既非常紧迫而又十分必要。濮阳黄河河务部门结合自己的工作实际，从2004年年初开始进行了积极有益的研究和探索。

经过几年来的研究，并借鉴农村联产承包责任制改革成功的经验，得出了一个结论。这个结论就是"制约工程管理水平提高的主要因素是工程日常管理，而制约工程日常管理工作的主要因素又是工程（维修）管护责任制的是否真正落实。如果工程管护责任制工作得到了落实，增强了职工责任心，工程管理水平就会得到不断地提高。否则，工程管理水平就不会得到提高。因此，只要紧紧围绕如何落实好工程管护责任制这项核心工作，制定和建立起一套完整的规范化管理的长效机制，就能实现不断提高工程管理水平的目的。"

根据这个结论，濮阳黄河河务部门结合自己的工作实际，经过反复总结、归纳，概括出了工程管护责任制的概念。即工程管护责任制是指对养护职工管护范围内的工程本身、工程管理设施、树木、草皮等所有管护项目的维修管护工作，实行与职工利益挂钩的奖惩责任制。主要包括对工程本身、对工程管理设施、对工程管护范围内的树木三个方面的责任制。其主要内容包括养护职工责任到位、管护资产清晰、建账立卡、签订管护责任制合同、制定考核评比制度和奖惩制度等。

对工程本身的管护责任制，就是要在工程现状普查的基础上，对每个管护职工管护范围内的具体维修管护项目内容、管护质量标准及管护完成时限进行明确，并制定与此相对应的管护考评和奖惩制度，最终形成对工程本身管理主要以维修管护标准为考核评分依据，实行与管护职工经济利益挂钩的奖惩机制。该机制的建立与运行，其目的就是要避免按月给职工发档案工资和年终工程管理检查时花钱搞突击现象，强化工程的平时管理。

对工程管理设施的管护责任制，就是要在工程管理附属设施普查清点、分类、登记造册、资产评估、建账立卡的基础上，明确维修管护数量、维修管护标准和维修管护责任，并制定相对应的考评和奖惩制度，最终形成对工程设施管理主要以维修管护设施价值因人为因素造成的变化为考核依据，实行与管护职工经济利益挂钩的奖惩机制。例如，某一个职工在他的管理责任段内有20个管理设施，经评估价值为1万元，若因管理不善，被人为因素破坏造成价值损失500元，该职工就要承担500元的经济责任。该机制的建立与运行，其目的就是要增强管护职工的责任心，确保工程附属设施的完整和齐全。

对工程管护范围内的树木的管护责任制，就是要在进行树木普查，做到树木品种、规格、数量清晰，并进行资产评估、建立管护档案的基础上，本着有利于调动职工管护树木积极性的原则，制定树木年终评估增值分成政策，最终形成对树木的管护主要以增值的多少为考核依据，实行与管护职工经济利益挂钩的奖惩机制。例如，某一个职工在他管护责任段落内年初有各类树木5000棵，经评估树木价值为10万元。经过一年的管理，到年终再对这些树木进行普查、价值评估，若价值增加到15万元，说明一年树木增值了5万元，其增值的5万元就要按照事先规定的分成比例给管护职工分成。该机制的建立与运行，其目的就是要避免年年植树不见树现象，确保树木成活率和存活率，增加管护职工的收入，调动其积极性。

与每个管护职工签订工程管护责任制合同，是确保工程管护责任制落实的重要措施和重要依据，也是做好工程管护责任制工作的关键和核心。工程管护责任制合同的内容主要包括：管护职工管护的责任段落长度、范围、项目、内容、数量、资产价值、管理标准、完成时限要求、考核和奖惩规定以及责任、权利和义务等。

（二）推行工程管护责任制的主要程序和内容

为切实做好工程管护责任制推行工作，濮阳黄河河务部门成立了领导组织，制定了工作方案，纳入了年度目标管理。其主要程序和内容如下：

1. 制定相关的考核及奖惩制度

为确保工程管护责任制工作的顺利推进，濮阳黄河河务部门先后制定下发了一系列的制度和办法。主要有《工程管护责任制实施细则》、《工程管护责任制考核办法》、《堤防工程管护责任制工作检查考核内容与评分标准》、《险工、控导（护滩）工程管护责任制工作检查考核内容与评分标准》、《涵闸工程管护责任制工作检查考核内容与评分标准》、《工程管护责任制工作奖惩办法》、《树木资产评估办法》、《工程管护责任制合同（样本）》等。这些制度和办法的形成，初步建立起了比较完善的工程管护责任制工作良性运行机制。

2. 合理划定管护责任段落，明确管护范围

各水管单位根据工程管护（养护）任务的大小，合理划定每个养护职工的管护责任段落，界定、明确管护范围。例如，堤防工程管护责任制，要明确每位养护职工管护堤防工程大堤桩号×××～×××，自临河柳荫地（防浪林）外边线至背河柳荫地外边线之内所有工程本身、工程设施、树木、草皮等项目内容；险工（防护坝）工程管护责任制，要明确每位养护职工管护×××工程××坝～××坝，顺坝轴线方向自临河护坝地外边线（靠河坝垛为水边线）至联坝背河护坝地外边线和垂直坝轴线方向自上游护坝地外边线至下游护坝地外边线以及联坝管护范围之内所有工程本身、工程设施、树木、草皮等项目内容；控导（护滩）工程管护责任制，要明确每位养护职工管护×××工程××坝～××坝，顺坝轴线方向自临河护坝地外边线（无护坝地的自坦石外边线以外2 m）至背河护坝地外边线和垂直坝轴线方向自上游护坝地外边线至下游护坝地外边线以及联坝管护范围之内所有工程本身、工程设施、树木、草皮等项目

内容；水闸（涵闸）工程管护责任制，总的管护范围是水闸工程上游防冲槽前沿至下游防冲槽后 100 m 之内以及顺堤方向闸管范围内所有工程本身、工程设施、树木、草皮等项目内容；虹吸工程管护责任制之范围为其建筑物本身。在实际工作中，某一养护职工管护多大范围可根据具体情况确定。

每一位养护职工都应按划定的管护责任段落，到岗到位，并实行挂牌上岗、统一着装。管理部门应加强对养护职工的考勤，切实杜绝养护职工不到岗或替岗现象的发生。

3. 明确管护标准

濮阳黄河工程本身的管护责任制，是在工程现状普查的基础上和明确每位养护职工管护段落、范围、内容的基础上，参照《黄河堤防工程管理标准》、《黄河河道整治工程管理标准》、《黄河水闸工程管理标准》和《濮阳黄河工程管理标准》（试行）中规定的标准，对每位养护职工的维修管护标准、目标给予明确；工程设施（含标志、标牌）的管护责任制，是在对各类设施普查清点、分类资产评估、登记造册的基础上，对每位养护职工的管护数量、管护标准和管护责任给予明确；树木等生物防护工程的管护责任制，是在对树木普查、资产评估、建立管护档案的基础上，本着国有资产不流失和有利于调动职工管护树木积极性的原则，对每位养护职工管护树木的管护标准、目标和增值分成等给予明确。根据已明确的管护标准和管护目标，抓好考核和各项奖惩制度的落实。

4. 签订工程管护责任制合同

为了推行工程管护责任制，不断提高工程管理水平，濮阳黄河各水管单位或养护总公司均与工程养护人员签订了工程管护责任制合同。在合同中，对每位养护职工的管护范围、管护内容、管护标准、管护职责及奖惩规定等内容进行了明确。

5. 工程管护责任制工作的检查与考核

按照分级管理、分级负责的原则，由濮阳市级河务部门负责组织对各水管单位工程管护责任制工作的检查与考核；由各水管单位和养护总公司负责组织对养护各分公司工程管护责任制工作的检查与考核；由濮阳黄河供水部门负责组织对各闸管所工程管护责任制工作的检查与考核。

（三）推行工程管护责任制工作成效

濮阳黄河河务部门从 2005 年开始全面推行工程管护责任制，经过几年的不懈努力，取得了显著的成效。

1. 初步建立了不断提高工程管理水平的长效机制

濮阳黄河河务部门在全国防洪工程维修养护管理方面，首先提出了工程维修管护责任制的概念，为建立不断提高工程管理水平的长效机制，探索和实践了一条新的途径。该长效机制在 2006 年荣获河南黄河河务局创新成果二等奖。

2. 强化了工程日常管理，提高了工程管理水平

濮阳黄河河务部门工程管护责任制工作的推行，强化了工程日常管理，确保了工程完整，提高了工程管理水平。

3. 摸清了工程基本情况，为领导决策提供了依据

濮阳黄河河务部门为推行工程管护责任制工作，对所有工程、工程设施、标志、土地、树木、草皮等进行了全面详细的普查、登记造册，第一次彻底摸清了工程的基本情况，掌握了第一手资料，有利于各级领导进行防汛、工程管理等方面的工作决策和各项管理政策的制定。

4. 有利于提高树木的成活率和存活率

濮阳黄河河务部门工程管护责任制工作的推行，有利于提高树木的成活率和存活率。在推行工程管护责任制工作之前，树木的管护是采取的大锅饭模式，其成活率和存活率没有与管护职工的切身利益挂钩，造成管护职工积极性不高，责任心不强，致使年年栽树不见树，成活率和存活率都非常低下。通过推行工程管护责任制工作，及时建立健全了树木管护档案，明确了树木产权，实行了与管护职工经济利益挂钩的年终评估增值分成奖惩机制，充分调动了职工的积极性，提高了树木的成活率和存活率，彻底避免了年年栽树不见树现象。据调查统计，近些年新植树木绝大部分成活率和存活率均达到95%以上，有不少堤段新植树木成活率和存活率达到了98%以上。为打造"绿色工管、绿色银行"奠定了基础，做出了贡献。

5. 有利于降低工程养护成本，提高维修养护投资效益

濮阳黄河河务部门工程管护责任制工作的推行，有利于降低工程养护成本，减少单位开支，提高维修养护投资效益。通过工程管护责任制工作的实施，增强了管护职工的责任心，可为单位减少大量的投资。一是可减少工程水沟浪窝的发生，节约平垫水沟浪窝费用。过去平垫水沟浪窝的政策基本上是小水沟浪窝单位不管，由管护人员自己负责平垫，大水沟浪窝由单位花钱负责平垫，造成实际上小水沟浪窝无人管，无人平垫，等到冲成大水沟浪窝时才报告，由单位负责投资。现在由于在平垫水沟浪窝政策上实行了职、责、权、利四者相统一，增强了职工的责任心，避免了大的水沟浪窝的出现。二是可减少日常管理经费的开支。过去每年将投入较多的日常养护经费，维持日常管理水平。现在由于实行了与职工经济利益挂钩的日常管理奖惩机制，使职工的工作作风和精神面貌都发生了根本性转变。例如，在夏季暴雨多、雨毁多、高秆杂草多的情况下，有不少职工都能做到不等不靠，积极主动地平垫水沟浪窝，割除高秆杂草，甚至在养护任务重的情况下，还积极主动动员家属、亲戚帮助自己及时完成工程维修养护任务。三是可减少每年植树和每年树木管理开支。总之，据初步测算，由于推行工程管护责任制工作，每年可节约工程管理投资260万~360万元。

6. 有利于促进管护职工工作、生活条件的改善和提高

濮阳黄河河务部门工程管护责任制工作的推行，有利于促进管护职工工作、生活条件的改善和提高，进一步稳定职工队伍。随着水管体制改革的推进和完成，大批专业化的职工队伍被分离出来，需要吃住在治黄第一线工作。但由于历史和经济等原因，堤防上现有的分散、破旧房屋已无法满足管护职工吃住和工作条件。推行工程管护责任制工作的前提条件，就是要首先解决管护职工的居住问题。为此，各

单位克服一切困难，多方筹措资金，采取新建、维修改建现有房屋和租赁民房、配置生活工作用品、美化绿化庭院等措施，进一步改善了一线管护职工的工作、生活条件和环境，确保了管护职工到岗、到位。

7. 有利于增加职工收入，提高职工的生活水平和生活质量

濮阳黄河河务部门工程管护责任制工作的推行，有利于增加职工收入，提高职工的生活水平和生活质量。由于实行了一系列与职工经济利益挂钩的奖惩机制，使绝大部分管护职工的收入得到了较大幅度的提高。

三、创新工程管理激励机制，实行维修养护绩效工资制度

为更好地发挥维修养护资金效益，激发养护职工工作积极性，提高工作质量和效率，体现"多劳多得"分配原则，促进工程管理水平的提高，濮阳黄河河务部门依据上级有关政策，结合自己的实际情况，实行了维修养护绩效工资制度。绩效工资使用范围包括工程日常养护和养护专项工作等。

（一）工程日常养护工作绩效工资

为强化工程日常管理，充分调动养护职工的积极性，濮阳黄河河务部门在工程日常养护工作中，实行了与养护职工工资（岗位工资、薪级工资、绩效工资及津贴）挂钩的绩效工资。即实行养护职工每月出满勤发30%的工资报酬，完成每月下达的日常维修养护工作量发70%的工资报酬。

养护职工每月的上岗出勤情况，由养护班班长负责考核，养护班班长每月的上岗出勤情况，由养护分公司考勤员负责考核。凡养护职工每月出满勤（每月天数减去法定假日天数为满勤天数）的，计发30%的工资报酬，因事每缺勤1天扣除相应的工资。由养护分公司负责定期不定期地对职工上岗出勤情况进行抽查、检查、监督。

养护分公司根据水管单位每月下达的维修养护总任务，及时分解下达到每位养护职工。凡养护职工完成月日常维修养护工作量的，计发70%的工资报酬；凡养护职工超额或未完成月维修养护工作量的，按规定给予奖励或扣发相应的工资。

工程日常养护工作绩效工资，实行月初安排（铺工），月中检查，月底考核验收的千分制管理机制。按照每个养护职工的考核得分高低，实行按劳分配。职工每月的工资报酬上不封顶，最低降到当地政府劳动部门规定的最低生活保障标准为止。

（二）工程养护专项工作绩效工资

每年的工程养护专项任务，原则上由养护职工完成，不准雇用民工或对外转分包。为了充分调动养护职工积极性，确保养护专项工程质量和进度，实行"以量带资"的绩效工资机制。首先由工程管理、运行观测部门及养护分公司共同编制养护专项工程施工预算。然后将养护专项任务承包给养护职工承建。最后养护职工完成的工程量中所含的工资费就是其工资报酬。

自2010年起，濮阳黄河河务部门在所属养护企业中实行绩效工资制度，强化了工程日常管理，确保了养护专项工程质量，提升了工程管理水平，取得了显著的成效。

第三节 现行工程管理标准

通常讲，高标准就是节约，低标准就是浪费，高标准就是高境界、高效率的体现，低标准就是低境界、低素质、低效率的反映。濮阳黄河河务部门为了强化工程管理高标准意识，广泛开展工程建设高标准活动，力保工程建设标准一次性达到工程管理考核标准，避免重复整修造成浪费。同时，在上级已制定颁布的工程管理标准的基础上，结合濮阳黄河工程管理实际，组织有关人员编制和颁发了高标准的《濮阳黄河工程管理标准》。

一、堤防工程管理标准

堤防工程堤顶宽 9~12 m，堤顶道路为 3 级柏油路，宽 6 m，两侧设路缘石，路缘石顶与柏油路面平。堤顶排水分集中和分散两种方式，集中排水时路缘石外侧 0.5 m 设纵向排水沟各一条；分散排水时，路缘石外侧 0.5 m 埋设混凝土防护墩。排水沟（防护墩）外侧距堤肩 0.5 m 处植行道林 1 行。临背河堤坡标准为 1:3，每隔 100 m 建一横向排水沟，并与堤顶纵向排水沟相连接，临背交错布置；临河防浪林高村以上宽 50 m、以下 30 m，边界埋设界桩；背河淤区顶宽 80~100 m，以种植生态林为主，设纵、横向排水沟；堤脚外 10 m 柳荫地，并埋设界桩；工程管护区内管护基地、水闸、风景区、景点（亮点）建设作为景观点做造型设计，庭院进行美化、绿化。

（一）堤顶、堤顶道路、路口、排水沟及各种标志

堤顶道路为 3 级柏油路，宽 6 m，硬化路面中间高、两侧低，其坡比为 1:50。硬化堤顶保持无积水、无杂物，整洁，路面无损坏、裂缝、翻浆、脱皮、泛油、龟裂、啃边等现象。硬化路面两侧设路缘石，路缘石顶与柏油路面平，全线贯通。路缘石尺寸为 15 cm×30 cm×80 cm。路面标画交通标志线，中间为黄色虚线、两侧为白色实线。标志漆涂刷归顺、一致。堤肩达到无明显坑洼，堤肩线平顺规整，植草防护。排水沟与路缘石间距 0.5 m，中间采用 C20 混凝土硬化，厚 0.15 m，每 10 m 设一条伸缩缝，伸缩缝设止水条。混凝土硬化排水沟结合部设现浇混凝土防护墩。防护墩柱体尺寸为 0.20 m×0.20 m×0.25 m，内加 Φ8~Φ12mm 钢筋，用红白条反光漆涂饰。排水沟外侧堤肩种植葛巴草和花卉。

堤身无排水设施时，采取散排方式排放堤顶积水。该类堤顶路缘石外侧 0.5 m 设混凝土防护墩，防护墩与路缘石之间采用 C20 混凝土硬化，厚 0.15 m，每 10 m 设一条伸缩缝，伸缩缝设止水条。防护墩外堤肩种植葛巴草和花卉。

堤顶宽度超过 12 m 的堤段，或堤顶硬化路面靠一侧的堤段，另一侧堤肩较宽的堤段，堤顶设置花坛。花坛长、宽和间隔根据实际情况确定。花坛边界采用冬青、黄杨等生物品种围砌，内置月季等各种常绿常开花卉，两花坛间堤肩植葛巴草连接。

堤顶纵向排水沟设置硬化路面两侧各一条，与路缘石的距离保持一致，间距为 0.5 m。排水沟结构尺寸为：排水沟底部净宽 30 cm，底部外边沿宽 40 cm，上口净宽

36 cm，上口外边沿宽 46 cm，沟深 21 cm，净深 16 cm。堤顶排水沟采用 C20 混凝土预制，形状为梯形。堤坡、淤区横向排水沟、险工（控导）排水沟结构尺寸与此相同。

堤防行道林沿堤线布置在排水沟外侧，与排水沟外边缘的距离为 0.5 m。行道林种植、更新、补植按照《黄河防洪工程绿化管理办法》栽植标准执行，以常绿美化树种为主，达到高低错落有致，多彩搭配，胸径一致。行道林以国槐、栾树、大叶女贞等适宜高杆树种为主，间种红叶李、百日红、雪松、桧柏等常绿或开花树种。大叶女贞等高杆树木单独种植时，间距为 4 m。大叶女贞与红叶李、百日红间隔种植时，同一品种间距为 8 m。大叶女贞与雪松、桧柏间隔种植时，同一品种间距为 10 m。黄河干堤堤顶行道林每侧一行。

为便于管理，减少日常维护工作量，土牛以集中存放为原则，统一放置在淤区内，沿堤线与堤防平行堆放，间距为 500~1000 m。土牛距堤坡与淤区顶面内侧交线不少于 2 m，堆放长度 50 m，宽度 5~8 m，四周边坡 1:1，其顶低于相邻堤顶 1 m。堤防土牛达到顶平坡顺，边角整齐，规整划一。

上堤路口设置以防汛、抢险为主，以当地群众生产、生活为辅，原则上不得新开上堤路口，对小路口和堤身开挖路口，一律封死。堤防路口不能蚕食堤顶，达到堤顶宽度一致。顺坡的上堤道路在设计断面以外，不能侵占堤身，确保堤身完整。上堤路口从堤肩外 1 m 开始起坡，路面坡度不小于 1:15。路口与堤顶交界处两侧各设 5 个路口警示桩，按喇叭口型对称布设，每侧堤防上布置 2 根、转弯处 1 根、坡面直线段 2 根，桩距 2 m，其尺寸为 0.2 m×0.2 m×1.5 m，埋深 0.5 m，外露部分涂红白间隔漆。上堤道路路基边坡 1:2，路面平坦，路肩平顺、口直，与堤坡交线顺直、整齐、分明。上堤道路保持完整、平顺，无沟坎、凹陷、残缺，无蚕食侵蚀堤身现象。为控制超载车辆，在主要交通路口两侧的堤顶道路设置堤顶限载设施，控制超载、超限车辆通行。

堤顶限载设施为钢筋混凝土结构，立面设计为斜面，有效防止牵拉碰撞破坏，斜面上刷红白反光漆条及禁、限行标语，限宽 2.3 m，限载 10 t。堤顶禁行设施应能够吊装移位，以便于满足防汛抢险车辆通行要求。

堤防行政区分界标志（一般为县与县分界）设在行政区划的分界背河堤肩处，界牌与行车方向垂直。若分界牌修建横跨堤顶的门架式，高度应在 5 m 以上，框架材料采用钢架结构。两行政区划的分界牌合用一个，不允许单设，由下界管理单位完成。

为便于防汛抢险，堤顶上须设立通往国道、省道、各县、乡（镇）和各县河务部门及黄河河道整治工程地点的指示标志。标志牌为悬臂式，以美观醒目为准，杆总长 600 cm，直径 12~18 cm，牌长 140 cm，宽 100 cm，衬边宽 0.6 cm。标志牌采用铝合金板厚度 3~3.5 mm 或合成树脂板 4~5 mm。标志杆与基础采用栓连接。其基础为现浇筑混凝土，标志牌离地面 500 cm 左右，顶部 100 cm 为固定标牌段。标志牌底板可用铝合金板或合成树脂类板材（如塑料硬质聚氯乙烯板材或玻璃钢等）材料制作，标志牌双面原则上均采用蓝底白字。

堤防千米桩用于指示堤防道路之里程，柱体为黑色，字为黑体白色阿拉伯数字，并涂反光漆。千米桩设计为长方形，高 80 cm，宽 30 cm，厚 15 cm，两面标注千米数，埋深 40 cm。千米桩垂直堤防埋设在背河排水沟外侧（无排水沟时，设在防护墩外侧）。堤防上设置的百米桩为白色柱体，高 50 cm，宽 15 cm，厚 15 cm，四面标注百米桩数，埋深 30 cm。其材料采用坚硬青石或预制钢筋混凝土标准构件。

参照公路标准沿堤线还应设立警告、急转弯、禁行标志牌。警告、急转弯标志牌为三角形，边长 80 cm；禁行标志牌为圆形，直径 90 cm，采用工程塑料制作，底面距堤顶 4 m，采用 Φ108 mm 无缝钢管支撑，钢管下部浇混凝土墩固定。堤顶道路各种警告标志参照"中华人民共和国国家标准 GB 5768—1999 道路交通标志和标线"标准执行。

（二）堤坡

黄河大堤堤坡 1:3，坡面平顺，无残缺、水沟浪窝、陡坎、洞穴、陷坑、杂草杂物，无违章垦植及取土现象，堤脚线明晰。坡面平顺，沿断面 10 m 范围内，凸凹小于 5 cm。堤坡草皮覆盖率达 98% 以上，并保持堤坡无高秆、硬秆、带刺杂草，达到防冲要求，不影响汛期顺堤查险。

堤坡植草以适应性强、成活率高、管理方便、防冲效果好的葛巴草为主。草皮常剪常修，距地面 10 cm 为宜。草皮更新时，先整修堤坡，再植草。植草纵横见线，行间距 25 cm，选择根系发达的旺苗，在雨季栽植。

堤坡排水沟与堤顶和淤区排水沟相连接，形成交错的排水网络。临背堤坡每 100 m 1 条排水沟，临、背河交错布置。临河横向排水沟布置从堤顶到堤脚，背河横向排水沟布置从堤顶到淤区纵向排水沟。排水沟顶沿低于堤坡坡面，排水槽两侧及底部铺设三七灰土，厚度 15 cm，并与堤坡结合密实。排水沟在临背河堤坡坡脚处修消力池，防止排水冲刷出现潭坑。消力池宽 60 cm、深 20 cm、长 50 cm。

临背河堤脚处地面应保持平坦，10 m 长度范围内凸凹不大于 10 cm，堤脚线线直弧圆，平顺规整，明显、清晰。

（三）淤背区

为便于淤背区管理和开发，在放淤固堤工程建设过程中，当淤至淤区顶部高程以下 0.5~2.0 m 时，应用壤土淤筑，然后再包淤盖顶 0.5 m，达到淤区设计高程。

淤背（临）区顶部设围堤、隔堤、排水沟，顶部平整，相邻两隔堤范围内，顶部高差不大于 30 cm，无高秆草，无杂物堆放。

淤背（临）区顶部围堤设在其外沿，顶宽 2 m，高 0.5 m，外坡 1:3，内坡 1:1.5。淤背（临）区每 100 m 设一条横向隔堤，隔堤顶宽 1 m，高 0.5 m，边坡 1:1。隔堤、围堤植草防护，顶平坡顺。

淤区顶部设置纵向排水沟，同堤坡横向排水沟相连接。淤区坡每 100 m 设横向排水沟 1 条，并在坡脚处护堤地内设消力池，其尺寸与堤坡排水沟消力池一致。堤顶、堤坡、淤区排水沟应保持纵横相连，形成完整的堤防排水体系。

淤区植树绿化按照《黄河防洪工程绿化管理办法》栽植标准执行。为保证防汛抢险取材需要，淤背区按照种植取材林、苗圃相结合的原则，种植防汛抢险所需的杨树、柳树，适度抚育苗木花卉。淤区树木株行距一般为 3 m×4 m，梅花型布置。淤区植树以垂直堤防方向为基线进行布局，达到整齐美观、整体划一。应不同树种间隔种植，减少病虫害发生，确保淤区树木存活率不低于95%。

淤背（临）区边坡除达到1:3标准外，还须坡面平顺，沿断面 10 m 范围内，凸凹不大于 20 cm。其坡面原则上植杨树及植草防护，杨树株行距 3 m×4 m。淤区边坡须始终做到无残缺、水沟浪窝、陡坎、洞穴、陷坑、杂草杂物和无违章垦植及取土现象，保证堤脚线清晰。靠近城镇、村庄处的淤区段，应参照高速公路标准设置隔离网。

（四）防浪林及边界桩、边界埝

黄河高村以上堤防临河堤脚外栽植防浪林宽 50 m，其中栽植高柳宽 24 m，丛柳宽 26 m；高村以下堤防临河堤脚外栽植防浪林宽 30 m，其中栽植高柳、丛柳宽各 15 m。高柳株行距 2 m×2 m，丛柳株行距 1 m×1 m，呈梅花型布置，达到纵横成行、整齐美观，存活率95%以上。

沿防浪林边界埋设边界桩，保护工程管护边界不被侵蚀，确保工程完整。边界桩材料采用预制钢筋混凝土标准构件，为桩长 1.8 m、边长 15 cm 的四棱柱。界桩四面标注序号，涂红白间隔漆，埋深 80 cm。直线段堤防 200 m 埋设 1 根，弯曲段堤防适当加密。边界埝顶宽 0.3 m，高 0.3 m，边坡1:1。边界埝应设置在界桩里侧。护堤地须达到地面平整，边界明确，界沟、界埝规整平顺，无杂物。

（五）柳荫（护堤）地

背河堤脚外护堤防护林主要为抢险培植料源，以种植杨、柳树为主，间距 2 m×3 m。存活率在90%以上。

柳荫地界桩、边埝要求与防浪林界桩、边埝一致。

若当地河渠排水系统形成网络时，柳荫地须修筑排水沟，集中排放淤区、柳荫地因降雨等形成的积水。否则，实行散排，以减少与群众的纠纷。排水沟利用放淤固堤工程截渗沟进行整修、维护、衬砌。

二、河道整治工程管理标准

（一）坝面、坝顶、备防石、标志桩、简介牌

险工、控导（护滩）工程坦石顶、防冲沿采用C20现浇混凝土或青料石，每 1 m 设一伸缩缝。坦石顶宽 1 m、厚 15 cm。沿子石外沿轮廓线线直弧圆，平整一致。防冲沿顶宽 10 cm，其沿前为斜坡，宽 10 cm、高 10 cm。

沿子石无凸凹、墩蛰、塌陷、空洞、残缺、活石；沿子石与土坝基结合部无集中渗流。

坝（垛、护岸）顶高程、宽度等主要技术指标符合设计标准。坝顶面平顺、饱满、密实，沿横断面方向每 10 m 长度凸凹不超过 5 cm。坝面土方部位以栽植葛巴草为主，生长旺盛，草坪修剪高度不超过 10 cm，草皮覆盖率98%以上。坝面无凸凹、

陷坑、洞穴、水沟浪窝，无乱石、杂物及高秆杂草等。与坦石顶结合部应采用淤土或三七灰土进行防渗处理，其宽 30 cm、深 50 cm。土坝顶高于坦石顶 5 cm。

备防石存放考虑工程管理和防汛抢险需要，存放位置应合理，做到整齐美观、整体划一。

每垛备防石高 1~1.2 m，长宽尺寸尽量一致，垛间距 1 m，距迎水面坝肩不少于 3 m，背水面坝肩 2 m。每垛备防石 50 m³（应以 10 的倍数为准），坝垛号和方量标注清晰。常年不靠河的工程备防石应采用水泥砂浆抹边、抹角，边、角抹面宽度 0.15~0.20 m。

备防石标志栏尺寸：主垛长 0.6 m，宽 0.4 m；一般垛长 0.5 m，宽 0.3 m。标志栏用水泥砂浆抹平，边角整齐，白底黑框红字，油漆喷制，边框 2 cm、线宽 1 cm。每道坝岸第一垛为主垛，用主垛标志，其余用一般标志。

常年不靠河工程的备防石垛，做到 5 个面平整，并用水泥砂浆勾缝，纵横断面范围内凸凹不超过 5 cm。备防石垛无缺石、坍塌、倒垛、杂草等。

每处险工、控导（护滩）工程须设立 1 处工程标志（简介）牌，采用砖砌，外镶石材。其底座长 8 m、厚 0.55 m、高 0.8 m，牌长 7.8 m、厚 0.45 m、高 2 m。正面书写所在工程名称，上面一行为工程名称，每个字宽 1 m、高 1 m，距顶沿 0.2 m；下面为工程名称的拼音，与工程名称间距 0.1 m，每个字母宽 0.3 m、高 0.3 m，距底座上沿 0.4 m。背面书写工程简介，字体大小根据内容多少确定，达到美观、大方、对称、协调。

险工和控导（护滩）工程设立坝号桩、高标桩（查河桩）、根石观测断面桩、滩岸桩、管护范围界桩、警示桩等。坝号桩采用坚硬料石或大理石；其他采用预制钢筋混凝土标准构件。

1. 坝号桩

每道坝安设坝号桩 1 根，埋设在联坝与丁坝上首边埂上，字面垂直联坝方向。坝号桩尺寸为 80 cm×30 cm×15 cm，埋深 40 cm，两面标注坝号。

2. 高标桩

高标桩每 5 道坝布设 1 根，设置在坝面圆头处。高标桩牌采用等边三角形，边长 100 cm，厚 5 cm，双面标注红色坝号数。其支架柱高 3.5 m，正四棱柱宽 0.15 m，埋深 1.0 m，基础采用现浇混凝土墩固定。

3. 根石观测断面桩

根石观测断面一般在坝垛上下跨角各设一个，圆弧段设 2 个，迎水面设 2~3 个。断面编号自上坝根经坝头至坝下跨角依次排序，其表示形式为 YS+XXX、QT+XXX 等，"+"前字母表示断面所在部位，"+"后数字表示断面至上坝根的距离。每个观测断面设断面桩 2 根，断面与裹护面垂直。根石断面桩尺寸为 30 cm×15 cm×15 cm，埋深 30 cm，顶面中心标注红色十字线。

4. 界桩、警示桩

在工程管护范围边沿处须埋设界桩，直线段每 100 m 埋设 1 根，弯曲段适当加密；在进出险工、控导（护滩）工程道路的路口拐角处须各设 5 根警示桩。界桩和警示桩尺寸均为 150 cm×15 cm×15 cm，埋深 50 cm。警示桩地面以上 100 cm 用红白反光漆涂刷，间隔 25 cm，自上而下先白后红。

（二）坝坡、排水沟、踏步

坝坡裹护段坦石顶宽 1 m，坡度 1:1.5。坦坡采用散抛石、块石平扣、料石丁扣、浆砌石等护面。坦石与沿子石结合部用混凝土抹面，宽 10 cm、厚 1 cm。坝坡面平顺，无浮石、游石，无明显外凸里凹现象，沿横断面范围内凸凹不超过 5 cm，砌缝紧密，无松动、变形、塌陷、架空，灰缝无脱落，坡面清洁。

坝坡非裹护段边坡 1:2，坡面平顺，沿横断面范围内凸凹不超过 5 cm，草皮覆盖完好，无高秆杂草、水沟浪窝、裂缝、洞穴、陷坑。且坝坡面植葛巴草，覆盖率98%以上。

排水沟采用预制或现浇混凝土，为梯形断面，上口净宽 36 cm，底部净宽 30 cm，净深 16 cm，每 50 m 设置 1 条。为防止雨水下泄时坝坡脚被冲刷，排水沟在坡脚处须修长 60 cm、宽 50 cm、深 20 cm 的消力池。排水沟保持无损坏、塌陷、架空、淤土杂物。

为便于工程维修、管理、养护，在靠近上跨角的迎水面位置须设置踏步 1 个。踏步宽 1.5 m，台高 20 cm、宽 30 cm。采用料石或块石抹面。踏步从坦石顶开始，最后一台阶与根石台平。

（三）根石台

根石台顶部高程符合设计要求，其台顶宽 1.5~2 m，坡度 1:1.5。根石台须顶平坡顺，沿围长方向 10 m 范围内高差不大于 5 cm，并无浮石、凸凹、松动、变形、塌陷、架空、树木等。

（四）联坝

控导（护滩）工程联坝顶宽符合设计宽度。坝面整齐，顶饱满顺畅，中间高、两侧低，呈花鼓顶状，横向坡度 2%~3%，采用碎石硬化。无积水、损坏、裂缝、残缺、冲沟、陷坑、水沟浪窝等。

联坝坡符合设计标准（坡度 1:2.0），且坝坡面平顺，沿横断面方向凸凹不超过 5 cm。联坝坡植葛巴草防护，草皮生长旺盛，修剪高度不超过 10 cm，覆盖率98%以上。联坝坡无杂草、水沟浪窝、洞穴、陷坑、杂物等。

联坝顶排水形式分为集中排水和散排水两种。采用集中排水时，控导（护滩）工程联坝两侧设置宽 0.5 m，高 0.15 m，外边坡 1:2 的边埝。边埝须顶平坡顺，碾压密实，每 10 m 长度范围内凸凹不超过 5 cm。边埝外沿轮廓线平滑顺直，顶部植葛巴草防护。在边埝内侧埋设混凝土预制板直立式挡土墙。预制板挡土墙每块长 80 cm、宽 10 cm、高 25 cm，埋深 10 cm；采取散排水时，坝肩植葛巴草防护，草皮宽 0.5~1.0 m。坝肩与边埝草皮生长旺盛，修剪高度不超过 10 cm，覆盖率98%以上。

控导（护滩）工程联坝两侧各种植 1 排行道林，距坝肩 0.25 m，株距 3~5 m，对称栽植。树株胸径一致，不小于 3 cm。树木应无死株、断带，成活率达 95%以上。

联坝坡脚地面应平整，10 m 长度内凸凹不大于 10 cm。联坝坡脚明显成线，线条流畅，美观大方。

（五）护坝地

护坝地地面应平整，沿纵向每 10 m 长范围内凸凹不超过 10 cm，边界应明确。护坝地内以种植柳树、杨树为主，株行距为 2 m×3 m，无病虫害，生长茂盛，树株存活率达 95% 以上。护坝地内应无塘坑、垃圾、杂物等。沿护坝地边界（界桩在外）内侧修筑边埂，其尺寸为顶宽 30 cm，高 30 cm，边坡 1:1。

三、水闸（引黄闸）工程管理标准

水闸工程的管理范围是水闸管理单位直接管理和使用的范围。主要包括上游引水渠、闸室、下游消能防冲工程和两岸联接建筑物。同时，为了保证工程安全，加固维修、美化环境等需要，还根据有关规定给水闸工程划定一定范围的保护区域、管理和运行所需的生产、生活区域以及多种经营生产区域等建设占地。水闸工程管理是在确保其防洪安全和运行的同时，提高管理水平，美化生产、生活环境,达到"四季常青、三季有花"的绿化效果。

（一）工程绿化

水闸工程区以工程防洪和安全运行为主，结合庭院实际情况进行适当规划、布置和绿化。

闸室外工程以绿化、美化为主，达到四季常青、三季有花。

水闸工程生产、生活区绿化须结合职工日常生产、生活需要，进行景点规划建设。在规划区内以花坛、花木、果木为主进行建设，达到四季常青、三季有花。

水闸工程生产、生活区围墙以栅栏形式透绿，栅栏外侧沿栅栏修筑花坛，以黄杨等围边，内植冬青等造型。同时，临堤侧与堤顶绿化相结合，融为一个整体，使水闸成为堤防工程新的亮点，并成为对外宣传黄河文化和治黄成果的窗口。

（二）工程运行管理

水闸工程坚持局部服从全局，全局照顾局部，兴利服从防洪、统筹兼顾的运用管理原则。

水闸工程管理区内堤防段的管理，参照堤防管理标准。

闸室内须干净、整洁、有序。室内墙上版面布置须简洁、美观、大方，内容以操作规程、运行、安全生产规章制度等为主。

（引黄）水闸供水严格按照上级主管部门调度指令或批准的控制运用计划执行操作。对上级主管部门的指令须详细记录、复核，执行完毕后，向上级主管部门及时报告。

严格按照闸门操作规程启闭闸门，使过闸流量与下游水位相适应，水跃控制发生在消力池内；过闸水流平稳，不发生集中水流、折冲水流、回流、旋涡等不良流态；关闸或减少过闸流量时，须避免下游河道水位降落过快，并避免闸门停留在发生振动位置。

闸门操作要有专门记录，并妥善保存。记录内容包括启闭依据、时间、人员；启闭过程及历时，上、下游水位及流量、流态，启闭前后的设备状况，启闭过程中出现的不正常现象等。

闸门操作须建立健全值班制度，严格执行巡视制度、交接班制度。工程运用记录齐全，填写认真，严禁敷衍了事。

水闸检查观测资料，是工程安全鉴定的重要依据，须严格按照国家现行标准《水闸技术管理规程》认真进行经常检查、定期检查、特别检查和安全鉴定。安全鉴定工作由管理单位报请上级主管部门负责组织实施。

根据观测任务开展观测工作，观测方法正确，无缺测、漏测，原始记录真实、清晰、整洁、完整。须及时进行观测资料整理、分析，全面反映水闸工程工作状态。

工程大事记齐全完好，存在问题及处理情况记录齐全、准确、整洁。

所有设备均明确责任人，并建立设备档案。闸门、启闭机等设备按要求进行等级评定。启闭机、机电设备按规定进行周期性试验、检修。观测设施（含测流、测沙、测压、沉陷位移）性能满足使用要求。

设备标志齐全，检查保养彻底，表面无油污、积尘、破损现象。工程标志醒目大方。

水闸工程完整，水下工程情况清楚，主体建筑物无影响安全的裂缝、破损等现象。土石结合部位无缝、无隐患。上下游连接段块石护坡无塌陷、蛰裂、松动、滑坡等。上下游引河冲淤情况清楚，不影响工程安全控制运用。铁件无锈蚀，木件无糟朽，止水工程完好。闸房及管理房完好。

工程维修本着"经常养护、随时维修、养重于修、修重于抢"的原则，认真、及时编报工程维修计划。

各项工程施工实行监理制度，分工明确、责任到人，按时保质、保量完成各项维修工程任务，完工后须有技术总结和竣工报告。

严格控制维修项目材料的使用，严格执行项目调整报批程序。

每座水闸设立 1 处工程标志（简介）牌，采用砖砌，外镶石材。底座长 5 m、宽 0.5 m、高 1 m。简介牌底长、宽同底座，顶长 5 m、宽 0.36 m，高 2 m。工程简介字体大小根据内容多少确定，达到美观、大方、对称、协调。

四、工程管护点（班）标准

（一）管护基地地点及房屋面积

按照《黄河堤防工程管理设计规定》和水管体制改革的有关精神，根据目前濮阳市沿堤堤防乡（镇）的行政区划情况，确定每 8~10 km 设置工程管护基地 1 处。按照这一原则和标准，濮阳黄河堤防共设置 17 处管护基地，房屋总面积 18206 m²（每千米不少于 120 m²）。其中濮阳县境内共设置工程管护基地 6 处，房屋总面积 7335 m²，分别设置在渠村、郎中、习城、梨园、白堽、王称堌乡境内黄河堤防上；范县境内共设置工程管护基地 5 处，房屋总面积 4991 m²，分别设置在辛庄、杨集、陈庄、陆集、张庄乡境内黄河堤防上；台前县境内共设置工程管护基地6处，房屋总面积5880 m²，分别设置在侯庙、马楼、孙口、打鱼陈、夹河、吴坝镇（乡）境内黄河堤防上。

（二）工程管护基地标准

各工程管护基地均选址建设在堤防淤背区上，房台宽100 m，长不少于150 m。管护基地庭院顶部基本保持与现状大堤顶平。管护基地房台一般采用放淤方式填筑，其边坡1:2。

管护基地建筑物包括主体建筑和附属建筑两部分。其中办公、生活用房，会议室（兼一线防汛指挥部），职工活动室，食堂餐厅等集中布置在主体建筑房屋（原则上是两层楼）内；附属建筑房屋一般为单层平房，包括车库、仓库、水泵房、变配电室、锅炉房等。房屋建筑物室内外高差0.6 m。

管护基地庭院道路及硬化路面积占庭院面积的15%~20%，绿化面积占庭院面积的40%~45%。

（三）庭院管护

按照庭院建设总体规划，各类建筑物及附属设施做到布局合理，层次分明，围墙3面透绿；庭院绿化造型新颖，协调美观，达到四季常青、三季有花；满足一线养护职工日常生产和生活的需要。

各类建筑物亮丽美观，无损坏；树木、草坪生长旺盛，修剪整齐；院落整洁，无垃圾、杂物堆放。

工程管理制度健全，并在院内适宜位置明示。责任区划分明确，各项制度上墙、落实到位。

（四）工程养护机具配置标准

为适应现代管理要求，减轻养护职工劳动强度，提高工程维修养护管理水平，各管护点（班）应配足维修养护机具，逐步实现工程养护机械化。其各管护点（班）应配备的养护机具情况见表1-8-1。

表1-8-1 工程管护点（班）应配备的维修养护机具情况

序号	项目名称	单位	数量	备 注
一	堤防工程维护			
1	小翻斗车	辆	1~3	按管辖堤防长度确定
2	夯实机	套	2	平板式和冲击式各1台
3	小型装载机（0.5 m³）	部	1	
二	河道工程维护			
1	小翻斗车	辆	1~3	按河道工程长度确定
2	夯实机	套	2	平板式和冲击式各1台
3	小型装载机（0.5 m³）	部	1	
4	小型刮平机	部	1	

续表 1-8-1

序号	项目名称	单位	数量	备　　注
5	50 拖拉机	台	1	
三	生物工程管护			
1	小型割草机	台	14~20	堤防 1 km 2 台，河道工程每 5 道坝 1 台
2	平板割草机	台	2	
3	挖树坑机	套	1~2	
4	灭虫洒药机	套	5	
5	灌溉设备	套	8	约每千米 1 套
四	办公设备			
1	台式电脑	台	1	
2	数码照相机	架	1	
五	附属设备			
1	发电机组（50 kW）	套	1	
2	其他小型管理器具	套	2	小型自记雨量计、灭火器、剪刀等

第四节　工程管理组织实施

一、管理职责分工

濮阳黄河工程按照"统一领导、分级管理"的原则进行管理与考核。各水管单位工程管理工作由其工程管理部门、运行观测部门、维修养护公司共同完成，各司其职，各负其责。

（一）工程管理部门职责

（1）贯彻执行国家有关工程管理工作的法律法规和相关技术标准。

（2）负责编制本单位工程管理规划、年度计划并负责实施。

（3）掌握工程运行状况，及时处理运行过程中的技术问题；承担堤防工程、险工、控导（护滩）工程、生物防护工程的运行管理工作。

（4）负责签订工程养护合同及质量监管、验收等工作。

（5）负责工程运行技术管理统计工作，组织技术资料收集、整理及归档工作。

（6）协助做好管理范围内水利工程建设项目的建设管理。

（7）负责治黄科技工作管理，组织科技成果的交流、推广和应用，研究提出本单位科技发展规划及治黄关键技术的攻关和科技项目的申请立项工作。

（8）负责工程管护范围内的水土资源开发的规划、计划与管理工作。

（9）根据授权完成辖区河道内防洪工程建设项目的技术审查工作的相关事宜。

（二）运行观测部门的职责

（1）按照水利工程运行观测的有关规定或调度指令，实施运行观测作业。

（2）负责各类防洪工程的巡视、检查工作，发现问题及时报告或处理。

（3）负责通信设备及系统的运行工作，发现故障及时处理。

（4）负责防汛物资的保管和观测、探测设施、设备、仪器保管及保养工作，保证料物、设施、设备、仪器的安全和完好，及时报告储存和保管情况。

（5）负责防汛抢险机械的日常管理，保证防汛抢险机械的正常使用。

（6）按照操作规程和各项规章制度进行各类防洪工程的观测、探测工作；参与观测、探测分析及隐患处理等工作。

（7）负责河势、水位观测和水质监测工作；及时发现并报告水污染事件。

（8）做好各项运行、观测记录，及时整理归档。

（三）养护公司职责

（1）按照合同要求负责实施各类工程和设施的维修养护工作。

（2）负责工程维修养护资料管理工作。

（3）负责维修养护工程投标和施工管理。

（4）负责合同管理工作。

（5）负责公司经济发展规划、计划的编制和实施。

（6）负责公司经营项目的可行性论证、开发工作。

（7）负责经济纠纷的协调与处理。

（四）质量监督与监理

1. 质量监督

水管单位依据上级对年度维修养护实施方案的批复，同河南黄河水利工程维修养护质量监督濮阳项目站，签订维修养护工程质量管理与监督协议书，由濮阳项目站对维修养护工程质量进行监督，其主要工作内容包括：制定质量管理与监督工作计划，参加隐蔽工程及工程关键部位验收、阶段性验收和工程竣工验收，编制工程质量管理与监督报告等。

2. 工程监理

由河南河务部门统一进行招标，选定工程监理公司对各水管单位维修养护项目进行监理。监理主要负责工程质量、进度、投资、安全控制与信息管理及现场组织协调。其工作内容主要包括：根据监理规划和监理实施细则对工程维护实行旁站、跟踪、巡回监理，填写监理日志，组织或参加隐蔽工程及工程关键部位验收、阶段性验收和工程竣工验收、编制监理工作报告等。

二、工程管理考核

为规范管理，统一标准，目前各水管单位严格按照《黄河堤防工程管理标准》、《黄河河道整治工程管理标准》、《黄河水闸工程管理标准》和《濮阳黄河工程管理标准》进行工程管理与考核。

水管单位对养护公司除实行养护合同管理外，还实行了月初铺工、月底验收，并依据验收结果进行考核奖惩的机制。

濮阳市河务部门按照《河南黄河工程管理检查内容与评分标准》，对所属水管单位的工程管理工作，实行"月检查、季评比，半年初评、年终总评"的检查考核机制。并将其检查考核结果作为水管单位年度目标考核的重要依据。

三、精细化管理

（一）规划计划

各水管单位按照《黄河工程管理标准（试行）》规定，结合本单位防洪工程管理现状及工程普查报告，编写工程管理规划。按照工程管理规划，制定年度维修养护实施方案，经市级河务部门初审，报请省级河务部门审查批复后实施，确保了黄河防洪工程维修养护工作规范有序进行。

（二）合同管理

各水管单位依据批复的维修养护实施方案，与监理公司签订工程监理合同，并按照 1+X 模式同维修养护公司签订养护合同。水管单位工程管理部门依据合同及运行观测部门月记录及时下达月维修养护任务通知书及补充任务通知书，控制维修养护工作进度。维修养护项目完成后，工程管理部门及时会同监理组织验收，验收结果作为工程价款结算的依据。

（三）双岗责任制

水管单位与维修养护公司分别实行运行观测和维修养护岗位责任制，制作运行观测和维修养护责任牌，明确双岗责任，将具体的运行观测和维修养护责任落实到人。使运行观测和维修养护工作真正做到"行有制度、评有标准、干有目标、月有检查、年有考核"，充分调动了养护职工工作的积极性和主动性。

（四）项目管理

为了从根本上改变工程面貌，使工程管理工作逐年上台阶，根据工程管理现状，将工程维修养护项目划分为日常和专项两项。日常养护管理重在改善工程面貌，保持工程完整；养护专项管理重在解决难点、弱点，突出亮点。养护专项须委托设计单位编报专项工程设计，报上级审批后参照基本建设程序进行施工管理。

（五）资料管理

资料管理是工程管理的重要内容，主要包括：工程管理、运行、养护、质量监督、监理资料等。所有资料应全面、及时、准确、翔实、文字清晰、图面整洁，手续完备，符合归档要求。

（六）验收管理

1. 日常养护工作验收

水管单位维修养护工作验收小组（以工程管理部门人员为主），负责日常养护工作的验收。验收内容包括工程面貌评分和维修项目工程量核实、质量标准认定等。日常养护工作验收合格后，并经养护公司、监理、水管单位 3 方签字后，才能结算当月的日常养护工作价款。

2. 养护专项工程验收

由水管单位组织设计、监理、质量监督、养护等单位的代表及有关专家，成立养护专项工程验收委员会，负责对养护专项工程的验收。验收委员会一要审查水管单位、监理单位、设计单位、维修养护单位的工作报告。二要核定完成的工作（工程）量，检查经费使用是否符合有关财务管理的规定。三要检查工程维修养护质量，根据需要对工程维修养护质量做必要的抽检。四要检查或抽查维修养护资料是否符合归档要求。五要查看设计变更是否按规定程序履行了报批手续。六要对验收中发现的问题提出处理意见。最后是共同讨论是否通过"养护专项验收鉴定书"。

3. 养护工作（工程）年度验收

养护工作（工程）年度验收，由濮阳市黄河河务部门（主管单位）负责组织。在每年年初，濮阳市黄河河务部门组织相关人员，成立养护工作（工程）年度验收委员会，依据《黄河水利工程维修养护项目管理规定》，对上年度水管单位的维修养护工作进行验收。验收委员会主要通过听取各有关单位的工作汇报，查阅内业资料，实地检查外业管护情况等程序进行。重点复核年度工程量及投资完成情况、内业资料编报情况及工程决算、审计情况等。最终依据验收情况确定出养护工程质量鉴定结果及验收评定结论。

四、教育培训

为切实提高工程管护人员的工作能力和工作水平，濮阳市黄河河务部门和各水管单位定期不定期地加强对工程管理、运行观测和养护人员的各种教育培训。县级水管单位将上级颁发的工程管理有关标准、制度、办法统一印刷、装订成册，发放给有关人员，做到人手一册。各职能部门采取自学和定期培训相结合的方法，强化了工程管护人员的业务素质。

（一）管理人员培训

各水管单位每月组织工程管理人员进行业务知识培训。学习内容主要包括近些年来上级下发的工作职责、工程管理办法、考核标准、评分说明及具体的工作流程等。通过不断强化工程管理人员教育培训，增强了责任心，提高了业务素质和理论水平。

（二）运行观测人员培训

各水管单位每月组织工程运行观测人员进行业务知识培训。学习内容主要包括工程管理标准、工程观测技术、运行巡查要求等。通过业务培训学习，提高了运行观测人员业务素质和理论水平，确保了及时发现工程隐患、险情，确保了所有险情抢早、抢小。

（三）养护人员培训

养护公司每月组织维修养护人员，学习工程维修养护的各项规章制度、标准和办法等，规范和约束养护职工的工作行为。结合工程实际和工作实际，采取理论与实践相结合的模式，适时开展养护职工技能比武活动，促进了养护职工业务水平的提高，为切实做好养护工作奠定了基础。

　　经过近些年来维修养护工作的精细化管理，全面提升了濮阳黄河工程管理水平。目前，濮阳黄河各类防洪工程更加完整、坚固、美观；工程附属设施更加齐全、醒目、规范；树木草皮生物防护工程更加茂盛、美丽；各工程班（点）庭院已初步形成花园式、景观化庭院。濮阳黄河堤防已打造成为一条坚不可摧的防洪安全保障线、畅通无阻的抢险交通线和亮丽的生态景观线。

第二篇　濮阳黄河经济

濮阳地区具有悠久的经济发展历史，是黄河下游经济开发最早的地区之一。早在七八千年前这里已有人类活动，从事原始农业生产，历朝历代曾许多次出现过经济繁荣景象。新中国成立后，特别是党的十一届三中全会和成立濮阳市以来，黄河水资源得到充分利用，濮阳市的社会经济得到了快速发展，人民生活水平得到较大幅度提高。截至 2012 年年底，濮阳市全年生产总值达 989.70 亿元，人均生产总值 27654 元，农村居民人均纯收入 6945 元，城镇居民人均可支配收入 19511 元，农村居民家庭恩格尔系数 36.0%，城镇居民家庭恩格尔系数为 34.9%；还先后荣获国家卫生城市、国家园林城市、全国创建文明城市工作先进城市、中国人居环境范例奖等"七城二奖"的荣誉桂冠，被人们誉为"人居佳境"。但濮阳市地理位置特殊，黄河滩区、北金堤滞洪区所占面积大、人口多，经济发展受到严重制约，扶贫开发任务十分艰巨。

随着人民治黄事业的发展，濮阳治黄部门的黄河经济也得到了长足发展。经过克难攻坚，顽强拼搏和改革创新，濮阳治黄部门先后成立壮大了水利工程施工、工程监理和工程维修养护企业，并依靠自身优势，合理开发利用土地资源，大力发展引黄供水产业经济，取得了显著的经济效益、社会效益和生态效益。

第九章　区域经济

第一节　濮阳市社会经济概况

一、濮阳市概况

濮阳市位于河南省东北部，黄河下游北岸，冀、鲁、豫 3 省交界处。与山东省聊城、菏泽、泰安、济宁市接壤，与河南省新乡市、安阳市、河北省邯郸市相邻，东西长 125 km，南北宽 100 km，地处北纬 35°20′00″~36°12′23″，东经 114°52′00″~116°05′04″。全市土地面积 4188 km²，约占全省土地面积的 2.57%，市区土地面积 255 km²。全市总人口 385.93 万人，其中常住人口 359.76 万人，农业人口 330.73 万人，非农业人口 55.21 万人。全市有 30 个少数民族成分，百人以上的有回族、满族、土家族、壮族、蒙古族。

濮阳市地势平坦，属于冲积平原，气候宜人，土地肥沃，灌溉便利，是中国重要的商品粮生产基地和河南省粮棉主要产区之一。主要农作物有小麦、玉米、水稻、大豆、棉花、花生等。

濮阳市是随着中原油田的开发而兴建的一座石油化工城市，是河南省确定的重点石油化工基地。

濮阳市是中原经济区对接环渤海与京津冀经济圈的前沿城市，处于郑州、济南、石家庄 3 个省会城市 200 km 的交会处，距日照港 410 km、黄骅港 370 km、天津港 430 km、青岛港 470 km，是中原经济区重要出海通道。

濮阳市具有悠久的历史、灿烂的古代文明，也是黄河下游经济开发最早的地区之一。早在七八千年前这里已从事原始农业生产，历史上曾许多次出现经济繁荣，农业、手工业、制陶和冶铜技术以及丝绢业等处于领先地位。

新中国成立后，经过全市人民不懈的努力，截至 2012 年年底，全市全年生产总值 989.70 亿元，人均生产总值 27654 元，农村居民人均纯收入 6945 元，城镇居民人均可支配收入 19511 元，农村居民家庭恩格尔系数 36.0%，城镇居民家庭恩格尔系数 34.9%；先后荣获国家卫生城市、国家园林城市、全国创建文明城市工作先进城市、中国优秀旅游城市、中国人居环境范例奖、迪拜国际改善居住环境良好范例奖、国际花园城市、国家历史文化名城、中国最佳文化生态旅游城市"七城二奖"的荣誉桂冠，被人们誉为"人居佳境"。

二、濮阳经济发展简史

濮阳具有悠久的经济发展历史，是中华民族发祥地之一。上古时代，五帝之一的颛顼及其部族就在此活动，故有"颛顼遗都"之称。据濮阳市境内出土的裴李岗、仰韶、龙山文化典型器物证明，这里七八千年前已有人类活动，繁衍生息，从事原始农业生产；六千多年前就开始步入父权制社会，具有较为发达的农业、手工业和养殖业等。特别是张挥发明弓箭之后，不仅使人们可猎取更多的鸟兽，提高生活水平，减少猛兽对人们的伤害，还帮助颛顼打败了以共工为首的集团，使颛顼集团实力强大，万邦来朝。

濮阳夏代叫昆吾国，夏启时于昆吾铸九鼎，并视为国宝，曾历百年一直是夏文化中心地带，不仅农业发达，制陶和冶铜技术也处于领先地位。商朝和西周时期，濮阳一带的经济、文化等都得到了迅速发展。

春秋时期濮阳归属于卫国，并在公元前 629 年，卫成公迁都于帝丘（今濮阳）后成为卫都，建都 380 年。在这一时期，濮阳成为卫国的政治、经济、文化中心。特别是公元前 602 年，黄河大改道流经濮阳，给这里带来水利之便和发展机遇，不仅促进了农业的大发展，还带动了纺织、皮革、竹木、冶铸等手工业的发展和商业的兴旺，涌现出了一批城镇，经济十分繁荣。

秦汉时期，朝廷比较重视黄河治理，使濮阳一带经济得到快速发展，人口大增，曾经成为中国当时人口最稠密的地区之一。但三国两晋南北朝 370 年间，濮阳兵连祸结，干戈纷然，工农业生产遭到破坏，致使经济萧条，文化衰退。

隋代文帝实行节俭政治、轻徭薄赋，大开漕运，濮阳经济得到逐步恢复和发展。唐代黄河安澜，兴修水利，濮阳的农业、手工业等得到长足发展，特别是丝绢业闻名全国，丝织贡品列为上三等。

宋元时期"澶渊之盟"之后的 100 多年，两国相安，濮阳的农业、手工业、商业都得到较快发展，特别是纺织业发展更快，成为宋代"衣被天下"的地方。但金元统治时期，因战争破坏和黄河屡决等原因，致使濮阳一带经济恢复和发展较慢。

明代初期，濮阳因战乱人口大减，经济遭到严重破坏。随着政府数次迁民至濮阳，辟荒造田，兴修水利，发展经济，人口聚增，成为"天雄之上游，河朔之名区"。

清代前期，濮阳社会稳定，经济发展较快。但随着清政府日趋腐朽，闭关锁国，黄河水灾不断，造成濮阳一带农业生产每况愈下，经济文化十分落后。到 1894 年，濮阳官方才开办了机织厂、针织厂、石印厂等之类的小厂。

进入 20 世纪，濮阳地区逐渐成为冀南地区一个较繁华的地方。但随着日军入侵，战争破坏，濮阳地区经济文化都受到了严重影响。

三、濮阳市社会经济概况

新中国成立后，濮阳地区经济逐步得到恢复和发展，至 1983 年成立濮阳市，境内全年生产总值达到 13.03 亿元（人均生产总值 502 元），财政总收入 0.72 亿元，粮食总产量 105.83 万 t，农民人均纯收入 230 元，城镇居民人均可支配收入 255 元。成立濮阳市以来，随着不断改革开放和黄河水资源的充分利用，经济社会得到长足发展，工农业生产和居民生活水平大幅度提高。特别是近几年濮阳市持续开展"一创双优"集中教育活动以来，创新了广大干部职工的思想观念，优化了干部作风和发展环境，促进了濮阳社会经济的赶超发展，使全市综合经济实力稳步提升，人民生活水平明显改善，生产总值、规模以上工业增加值、固定资产投资、公共财政预算收入、城镇居民人均可支配收入和农民人均纯收入等多项主要经济指标增速均超过全省平均水平。

2012 年，全市全年生产总值 989.70 亿元，同比增长 12.2%。其中第一产业增加值 137.76 亿元，增长 4.6%；第二产业增加值 644.53 亿元，增长 14.6%；第三产业增加值 207.41 亿元，增长 8.8%。其三次产业结构为 13.9∶65.1∶21。人均生产总值达 27654 元。全市全年地方财政总收入 84.85 亿元，比上年增长 15.3%。地方公共财政预算收入 48.09 亿元，增长 23.3%。

2012 年，全市新建、扩建 51 个设施农业园区，设施农业总面积 38.5 万亩，粮食种植总面积 581.87 万亩，粮食总产量 260.10 万 t，比上年增长 2.5%。全市畜牧养殖业已形成肉鸡、蛋鸡、品种羊、瘦肉型猪和牛五大养殖基地，新改建标准化规模养殖场区 37 个，全年肉类总产量 24.75 万 t，比上年增长 7.8%；禽蛋总产量 28.70 万 t，增长 3.7%；牛奶总产量 7.90 万 t，增长 7.7%。完成生态造林 20.5 万亩，林下经济示范基地面积 5500 亩。市级以上农业产业化龙头企业达到 184 家，其中国家级 1 家、省级 25 家、市级 158 家。农村劳动力转移 80 万人次，实现劳务收入 113 亿元。完成 64 个村整村推进扶贫开发建设任务，5.6 万农村贫困人口实现了脱贫。

全年工业增加值 593.16 亿元，比上年增长 15.0%。其中规模以上工业增加值 547.64 亿元，增长 17.2%，轻工业增长 18.3%，重工业增长 16.5%，轻、重工业比例为 40∶60。产品销售率 99.1%。全年规模以上工业企业主营业务收入 2177.36 亿元，比上年增长 19.4%；利润总额 184.36 亿元，增长 22.0%。

全年产业集聚区规模以上工业增加值 150.06 亿元，增长 33.8%，占全市规模以上工业的 27.4%，对全市规模以上工业增长的贡献率达到 36.0%。产业集聚区规模以上工业主营业务收入达到 709.42 亿元，增长 28.5%，占全市比重达到 32.6%，比上年下降 20.5 个百分点，对全市规模以上工业主营业务收入增长的贡献率 44.4%。产业集聚区规模以上工业利润总额 43.81 亿元，增长 49.1%。

全年全社会建筑业增加值 51.36 亿元，比上年增长 11.5%。全市具有资质等级的建筑企业利税总额 15.10 亿元，增长 33.6%。

全年社会固定资产投资 761.89 亿元，比上年增长 24.5%。其中固定资产投资（不含农户）738.96 亿元，增长 25.1%；农户投资 22.93 亿元，增长 8.0%。

全年工业投资 439.19 亿元，比上年增长 29.4%。其中六大高成长性产业投资 282.20 亿元，增长 42.3%；四大传统优势产业投资 105.35 亿元，增长 28.0%；六大高耗能行业投资 97.58 亿元，增长 33.5%。

全年房地产开发投资 57.90 亿元，比上年增长 15.3%，其中住宅投资 46.85 亿元，增长 4.6%。房屋施工面积 599.87 万 m²，增长 17.7%，其中住宅 532.54 万 m²，增长 8.5%。

全年亿元及以上投资项目 411 个，完成投资 403.26 亿元，比上年增长 51.2%。

全年批发和零售业增加值 41.13 亿元，比上年增长 12.4%；住宿和餐饮业增加值 21.57 亿元，增长 9.0%。

全年社会消费品零售总额 318.36 亿元，比上年增长 16.0%，扣除物价因素实际增长 14.1%。其中城镇消费品零售额 233.10 亿元，增长 15.4%；乡村消费品零售额 85.26 亿元，增长 17.4%。

全年进出口总额 6.19 亿美元，比上年增长 2.6%。其中出口总额 5.47 亿美元，增长 5.4%；进口总额 0.72 亿美元，下降 14.7%。机电产品出口 1.26 亿美元，增长 21.0%。全年实际利用外商直接投资 3.20 亿美元，增长 103.2%，增速比上年提高 28.8 个百分点。实际利用省外资金 112.40 亿元，增长 26.9%。

全年农村居民人均纯收入 6945 元，增长 14.2%，扣除价格因素比上年实际增长 11.4%；农村居民人均生活消费支出 4171 元，扣除价格因素实际比上年增长 13.2%。城镇居民人均可支配收入 19511 元，扣除价格因素实际比上年增长 10.5%；城镇居民人均消费支出 12596 元，扣除价格因素比上年实际增长 6.0%。农村居民家庭恩格尔系数为 36.0%，城镇居民家庭恩格尔系数为 34.9%。

随着《中原经济区规划（2012~2020 年）》和《濮范台扶贫开发综合试验区规划》的批复和实施，濮阳一定会抓住这一重大历史机遇，加快转变经济发展方式，全面建设石油化工、煤化工、盐化工"三化"融合链接的示范区、中原经济区重要出海通道、中原经济区与环渤海经济圈衔接融合的前沿、省际交会区域性中心城市，努力实施工业强市战略，大力推进城镇化，积极推进农业现代化，着力抓好社会和谐稳定，早日实现富裕和谐美丽新濮阳的宏伟目标。

第二节　濮阳县社会经济概况

濮阳县位于濮阳市的西南部，辖 8 镇 12 乡，1000 多个行政村，县域面积 1382 km²，人口 113.35 万人，其中农业人口 104.64 万人，非农业人口 8.71 万人，耕地面积 143.7 万亩。黄河流经濮阳县境 61 km，有 7 个乡（镇）属沿黄滩区。濮阳县是濮阳市第一大县、河南省扶贫开发重点县和国务院确定的濮范台扶贫开发综合试验区重要组成部分。

濮阳县历史悠久，是中华民族的发祥地之一，夏时称昆吾国，战国时称濮阳，是张姓的起源地。秦嬴政 7 年置濮阳县，之后朝代更迭，曾沿用"澶渊"、"澶水"、"澶州"、"开州"等名称，民国三年复称濮阳。《礼记》中有"桑间濮上"的记载；三皇五帝中舜帝生于濮阳，颛顼、帝喾均建都于此，素有"帝舜故里"、"颛顼遗都"、"中华帝都"之称。1987年，在县城西水坡出土了距今6400多年的蚌塑龙型图案，轰动中外考古界，被称为"中华第一龙"，濮阳因此被誉为"中华龙乡"、"华夏龙都"。在近代史上，这里又是冀鲁豫边区革命根据地的发源地和中心，朱德、陈毅等老一辈革命家曾在这里运筹帷幄，指挥战斗，为中国抗日战争、解放战争的胜利作出了很大的贡献。陈毅元帅留下了"我行未已过濮阳，驻马凭吊古战场，能掷孤注寇莱好，退避三舍晋文强"的光辉诗篇。

濮阳县资源丰富。全县地处中原油田建设腹地，已探明石油储量4亿t，天然气储量546亿m³，中原油田70%的原油、90%的天然气产于濮阳县。岩盐储量达1400亿t，纯度高、易开采，开发建设盐化工项目潜力巨大。黄河、金堤河流经全境，水量充沛，工农业用水方便。土地肥沃，农业发达，盛产小麦、水稻、玉米、大豆、花生、棉花等，是国家和河南省粮、棉、油主产区。

濮阳县区位优势突出。地处河南省东北部的黄河之滨，位于中原经济区和环渤海经济圈的衔接点，交通便利，四通八达，距郑州、济南两个国际机场均在200km左右。106国道穿境而过，距大（大庆）广（广州）高速、濮（阳）鹤（壁）高速入口10分钟车程，县、乡（镇）、村公路网络通车里程达2500多km。正在建设的山西洪洞至山东日照铁路横贯濮阳县全境，东连京九、西接京广大动脉。目前，随着濮阳县被国务院纳入濮、范、台扶贫开发综合试验区，在财税、土地、环境及产业发展方面将会争取上级更多的资金、政策支持，必将有力地促进全县经济实现赶超发展、跨越发展。

濮阳县发展环境优越。全县坚持把优化经济环境作为"天字号"工程来抓，以持续开展"一创双优"活动为动力，着力打造高效便捷的政务环境、公正严明的司法环境、文明和谐的人文环境、安全稳定的社会环境。全县上下已形成了"你发展、我铺路，你纳税、我服务，你困难、我帮助"的良好投资氛围，树立起"诚信、务实、高效"的濮阳县良好形象。

2012年，濮阳县完成生产总值235.69亿元，增长16.6%，增速居全市第2位。全社会固定资产投资186.3亿元，增长30%，增速居全市第1位。规模以上工业增加值完成145亿元，增长22.3%。柳屯镇、文留镇、城关镇跻身全省百强乡镇。全年实现财政总收入89683万元，增长15.9%，其中公共财政预算收入58744万元，增长21.7%。税收占公共财政预算收入的比重达到82.7%。二三产业占GDP比重同比提高0.9个百分点。城镇居民人均可支配收入17220元，增长13.5%，增速居全市第1位。农民人均纯收入7241.3元，增长14.2%，增速居全市第1位。社会消费品零售总额95.29亿元，增长16%。城镇化率达到33.3%，提高3个百分点。

2012年，濮阳县不断加强和完善农业基础设施建设，实现连续9年增产丰收，粮食总产达到90.8万t，荣获全国粮食生产先进县、全国蔬菜标准园创建县、全国蔬菜生产信息监测县、全国肉羊标准化示范县和全省生猪调出大县。农业产业结构调整迈出新步伐，全县流转土地达到11.6万亩，新增设施农业面积2.70万亩，千亩以上设施农业园区达到7个；新发展连藕泥鳅养殖5000余亩，沿濮渠路、106国道设施农业示范带初步形成。发展核桃、苹果等经济林 2.4 万亩，打造了濮渠路、南环路景观绿化带。

2012 年，全县共招商引资新签约亿元以上项目 49 个、合同总额 400 亿元，其中落地项目 30 个。实际利用省外资金 52.8 亿元、境外资金 7334 万美元，分别增长63.8%、83.3%；出口创汇 1.297 亿美元，同比增长 8.9%。12 个市定重点工业项目完成投资 48.4 亿元，占年计划的 123%。濮耐集团、林氏化学新材料被工信部纳入国家重点产业振兴计划。目前，濮阳县已成为各地客商投资的首选地。

第三节　范县社会经济概况

范县位于濮阳市的东南部，黄河下游北岸，濮范台扶贫开发综合试验区的中心。1964 年以前范县归属山东省，1964 年，国家为解决金堤河流域涝水排泄入黄河问题，将范县划归于河南省。全县辖 4 镇 8 乡，580 多个行政村，人口 54.50 万人，总面积 590 km²，耕地面积 52.65 万亩。黄河、金堤河横贯全县，将全县分为黄河滩区、滞洪区和老城区 3 部分。其中临黄堤以南为黄河滩区，涉及 6 个乡（镇）、144 个行政村、人口 10.6 万人、耕地 12.2 万亩；临黄堤以北至金堤为滞洪区，涉及全县各乡（镇）、440 个行政村、人口 37.9 万人、耕地 42 万亩；金堤以北为老城区，周围被山东省莘县包围，仅有 1.3 km²。范县地处黄河豆腐腰地段，"槽高、滩低、堤根洼"特征突出，滩区群众极易遭受黄河洪灾侵袭。金堤河常在汛期发生顶托倒灌，平均两年发生一次大的内涝。特殊的地理位置，使范县农民极易因灾返贫，脱贫致富十分困难。2002 年范县被确定为全国扶贫开发工作重点县。

范县境内地下资源丰富。已探明石油储量 2 亿 t，天然气储量 88 亿 m³，是中原油田油、气主产区；以濮城为中心的卤水分布面积 620 km²，远景储量 960 亿 t，品位高，杂质含量低，具有很高的开发价值；煤炭资源分布面积 82 km²，储量 7.46 亿 t。

范县交通便利，位置优越。德（州）商（丘）高速公路、濮（阳）范（县）高速公路在境内交会，S208 和 S101 省道在境内纵贯东西南北，正在建设的山西洪洞至山东日照铁路把范县同京九、京广两大铁路干线连在一起。

范县历史文化悠久。据史料记载，范县汉初置县，以南临范水而得名，距今已有 2200 多年的历史，是范姓、顾姓的起源地。清朝时期的"扬州八怪"之一的郑板桥曾在此任过 5 年县令。范县属于革命老区，在革命战争时期，范县曾是冀鲁豫边区党政军机关驻地，是刘邓大军强渡黄河挺进大别山的渡口之一。

全县速生丰产林达 19 万亩，有林地面积 26 万亩，活立木蓄积量 140 万 m³。范县"天灌"牌大米闻名中外，故享有"中原米乡"之美誉。

近些年来，范县以持续开展的"一创双优"活动为动力，抢抓濮范台扶贫开发综合试验区建设机遇，按照"城镇引领、工业主导、农业固基、民生改善"的工作思路，凝心聚力谋赶超，真抓实干惠民生，全县经济社会呈现出强劲的发展势头。2012 年，全县完成生产总值 103.49 亿元，比上年增长 16.10%；实现公共财政预算收入 2.48 亿元，比上年增长 23.10%；完成固定资产投资 92.70 亿元，比上年增长 30.70%；完成规模以上工业增加值 54.40 亿元，比上年增长 22.70%；完成社会消费品零售总额 39.60 亿元，比上年增长 15.80%；城镇居民人均可支配收入 13459 元，比上年增长 13.10%；农民人均纯收入 5339 元，比上年增长 14.20%。

2012 年，全县签订引进资金合同 210 亿元，新区产业园新增发展面积 2 km²，新上亿元以上工业项目 20 个，规模以上工业企业达到 125 家。

全县全年粮食总产达到 36 万 t，实现了"九连增"。大力推进农业结构调整，积极发展莲藕种植、水产养殖、黑木耳种植、大棚蔬菜等特色高效农业，成功探索出了莲鳅共作、稻鳅共作等新的种养模式，涌现出一批高效特色农业典型村庄。陈庄乡莲藕种植被评为全国"一村一品"示范村镇，国大泥鳅养殖基地被评为全国健康水产养殖示范基地、全省农业标准化生产示范基地。

近些年来，范县先后荣获全国先进科普示范县、全国残疾人工作先进县、全国水稻标准化生产示范区、全国残疾人社区康复示范县、全省平安建设先进县、全省林业生态县、全省绿化模范县、全省信访工作先进县等省级以上荣誉 40 多项。

第四节　台前县社会经济概况

台前县位于黄河下游北岸，濮阳市和濮范台扶贫开发综合试验区的东北部及豫鲁两省交界处。台前原属山东省寿张县的一部分，1964 年，国家为解决金堤河流域涝水排泄入黄河问题，将这一区域并入范县划归于河南省。台前县东、南、北 3 面与山东省的 4 市 6 县 16 个乡（镇）112 个行政村接壤，交界线达 125 km，呈犀牛角状插入山东境内。全县辖 6 镇 3 乡，372 个行政村，人口 37.26 万人，总面积 454 km²，耕地面积 32.40 万亩。黄河、金堤河横贯全境，其中黄河过境长 49 km，金堤河过境长 46 km，整个县域处在两条河交汇的夹角地带。黄河大堤将全县分为黄河滩区和北金堤滞洪区两部分，其中三分之一的人口和耕地在黄河滩区，三分之二在滞洪区。由于地理位置特殊，自然环境条件恶劣，建县晚（1978 年），基础差，底子薄，1985 年被确定为国家扶贫开发工作重点县。

台前县地处黄河流域，既历史悠久，文化灿烂，是炎黄文化的发祥地之一，又是革命老区。夏商周时期西部属顾国，东部属微乡和须句国。境内春秋始建良邑，属鲁国。战国中期为寿邑，后入齐国。秦属东郡。汉置寿良县。东汉光武帝为避其叔刘良名讳改寿良为寿张，析离东郡隶属东平国。魏晋南北朝时期，先后隶属东平国和东平郡。隋大业三年（公元 607 年）属济北郡。唐武德四年（公元 621 年），寿张擢升为寿州，并置寿良县。宋宣和年间改郓州为东平府，县仍属之。元代寿张属中书省东平路总管府。明洪武元年（公元 1368 年）县治移置梁山东，属东平府。清雍正八年，东平升为直隶州，直属山东布政使司，寿张亦属直隶州辖。现境内历史遗迹主要有五代名郭"晋王城"、唐代张公艺九世同居"百忍堂"（张公艺墓）、唐代宗李世民赐筑的"古贤桥"、玉皇岭古墓、徐堌堆文化遗址、玉皇岭古文化遗址、八里庙治黄碑刻、张广魏氏墓碑、蚩尤冢、严嵩墓等 40 多处。早在 1933 年台前就有中国共产党的活动，1936 年建立了党小组。解放战争时期，刘邓大军在此强渡黄河，千里跃进大别山，揭开了中国解放战争战略反攻的序幕。

台前县交通便利，位置优越。京九铁路过境在台前设站，山西洪洞至山东日照铁路将与之在此交会。投资 3000 多万元的京九铁路台前物资转运站年转运能力达 100 万 t。郑州至台前吴坝公路与濮范高速相连，聊城至菏泽的聊菏公路、德州至商丘的德商公路穿境而过，以郑吴、聊菏、德商公路为骨干的交通网络已经形成。

近些年来，台前县立足京九铁路过境设站、地处华北平原优质小麦主产区、临近中原油田等优势，以"一创双优"活动为动力，培植壮大了羽绒、化工、食品加工、造纸、橡胶、林木加工、制药等主导产业；以个体私营经济发展为重点，培育了雪鸟羽绒、恒润化工、雪牛乳业、向荣面业、民通纸业、银河橡胶等骨干企业，促进了全县经济平稳较快的发展。2012 年，全县完成生产总值 67.92 亿元，同比增长 16.10%；完成公共财政预算收入 1.38 亿元，同比增长 25.70%；完成全社会固定资产投资 44.20 亿元，同比增长 30%；完成规模以上工业增加值 35 亿元，同比增长 24.10%；社会消费品零售总额 21.90 亿元，同比增长 15.50%；城镇居民人均可支配收入 13085 元，农民人均纯收入 5024 元，分别增长 13.10%、14.20%。

2012 年，全县新入库规模以上工业企业 24 家，累计达到 96 家，主营业务收入 105 亿元，同比增长 23.2%；工业企业用电量 1.38 亿 kW·h，同比增长 26.9%。石油化工、羽绒及服饰加工两大主导产业产值分别完成 50 亿元、65.80 亿元，分别增长 20%、35.20%。29 家规模以上企业实现营业收入 29 亿元；羽绒及服装加工企业完成出口创汇 4325.30 万美元，是上年的 3.64 倍，创历史新高。

全县全年引进亿元以上项目 22 个，实际利用省外资金 24 亿元，增长 33.30%。"中国羽绒之乡"和"省级羽绒及服装加工出口基地"争创成功，招大商、引大资的基础更加坚实。

全县农业和农村经济稳步发展。粮食总产达到 18.57 万 t，同比增长 3.10%，实现"八连增"。新建扩建现代农业示范园区 13 个，新增设施农业 3200 亩，建设无公害农产品生产基地 2 个。创建国家级农机专业合作社 1 个、省级 2 个，流转农村集体土地 3.20 万亩。新建扩建规模养殖小区 12 个，养殖专业村达到 80 个。完成工程造林 3 万亩，林木绿化率达到 28%。大力开展农田水利基本建设，新增有效灌溉面积 3000 亩、节水灌溉面积 10000 亩，连续三年荣获"龙乡精神杯"。全国小农水重点县争创成功。安全饮水工程顺利完工，解决了 4.99 万人的安全饮水问题。总投资 7036 万元的土地综合整理、千亿斤粮食工程和以工代赈项目完成年度施工任务。投资 850 万元完成了 14 个村的整村推进扶贫开发，新修道路 22.40 km，解决了 8930 人的贫困问题。

第十章　黄河经济

第一节　黄河经济发展与管理体制

　　黄河经济管理体制是随着治黄形势的发展而逐步形成的。20世纪80年代以前，受计划体制的约束，没有经济管理部门，黄河经济基本处于停滞状态，单位年平均收入只有万元左右。20世纪80年代后，随着改革开放进程的不断深入，黄河经济也逐渐发展起来，每个治黄单位均成立了管理黄河经济发展的部门。起初黄河经济主要以庭院经济和职工建家活动为主要形式，组织职工开展种植业（粮食、林果、药材等）、养殖业（小规模养殖猪、牛、羊、鸡等）、加工业（食品加工等）等行业的小项目，解决治黄部门及基层班组职工的温饱问题。1995年以后，在学习外地水利综合经济发展先进经验的基础上，明确了"以提高经济效益为目的，以产权制度改革为核心，建立现代企业制度，奠定企业法人实体和市场竞争地位"的黄河经济发展思路，紧紧依靠区位优势和行业优势，对黄河产业经济结构进行了探索和调整，逐步形成了以建筑施工、引黄供水、土地开发和现代服务业为支柱的经济格局，使黄河经济工作步入了快速发展阶段。为加强对黄河经济发展的研究与管理，市级及市级以上河务部门均成立了经济发展管理局，各基层治黄单位也成立了经济发展管理机构。

　　经过30多年的探索和奋勇拼搏，濮阳黄河经济从无到有，从小到大，从大到强，已具较大规模并取得良好的经济效益。截至2012年底，濮阳黄河各级管理单位具有注册法人资格的企业22个，其中水利水电工程施工企业11个，水利水电监理企业6个，房地产开发企业1个，水利工程维修养护企业1个，建筑工程劳务企业1个，园林绿化企业2个。濮阳黄河各类企业注册资本金达3.32亿元，资产总额7.54亿元，净资产1.88亿元，年承包各类工程合同额达9.6亿元，实现经营总收入5.41亿元，利润总额1096万元，净资产收益率8.4%，资产保值增值率105%。

第二节　引黄供水

　　新中国成立后，在"根治黄河水害，开发黄河水利"的治河思想指导下，黄河造福于下游两岸人民的引黄供水事业，率先从河南省兴建人民胜利渠拉开了序幕。濮阳市从1958年兴建濮阳县渠村、台前县刘楼引黄（闸）供水工程开始，实现了开发利用黄河水资源的历史性跨越。到20世纪80年代初期，濮阳人民已在沿黄堤防上修建引黄涵闸、顶管、虹吸、扬水站 24 座,设计引黄流量 313.02 m³/s。经过多年来的引黄供水工程改建、整合,目前现有引黄涵闸 11 座,虹吸 1 座,设计引黄总流量达 312.5 m³/s,控制灌溉面积 450 多万亩。为了充分发挥引黄供水工程的作用,扩大灌溉面积,濮阳市先后开挖建成了第一、第二、第三濮清南引黄干渠、渠桑(渠村至滑县桑村)干渠、引黄入鲁干渠等多条干渠,开辟了渠村、南小堤、王称堌、彭楼、孙口等 9 大灌区。

为加强引黄供水的统一管理,2003 年濮阳市黄河河务部门正式成立了供水处,2006 年水管体制改革时整合更名为河南黄河河务局供水局濮阳供水分局(简称濮阳供水分局)。濮阳供水分局主要职责是发展濮阳引黄供水产业,培育和拓展濮阳黄河供水市场,更好地为濮阳地区经济和社会发展服务。濮阳供水分局成立以来,认真执行国家引黄供水价格政策和水利工程管理办法,理顺供水管理体制,优化运行机制,实行“两水分离,两费分计”,强化服务意识,积极研究和拓展引黄供水空间,实施“引黄入滑、引黄入鲁、引黄入冀、引黄入淀”跨区供水战略,初步实现了供水规模与效益的新突破,濮阳引黄供水产业格局已基本形成。

50 多年来,濮阳市引黄供水事业经历了引黄放淤改土、农业灌溉、城乡供水、生态补源以及跨区供水等阶段,黄河水资源已逐步成为濮阳地区以及周边地区经济社会可持续发展的重要支撑和保障,且发挥了巨大的经济效益、社会效益和生态效益。2012 年,濮阳引黄供水水费收入 1600 多万元,改善了濮阳黄河经济状况,确保了供水工程完整与安全运行。

一、引黄供水工程

(一)渠村引黄闸

原渠村引黄闸位于濮阳县渠村乡渠村集南,大堤桩号 48+850 处,始建于 1958年,改建于 1979 年,设计流量 100 m³/s。但由于引黄取水口处在天然文岩渠入黄口下游 300 m 处,天然文岩渠水污染严重,影响到濮阳市的工农业及城市生活用水安全。为此,黄委和濮阳市政府决定,将引黄取水口上提约 1700 m(大堤桩号 47+120处),重新修建 1 座渠村引黄闸,解决引水安全问题。新的渠村引黄闸于 2005 年 10月 30 日开工建设,2006 年 12 月 15 日通过投入使用验收,具备通水条件。该闸为钢筋混凝土箱涵式水闸,共 6 孔,设计流量 100 m³/s,灌溉面积 190 万亩。其中一孔(高 3 m、宽 2.5 m)专门供应濮阳市的工业和城市用水,流量为 10 m³/s;其余 5 孔(每孔高 3 m、宽 3.9 m)供应农田灌溉和生态补源用水。

该闸承担着向濮阳、清丰、南乐 3 县农业灌溉、补源供水和濮阳市工业、城市生活供水及引黄入滑、引黄入冀等跨区供水任务。该闸自修建以来,为这些地区的工农业生产、城市居民生活都作出了巨大的贡献。

(二)陈屯引黄闸

陈屯引黄闸位于濮阳县郎中乡陈屯村东南,大堤桩号 61+650 处。原为陈屯虹吸,修建于 1977 年,因设防标准低,虹吸管锈蚀严重等原因,于 2007 年改建为引黄闸。该闸为钢筋混凝土箱涵式水闸，共 1 孔（高 3.5 m、宽 3.4 m），设计流量 10 m³/s，灌溉面积 15 万亩。该闸承担着向濮阳县郎中、八公桥、胡状等乡（镇）农业灌溉、补源供水和黄河渠村东滩（区）排涝任务。

（三）南小堤引黄闸

南小堤引黄闸位于濮阳县习城乡习城集南，大堤桩号 65+870 处，始建于 1960 年，改建于 1983 年（原位置向下游移了约 100 多 m）。该闸为钢筋混凝土箱涵式水闸，共 3 孔（每孔高、宽均为 2.8 m），设计流量 50 m³/s，灌溉面积 49.50 万亩。南小堤引黄闸承担着向濮阳县习城、八公桥、文留、徐镇、梁庄等乡（镇）的农业灌溉供水和濮阳市第二濮清南抗旱补源供水。该闸自修建以来，为这些地区的农业生产和抗旱补源都作出了巨大的贡献。

（四）梨园引黄闸

梨园引黄闸位于濮阳县梨园乡高寨村东，大堤桩号 83+350 处。原为梨园董楼顶管，修建于 1969 年，因设防标准低，涵管结构强度不足，于 1992 年拆除，同时沿堤防上提 2.291 km 处修建了梨园引黄闸。该闸为钢筋混凝土箱涵式水闸，共 1 孔（高 2.7 m、宽 2.5 m），设计流量 10 m³/s，灌溉面积 7.50 万亩。该闸承担着向濮阳县梨园、白堽、文留、王称堌等乡（镇）的农业灌溉供水和黄河习城滩（区）排涝任务。

（五）王称堌引黄闸

王称堌引黄闸位于濮阳县王称堌乡前陈村西南，大堤桩号 98+502 处。原为王称堌顶管，修建于 1975 年，因顶管渗径不够，管本身强度不足和灌区面积需要扩大等原因，于 1995 年将顶管拆除，同时在原址上修建了王称堌引黄闸。该闸为钢筋混凝土箱涵式水闸，共 1 孔（高 2.7 m、宽 2.5 m），设计流量 10 m³/s，灌溉面积 9.90 万亩。该闸承担着向濮阳县王称堌等乡（镇）的农业灌溉供水和黄河习城滩（区）排涝任务。

（六）彭楼引黄闸

彭楼引黄闸位于范县辛庄乡彭楼村东北，大堤桩号 105+616 处，始建于 1960 年，改建于 1986 年。该闸为钢筋混凝土箱涵式水闸，共 5 孔（每孔高 2.7 m、宽 2.5 m），设计流量 50 m³/s，加大流量 75 m³/s，灌溉面积 100 万亩。彭楼引黄闸承担着向范县濮城、辛庄、白衣阁、王楼、杨集、城关等乡（镇）和山东省莘县的农业灌溉供水及中原油田的供水任务。该闸自修建以来，为这些地区的农业生产和中原油田的发展都作出了很大的贡献。

（七）邢庙引黄闸

邢庙引黄闸位于范县陈庄乡廖桥村东南，大堤桩号 123+170 处。原为邢庙虹吸，修建于 1972 年，但由于防洪标准低，虹吸管锈蚀严重，引水量无法满足农田用水需求等原因，于 1988 年拆除虹吸管，并在原位置上修建了引黄涵闸。邢庙引黄闸为钢筋混凝土箱涵式水闸，共 1 孔（高 3.0 m、宽 2.8 m），设计流量 15 m³/s，灌溉面积 20 万亩。该闸承担着向范县陈庄、孟楼、颜村铺、龙王庄、陆集等乡（镇）的农业灌溉供水任务。

（八）于庄引黄闸

于庄引黄闸位于范县张庄乡于庄村东南，大堤桩号 140+275 处。原为于庄顶管，修建于 1978 年，因洞（管）壁与土结合不密实、渗径偏短、洞身强度不足、底板偏高、过流偏小等原因，于 1992 年汛后将顶管拆除，于 1994 年完成了引黄闸修建任务。于庄引黄闸为钢筋混凝土箱涵式水闸，共 1 孔（高 2.7 m、宽 2.5 m），设计流量 10 m³/s，加大流量 15 m³/s，灌溉面积 10 万亩。该闸承担着向范县张庄、高码头等乡（镇）的农业灌溉供水和黄河陆集滩（区）排涝任务。

（九）刘楼引黄闸

刘楼引黄闸位于台前县侯庙镇西刘楼东北，大堤桩号 147+040 处，始建于1958 年，改建于 1984 年（原位置向上游提了 60 m）。刘楼引黄闸为钢筋混凝土箱涵式水闸，共 1 孔（高、宽均为 2.8 m），设计流量 15 m³/s，灌溉面积 7.0 万亩。该闸承担着向台前县侯庙、清水河、后方等乡（镇）的农业灌溉供水和黄河清河滩（区）排涝任务。

（十）王集引黄闸

王集引黄闸位于台前县马楼镇后王集村东北，大堤桩号 154+650 处，始建于1960 年，改建于 1987 年（原位置向上游提了 50 m）。王集引黄闸为钢筋混凝土箱涵式水闸，共 3 孔（每孔高 2.5 m、宽 2.1 m），设计流量 30 m³/s，加大流量 45 m³/s，灌溉面积 30 万亩。该闸承担着向台前县马楼、后方、城关、孙口等乡（镇）的农业灌溉供水和黄河清河滩（区）排涝任务。

（十一）影唐引黄闸

影唐引黄闸位于台前县打渔陈镇影唐村南，大堤桩号 166+340 处。原为影唐虹吸，修建于 1972 年和 1975 年，由于防洪标准低、引水量无法满足农田用水需求等原因，于 1989 年改建为引黄闸。影唐引黄闸为钢筋混凝土箱涵式水闸，共 1 孔（高2.7 m、宽 2.5 m），设计流量 10 m³/s，灌溉面积 10 万亩。该闸承担着向台前县孙口、打渔陈、夹河、吴坝等乡（镇）的农业灌溉供水任务。

（十二）王窑虹吸

王窑虹吸位于濮阳县渠村乡王窑村南，大堤桩号 43+525 处。该虹吸建于 1979 年，共有两条管道，设计灌溉流量 2.50 m³/s，主要引用天然文岩渠的水，用于濮阳县渠村乡王窑等村的农业灌溉。

二、农业引黄灌区

水利是农业的命脉，是国民经济和社会发展的基础，优质的水资源更是农业增产增收可持续发展的关键所在。目前濮阳市利用已修建的引黄供水工程，实现年引黄水量近 11 亿 m³。其引黄灌溉主要分为河南省濮阳、安阳和山东省聊城 3 个区域，涉及两省、3 市、9 个县（区），其中河南省濮阳受水区包括濮阳县、清丰县、南乐县、范县、台前县和华龙区、高新技术开发区等 7 个县（区），土地面积为 4188 km²（含黄河滩区），耕地面积 371.20 万亩；河南省安阳受水区只涉及滑县东部，土地面积为 266 km²，耕地面积 25 万亩，人口 18.5 万人，全部为农业人口；山东省聊城受水区包括莘县和冠县两个县，土地面积 1413 km²，耕地面积 129 万亩。濮阳市为了充分发挥引黄水资源作用，扩大有效灌溉面积，先后开辟并完善了渠村、南小堤、王称堌、彭楼、邢庙、王集、孙口等 9 个灌区。

（一）渠村灌区

渠村灌区位于濮阳市西南部、安阳市滑县东部，涉及濮阳市的濮阳县、清丰县、南乐县和安阳市滑县东部的 5 个乡（镇），157 个自然村。渠村灌区引水于渠村、陈屯引黄闸和王窑虹吸，设计灌溉面积近 200 万亩。该灌区始建于 1958 年，经多次扩建后，目前灌区内主要工程有濮阳第一濮清南长 35.4 km、第三濮清南长 98 km、干和支斗、农渠共计 807.50 km，各类建筑物 1161 座，建沉沙池 8 个，沉沙容积 2330 万 m³。目前有效灌溉面积 170 多万亩，其中包括滑县 10 万亩，近几年平均年引水量 5.13 亿 m³。

（二）南小堤灌区

南小堤灌区位于濮阳县东南部，东以青碱沟、冯楼沟和户白公路为界，南靠黄河大堤，北邻金堤河，东西宽 17 km，南北长 35 km，控制面积 413 km²，受益 11 个乡（镇），389 个自然村，人口 38 万人，耕地面积 62 万亩。南小堤灌区始建于 1958 年，引水于南小堤、梨园引黄闸，设计灌溉面积 48.21 万亩。目前灌区内已建成长 34.98 km 的输水总干渠 1 条，建筑物 111 座；干渠 6 条，长 68.67 km，支渠 19 条，长 120.89 km，干支渠建筑物 927 座；干沟 4 条，长 108.93 km，支沟 10 条，长 123.21 km，建筑物 565 座。该灌区有效灌溉面积 53 万亩，近几年平均年引水量 2.12 亿 m³。

（三）王称堌灌区

王称堌灌区位于濮阳县东北部，南临黄河大堤，北到金堤河，西至大张沟（与南小堤灌区邻接），东至濮阳县与范县交界处，为一南北狭长地带。涉及王称堌乡的 52 个自然村，总面积 68 km²，耕地面积 13.28 万亩，设计灌溉面积 13.28 万亩。该灌区始建于 1975 年，引水于王称堌引黄闸。目前灌区内已建成总干渠 1 条，长 4.94 km，干支渠 13 条，长 66.70 km，各种建筑物 65 座。有效灌溉面积 12 万亩，近几年平均年引水量 0.25 亿 m³。

（四）彭楼灌区

彭楼灌区位于范县中西部，南临黄河大堤，北依金堤河，西与濮阳县相接，东以大屯沟为界与邢庙灌区相接，南北宽 11 km，东西长约 23 km，控制面积 323.90 km²。涉及范县濮城、城关、辛庄、杨集、王楼、白衣阁等 6 个乡（镇），总人口 25.83 万人（农业人口 21.53 万人），耕地面积 31.08 万亩。还承担着山东省聊城市莘县和冠县两县，土地面积为 1413 km²，耕地面积 129 万亩的农业灌溉任务。该灌区始建于 1960 年，引水于彭楼引黄闸，设计灌溉面积 25.73 万亩。目前灌区内已建成总干渠 1 条，长度 2.40 km，辛杨干渠长 21.70 km，濮东干渠长度 14.11 km，支渠 34 条，长度 98.73 km；斗渠 133 条，长度 53.20 km，各类建筑物 2000 多座。有效灌溉面积 28 万亩，近几年平均年引水量 1.85 亿 m³。

（五）邢庙灌区

邢庙灌区位于范县中东部，北靠金堤河，南临黄河大堤，西界大屯沟与彭楼灌区相接，东界张大庙干沟与于庄灌区相连，总面积 172.90 km²。共涉及范县陈庄、孟楼、颜村铺、龙王庄、陆集、高码头、白衣阁、城关等 9 个乡（镇），189 个行政村，总农业人口 14.20 万人的土地灌溉。该灌区始建于 1972 年，引水于邢庙引黄闸，设计灌溉面积 17.11 万亩。目前灌区内已建成总干渠 1 条，长 3.30 km；干渠 3 条，长 41.5 km；支渠 26 条，长 67.70 km；斗渠 266 条，长 186 km；斗渠以上建筑物 3068 座。有效灌溉面积 15.80 万亩，近几年平均年引水量 0.80 亿 m³。

（六）于庄灌区

于庄灌区位于范县东部，东临台前县界，西为张大庙沟，南至黄河大堤，北到董楼沟，总面积 70 km²，涉及张庄、高码头两个乡（镇）的 93 个行政村，耕地面积 10.14 万亩。该灌区始建于 1979 年，引水于庄引黄闸，规划灌溉面积 10.14 万亩。目前灌区内已建成总干渠 1 条，长 2.90 km；干渠 3 条，总长 17.20 km，各种建筑物 23 座。有效灌溉面积 2.12 万亩，近几年平均年引水量 0.12 亿 m³。

（七）满庄灌区

满庄灌区位于台前县西部，西起范县界，东与王集灌区为邻，北靠金堤河，南临黄河大堤，总面积 119 km²，耕地 17.85 万亩，涉及清水河、侯庙、后方、城关等 4 个乡（镇）的 133 个行政村，8.03 万人。该灌区始建于 1958 年，引水于刘楼引黄闸，规划灌溉面积 13.47 万亩。目前灌区内已建成干渠 3 条，总长 20.08 km；支渠 9 条，总长 27.3 km；斗渠 36 条，总长 32 km，建筑物 85 座。有效灌溉面积 5.30 万亩，近几年平均年引水量 0.15 亿 m³。

（八）王集灌区

王集灌区位于台前县中部，南临黄河大堤，北与山东省接壤，西至满庄灌区，东到梁庙沟台孙公路为界，南北长 15 km，东西宽 7 km，总面积 106.73 km²。共涉及马楼、后方、城关、孙口等 4 个乡（镇）的 122 个行政村，耕地面积 11.70 万亩。该灌区始建于 1960 年，引水于王集引黄闸，规划灌溉面积 10.35 万亩。目前灌区内已建成干渠 2 条，总长 21.82 km；支渠 8 条，总长 37.06 km；斗渠 100 条，总长 100 km；农渠 77 条，总长 55.95 km，各级渠道共有建筑物 407 座。有效灌溉面积 4.20 万亩，近几年平均年引水量 0.14 亿 m³。

（九）孙口灌区

孙口灌区位于台前县东部黄河与金堤河汇流处的三角地带，西邻王集灌区，南、东至黄河大堤，北为金堤河，面积 105.88 km²。涉及孙口、打渔陈、夹河、吴坝等 4 个乡（镇）的 144 个行政村，12.68 万人，耕地面积 15 万亩。该灌区始建于 1972 年，引水于影唐引黄闸，规划灌溉面积 10.26 万亩。目前灌区内已建成干渠 2 条，总长 24.40 km；支渠 6 条，总长 30.40 km，各类建筑物 784 座。有效灌溉面积 9.46 万亩，近几年平均引水量 0.20 亿 m³。

濮阳市通过 50 多年来引用黄河水资源，产生了巨大的经济效益。一是粮食产量明显增加。引黄灌溉后由于土地得到及时有效灌溉，粮食产量连年增加，目前已达到亩产粮食 439 kg。二是种植结构得到优化。各灌区引黄灌溉以来，农业种植结构有了大幅度调整，经济效益成倍的增长。例如范县的绿色大米已形成规模，水稻面积逐渐扩大，平均亩产量达到 490 kg，折合人民币 1000 多元。三是盐碱地土壤得到改良。通过引黄灌溉和引黄冲盐，盐碱地有了较大改善，增加了耕种面积。四是改善和优化了生态环境。总之，随着引黄供水和农业生产的发展，各类乡镇企业，各种不同的村级养殖业、加工业也得到迅速发展，家家上项目，户户奔小康，引黄灌溉给农村经济社会带来了生机和活力。

三、引黄蓄灌补源

濮阳市城区及大部分地区以地下水作为主要供水水源，长期以来缺乏对地下水的统一管理和合理开发利用，同时由于条块分割造成不同部门争管地下水的混乱局面，加上无计划地过量开采，结果使城市及不少县区地下水水位持续下降，降落漏斗面积不断扩大，局部水资源面临枯竭，供需矛盾突出。根据 1981 年《河南省浅层地下水资源评价报告》及全国第一轮地下水资源评价成果表明：濮阳市浅层地下水资源量仅有 7.5342 亿 m³，并有继续减少的趋势。地下水位下降幅度大、供水紧张的地区，涉及濮阳县北金堤以北地区、华龙区、清丰、南乐等 4 县（区），逐渐形成了一个大的区域降落漏斗。濮阳市浅层地下水资源减少的原因主要是气象因素及超采地下水所致。

20 世纪 70 年代以来，濮阳地区随着农业的迅速发展，用水量不断增加，中等干旱年年用水量已达到 6.31 亿 m³，而实际可供水量只有 4.65 亿 m³，每年缺水 1.66 亿 m³，所缺水量都是依靠超量开采地下水索取的，缺水成为该地区农业发展的制约因素。特别是成立濮阳市以后，工业快速发展，城市规模日益扩大，居民迅速增加，生产和生活用水剧增，超采地下水更是有增无减。为解决这一突出问题，1986 年建成第一濮清南引黄补源工程，随后又兴建了第二、第三濮清南引黄补源工程。该工程以灌代补，蓄灌补源，以现有河沟为主体，引、蓄、灌、排综合利用，沟塘、井、站密切结合，进行田间工程配套，完成蓄灌补源系统，从而使该地区的缺水问题得到缓解。目前，其蓄灌补源面积达到 40 万亩，使地下水位状况得到明显改善。

四、城市生活供水

濮阳市成立于 1983 年，是河南省重要的石油化工基地。濮阳建市之初，城市用水主要依靠地下水。随着城市建设和经济迅速发展，城市人口不断增多，依靠地下水水源的弊端逐渐显现。为此，濮阳市决定建立水厂引用黄河水源。水厂一期日供水能力 6 万 t，二期工程扩大到日供水 12 万 t。水厂引水于渠村引黄闸，水过闸后先进入一级沉沙池（渠村沉沙池），由一级沉沙池通过地下管道将水送至濮阳县西水坡的二级沉沙池，再由二级沉沙池通过地下管道将水送至市调节池、净化池，供濮阳市居民生活和工业生产用水。该工程于 1987 年动工兴建，1989 年投入使用。目前，黄河水已成为濮阳城市居民生活用水的主要水源，年供水量已达 5000 万 m^3，基本上可满足市区范围内居民的生活需求。

五、工业用水

濮阳市成立后，在该区域内仅有中原化工、中原乙烯和热电厂等为数不多的工厂企业，其用水大部分采用自行开采地下水，黄河水源只是作为备用水源。随着工业园区的进一步扩大，新的工业项目不断涌现，但多数依靠城区自来水管网水源，尚未有独立直接引用黄河水源的工业项目。目前，通过自来水管网间接使用黄河水的工业年用水量为 2000 万 m^3。

第三节　工程施工与维修养护企业

一、水利工程施工企业

濮阳市黄河水利工程施工企业组建于 20 世纪 80 年代初，主要任务是从事黄河河道、堤防等防洪工程施工和引黄闸工程建设。20 世纪 80 年代后期至 90 年代中期，国家对黄河治理的投入相对减少，仅靠内部工程不能满足施工企业的需求，迫使施工单位开始走向社会，闯市场，自谋生路，承揽社会工程。经过"内强素质，外树形象"和顽强拼搏，取得了辉煌的成绩。施工企业在承揽社会水利水电工程的同时，还逐步承建了公路、工业与民用建筑等工程项目，不仅开阔了市场，增加了经济收入，还逐渐壮大了施工队伍，提升了施工能力和企业资质。

目前，濮阳市黄河河务部门所属的施工企业——河南省中原水利水电集团有限公司，已成长壮大为拥有水利水电和公路工程施工总承包双一级资质、公路路面专业二级、市政三级和房建三级共 5 项资质，专业从事水利水电工程和公路工程施工的大型企业。该公司拥有濮阳河源路桥工程有限公司、濮阳瑞丰水电工程有限公司、濮阳安澜水利工程有限公司、濮阳黄河建筑工程有限公司、濮阳黄河水利水电工程有限公司、濮阳三河建设工程有限公司、濮阳金堤水电工程有限公司、濮阳市黄龙水利水电工程有限公司、安阳市黄河工程有限公司共 9 家控股子公司。公司总部下设办公室、财物物资部、市场开发部、施工技术部、项目管理部和质量安全部共 6 个职能部门。公司外设广州、东莞、深圳、江西、成都、福建、阳江、吉林、安徽等 9 个分公司和重庆、内蒙古、新疆 3 个办事处。公司职工总数 2218 人。有 340 人取得干部系列各类专业技术职称，其中具有高级职称 27 人，中级职称 123 人，初级职称 85 人；有 468 人取得工人系列技术职称，其中高级技师 18 人，技师 450 人。公司还拥有水利水电专业的一级建造师 26 人、二级建造师 30 人、造价师 5 人，公路工程专业的一级建造师 24 人，其他专业建造师和注册安全工程师 13 人。

公司自组建以来，始终坚持"以质量求生存、以信誉求发展"的根本方针，兼顾安全、环境和企业社会责任，取得了连续 3 年（2010~2012 年）年产值超 7 亿元、净利润超千万元的经济效益。并连续十年获得 AAA 级银行资信，顺利通过 ISO9001、ISO14001、GB/T28001 三大体系认证。公司起家于水利，在立足于水利工程施工市场的同时，逐渐向公路工程、桥梁工程、市政工程和隧道工程等施工领域进军。多年来，公司承建的各类大中型水利工程和公路工程遍布全国 22 个省（区），完成的堤防、河道、水利枢纽、水闸、虹吸、公路、桥梁、市政、隧道等工程项目合格率 100%，优良率达 95%；曾摘取过国家"工程建设银质奖"奖牌，荣获省（部）优质工程奖 11 项。

在水利工程方面：该公司在 20 世纪 80~90 年代参建完成的代表工程有北金堤滞洪区水库、黄河下游干堤及河道整治工程的新建和加固、山东东平湖水库、黄河张庄退水闸改建、渠村分洪闸改建加固等工程项目；2000 年以来，公司建成或正在建设中的代表性水利工程有新疆照壁山水库、新疆疏附县红旗水库、濮阳市供水枢纽工程、西藏拉萨市墨达灌区输水工程、恩施州红瓦屋水电站（装机 4 万 kW）工程、山西吕梁横泉水库、重庆彭水县三江口水利枢纽 1 期主体工程、上海奉贤海水养殖场前保滩工程、乌江银盘水电站库区彭水县城防护工程、番禺区丹山河补水工程（11698 万元）、四川剑阁县清江河壅水灾后重建工程、乌审旗新能源化工基地二期供水（28844 万元）等众多水工和水利构筑物工程。

在桥梁工程方面：该公司参建的主要工程有河南省道 208 线十字坡金堤河大桥改建工程、河南省台前县南关桥、京沈高速公路盘锦饶阳河特大桥、京九铁路孙口黄河特大桥、济南黄河二桥、平顶山国道 311 线鲁山县下汤大桥改建工程、鲁山县老君坪大桥、鹤壁市浚县屯子镇大桥、济东铁路长垣特大桥桩基工程、洛阳市八官线宜阳境洛河大桥等工程项目。

在公路工程方面：该公司参建的主要工程有国道 327 菏泽至东明高速公路第 1 合同段、大广高速濮阳段、京珠高速大悟段、京沪高速化临段、京福高速蒙阴段、三大公路、郑州西南环城高速项目、豫皖界高速服务区段工程、洛阳市国道 310 至吉利区新建公路第 1 合同段、湖南省新化至溆浦高速公路第 8A 合同段（13503 万元）、东莞市散裂中子源项目配套道路、世行贷款贵阳农村交通项目第 1 期公路工程、杭瑞国家高速湖南省岳阳至常德第 TJ-8 标段（14375 万元）、湛江海湾大桥连接线二期路基工程、江西余干县余干至黄金埠电厂一级公路改建 A 标段等工程项目。

在隧道工程方面：该公司参建的主要工程有中石化川气东送山体隧道第 3-3 标段石板岭工程、安阳市小南海水库隧洞、甘肃省疏勒河青羊沟水电站引水隧洞 1 标、新疆吐鲁番地区托克逊阿拉沟水库枢纽导流兼冲沙放空洞等工程项目。

在市政工程方面：该公司参建的主要工程有山东省莱芜市钢城区钢城大街三期工程、薛城区疏港路一期工程、海南三亚槟榔河治理工程、广东平海电厂灰场工程、鄂尔多斯市康巴什北区道路及配套管网工程、濮阳市高新区洪福路项目、乌海市高速公路绿化灌溉管道安装及泵站施工第 3 标段、开封新区基础设施三期工程、枣庄市薛城区疏岗路进岗段加宽等市政建设项目。

该公司多年来创新企业管理理念，坚持"依靠员工，共同前进，奉献社会，和谐发展"的治企根本方针，促进了企业文化建设、支部建设和社企共建等多项文化建设，取得了丰硕的文明成果，涌现出了许多模范人物。曾有1人荣获"上海市合作交流委员会五四青年奖章"，1人荣获"河南省人民政府五四劳动奖章"，3人荣获"黄河水利委员会劳动模范"，6人荣获"河南黄河河务局劳动模范"，1人荣获河南省住房和城乡建设厅颁发的"出省施工优秀企业经理"证书，6人荣获中国水利企业协会颁发的"全国水利行业工程建设优秀项目经理"证书。公司连续三届荣获"全国优秀水利企业"、"全国优秀施工企业"称号；荣获"省级文明单位"、"全省先进基层党组织"、"出省施工先进企业"和"河南省信用建设示范单位"荣誉；还荣获濮阳市"纳税贡献大户"、"重合同守信用企业"和"慈善捐款先进单位"等多项荣誉。

二、水利工程维修养护企业

根据水利工程管理体制改革方案，濮阳黄河河务部门于2006年5月正式成立了濮阳黄河水利工程维修养护有限公司，当年9月底通过了工商注册登记。该公司经营范围主要从事黄河堤防、险工、控导（护滩）等防洪工程和设施的维修养护工作。其主要职责是按照与水管单位签订的维修养护合同规定的内容和要求，完成堤防、险工、控导（护滩）等防洪工程和设施的维修养护任务，确保维修质量，确保维修养护资金的规范使用，保证出资人的权益并对投入公司的国有资产承担保值增值的责任。该公司现有职工425人，其中公司机关管理人员10人，机关内设办公室、工程部、财务部3个职能部门；下设7个分公司，各分公司内设综合部、工程部和财务部3个职能部门。

公司自成立以来，每年所承担的维修养护投资均在4000万元以上，近几年（2010~2012年）维修养护合同额分别为4395.46万元、4745万元和4935.93万元。在维修养护过程中，公司认真履行合同责任和义务，按照工程维修养护标准和要求，严格控制维修养护质量与进度，切实做到了精心施工、文明施工和安全施工，使工程面貌焕然一新，确保了工程完整，提升了工程管理水平。在上级历年历次的工程管理检查考核中均取得了显著的成绩，受到了好评。

三、监理公司

为了充分发挥技术人员优势，适应建筑市场的需要，濮阳黄河河务部门于2000年2月筹建成立了河南立信工程咨询监理有限公司濮阳分公司，2002年10月18日更名为濮阳天信工程咨询监理有限公司，2003年4月8日被水利部审查核准为水利工程施工监理乙级资质，2007年9月1日被水利部审查核准为水利工程施工监理甲级资质，2008年10月14日获得水利工程建设环境保护监理增项资质。2011年4月22日公司又更名为河南宏宇工程监理咨询有限公司，2012年9月14日获得水土保持工程施工监理丙级增项资质。公司以各等级水利工程施工监理、二等以下各等级水土保持工程施工监理、各类各等级水利工程建设环境保护监理等为主营业务，兼营技术咨询、造价咨询、项目代建等业务。公司顺利通过了 ISO9001 质量管理体系认证以及质量管理体系、环境管理体系、职业健康管理体系三位一体认证，还多次荣获"河南省信用建设示范单位"称号，荣获"全国水利建设市场主体 AAA 级信用等级"监理单位。公司机关内设综合管理部、工程监理部和经营开发部 3 个职能部门，现有注册监理工程师 81 人，造价师 5 人，监理员 60 人。目前，该公司已成为一支经验丰富、技术精湛、奋发向上、勇于开拓进取的优秀团队。

近几年来（2010~2012 年），该公司积极参与社会工程竞争，共承揽了 100 多项工程监理项目，监理合同额 5000 多万元，并取得了很好的监理业绩。公司通过不懈的努力和顽强拼搏，所监理完成的工程项目全部验收为合格工程，工程优良率达 70%，其中 7 项工程荣获省部级文明工地奖，11 项工程荣获省部级优良工程奖，并得到了业主、承包商、社会各界的一致好评。

第四节　土地资源开发利用

濮阳黄河河务部门的土地资源开发工作，是伴随着治黄事业的发展而逐步开展起来的。20 世纪 80 年代初期，为了改善治黄一线职工的生活，开始提倡和注重土地资源开发工作，将工程护堤地、护坝地和工程管护人员住地的闲散土地开发种植一些蔬菜、林果或粮食作物。随着河道整治工程的不断增加和堤防加固工程（放淤固堤）规模的不断扩大，特别是实施标准化堤防建设以来，淤背区面积迅速扩大，土地资源越来越丰富，给土地资源综合开发奠定了基础，提供了机遇。

截至 2012 年年底，濮阳黄河河务部门共拥有各类工程可开发利用的土地约 1.70 万亩。这些土地除少量种植蔬菜、瓜果用于解决一线职工菜篮子问题外，大部分土地开发种植为杨树、柳树、高档苗木、果树等经济林、防护林和生态林，不仅为黄河防汛抢险培育了充足的料源，增加了经济收入，还改善了沿黄生态环境，取得了良好的综合效益。

第十一章 濮范台扶贫开发

第一节 濮范台扶贫开发综合试验区

濮范台（濮阳县、范县、台前县）扶贫开发综合试验区是全省集中连片扶贫开发重点地区,是《国务院关于支持河南省加快建设中原经济区的指导意见》（国发〔2011〕32 号）明确的扶贫开发综合试验区,其范围涵盖濮阳市所辖的濮阳县、范县和台前县。为进一步落实国务院指导意见,2012 年 7 月 26 日,河南省政府制定印发了《濮阳市建设中原经济区濮范台扶贫开发综合试验区总体方案》（豫政〔2012〕69 号）。据此,濮阳市政府于 2013 年 1 月 6 日制定印发了《中原经济区濮范台扶贫开发综合试验区规划》（濮政〔2013〕1 号）（以下简称《规划》）。《规划》系统分析了濮、范、台沿黄 3 县黄河滩区地理位置、生产、生活条件等现状,指出了滩区群众搬迁扶贫面临的土地、资金、产业等诸多难题,提出了"把黄河滩区综合开发作为扶贫工作的重中之重,充分发挥自身主动性、积极性和创造性,积极用好国家扶贫开发政策,增强区域经济发展整体实力"的要求。同时,"把改革创新作为扶贫开发的强大动力,采用产业扶贫、创业扶贫、搬迁扶贫、科技扶贫、就业扶贫、对口帮扶等多种模式,建立滩区人口有序转移、土地综合开发利用、城乡工农利益协调机制,为集中连片贫困地区扶贫开发探索路子、积累经验"。该《规划》对黄河滩区综合治理提出了以下具体要求。

一、提高水资源保障能力

实施黄河滩区治理工程,进一步改善滩区基础设施,科学建设护滩工程,加快建设滩区至黄河大堤至北金堤防汛和安全撤退快速通道;全面治理滩区灌溉渠系,对滩区引黄闸进行改建,完善滩区排涝系统,健全排水工程,达到干、支、斗、农、毛渠 5 级配套。

二、加快推进新型城镇化

统筹推进滩区农村搬迁集聚。坚持"政府主导、群众自愿、试点先行、逐步推开"的原则,滩区内"落河村"按照国家库区移民政策,整体搬迁至县域产业集聚区周围,进行连片开发,建设扶贫社区,同步形成专业市场,解决贫困群众就业问题;"跨堤村"、"近堤村"贫困群众进行扶贫搬迁,集中搬迁至黄河大堤外侧规划建设的中心镇和新型农村社区;滩内"远堤村"进行引黄淤台、整合建设新型农村社区。以县为主，整合扶贫、危房改建等资源，形成合力；以集约利用土地为主，土地出让收益主要用于农民住房和基础设施建设。用地指标转移到产业集聚区或县镇新区；以乡镇为组织主体，按统一规划、统一建设原则，由村组自建为主，兼顾贫困群众统一搬迁；以产业发展为主，引导群众扩大就业或开展规模化种植、养殖。

三、积极推进新型农业现代化

培育、引进、推广优质高产粮食新品种，在滩区建设良种繁育基地，扩大优质粮食种植面积，提高粮食综合生产能力。加快农业结构战略性调整，建设黄河滩区特色经济产业区，扩大莲藕、鲜切花、食用菌、中药材、大蒜等特色农产品种植规模。新建一批生猪、奶牛、肉牛、肉羊、家禽等标准化养殖场区；利用黄河滩区生态资源，发展黄河鲤鱼、泥鳅等水产养殖和林下养殖、稻田养殖等特色生态养殖，形成"五区一带"的现代畜牧业发展新格局。

四、加快发展第三产业

依托黄河资源和滩区土地，建设集湿地生态旅游、滨水休闲度假、乡村文化体验功能为一体的黄河生态旅游观光带。

五、优先发展教育事业

引导农村学校优化布局调整，在沿黄滩区的部分新型农村社区进行试点，逐步迁建滩区130所学校。

六、加强生态功能区建设

加快黄河大堤、金堤河两条生态涵养走廊建设，推进金堤河国家湿地公园、黄河湿地公园、范县毛楼森林公园等9个生态工程建设，构建沿黄生态涵养区。

七、强化资源节约集约利用

对黄河低滩区土地整理和改良，增加耕地面积。

八、创新土地开发利用机制

提高土地资源利用效率，开展土地综合整治试点，在不破坏生态环境、不影响河道泄洪的前提下，实行"四区"（滩区、滞洪区、油区、基本农田保护区）联动综合整治，每年开发置换不少于1万亩的建设用地。进行人地挂钩政策试点，把节余的建设用地指标有偿流转到城镇使用，开展跨区域耕地占补平衡指标交易。有序推进濮范台试验区煤炭、地热、岩盐等矿产资源勘查和开发利用。

九、构建"融合、畅通、高效"的高速公路网络

尽快建成孙口黄河大桥，规划建设吴坝黄河大桥、范县黄河大桥、濮阳县黄河

大桥，实现与山东省干线公路网全面衔接，使濮阳早日成为区域性交通枢纽城市。

十、建设场站码头

以台前县吴坝航运码头建设为重点，利用京杭大运河发展内河航运，打造对接沿海的水上通道。以黄河旅游航道开发建设为基础，改造沿线运输渡口，发展黄河航运观光旅游。

十一、推进煤炭基地建设

做好濮阳矿区煤炭资源勘探详查工作，推进台前县吴坝煤田勘探开发。2014年完成吴坝矿区勘探任务，为建设规模年产120万t矿井打好基础，"十三五"期间建矿开发。

十二、开发新能源和可再生能源

创建新能源示范市和绿色能源县。依托黄河滩区和黄河故道风能资源相对丰富的优势，规划建设风电场项目。

十三、加强水利基础设施建设

到2015年，建成濮阳市引黄调节水库；建设濮阳县引黄调蓄工程、范县新区引黄调蓄工程和台前县金堤河引黄调蓄工程；完成南水北调中线濮阳受水区工程建设，拓宽改造3条引黄输水总干渠，加强北金堤滞洪区建设和背河洼地治理，实施引黄入冀补淀工程。到2020年，完成黄河滩区和金堤河湿地建设，加快渠村、南小堤、彭楼等3个大型灌区和王称堌、邢庙、王集等6个中型灌区续建配套与节水改造步伐，改造提升黄河取水口，全面完成100 km²以上中小河流治理。到2020年，全市形成两横九纵九灌区三水库三湿地的农业水利支撑体系，稳步提高抗灾减灾能力，夯实农业发展基础。

十四、加强重要生态功能区建设保护

加快黄河大堤、金堤河两条生态涵养走廊建设，推进S106、S101、S209、S208、濮范台高速、濮阳市至濮城快速通道等6条道路两侧绿化带和金堤河国家湿地公园、黄河湿地公园、范县毛楼森林公园、孟楼河湿地公园、台前县将军渡旧址公园、京杭大运河公园、狩猎围场等9个生态工程建设，构建"两廊"、"六带"、"九园"沿黄生态涵养区。

2012年7月，河南省政府出台了《濮阳市建设中原经济区濮范台扶贫开发综合试验区总体方案》。为加快总体方案的实施，濮阳市政府于2012年8月24日召开了全市濮范台扶贫开发综合试验区建设动员大会，按照会议要求市直29个相关部门相继积极与省直厅、局、委对接，希望以此为契机争取上级在政策、资金等方面的支持。省直相关单位也相继以正式文件、框架协议或会议纪要等形式出台了支持濮范台扶贫开发综合试验区建设的具体意见。目前，由于濮阳市政府《中原经济区濮范台扶贫开发综合试验区规划》出台不久，一些具体的行业规划和部门政策还正在制定与对接中。

第二节 黄河滩区扶贫开发五年攻坚行动

黄河滩区是濮范台扶贫开发综合试验区攻坚的主战场。为加快滩区群众脱贫致富步伐，濮阳市决定，自 2014~2018 年实施黄河滩区扶贫开发 5 年攻坚行动，并制定了《关于黄河滩区扶贫开发五年攻坚行动的实施意见》。其主要内容如下：

一、重大意义

长期以来，黄河滩区承担着重要的行滞洪任务，滩区人民为确保黄河安澜做出了巨大牺牲，经济社会发展受到严重制约。受黄河洪水泛滥影响，各级各部门安排项目少、投入不足，滩区基础设施严重滞后，加之资源匮乏、信息闭塞，致使发展缓慢，群众生活极为困难。2012 年，滩区农民人均收入 3300 元左右，与全省、全市、濮范台（濮阳县、范县、台前县）3 县平均水平分别相差 4205 元、3626 元、2992 元，且呈现进一步拉大趋势。黄河滩区已成为全市乃至全省经济社会发展的短板，加快其扶贫开发关乎全局、关乎民生，意义重大、影响深远。

实施黄河滩区扶贫开发，是贯彻落实科学发展观、构建和谐社会的现实需要，是践行党的根本宗旨的具体体现，是建设濮范台扶贫开发综合试验区的重中之重，也是濮阳市赶超发展新的经济增长点。全市必须站在全局和战略的高度，站在讲政治的高度，切实增强责任感、紧迫感和使命感，以最大的决心和力度实施滩区扶贫开发，确保滩区群众和全市人民同步进入全面小康社会。

滩区搬迁扶贫是彻底解决滩区群众贫困问题的治本之策，同时又是一个长期的过程。当期扶贫是当务之急，是必须立即着手开展的重要工作。全市要紧紧抓住发展第一要务，不等不靠、主动作为，千方百计帮助群众拓宽增收致富门路，增强自我发展能力，不断提高收入水平，为实施搬迁扶贫打好基础、创造条件。

由于特殊的地理环境和行滞洪区定位，黄河滩区只能从事基本的农业生产，且长期深受水患之苦，导致经济社会发展水平严重滞后于非滩区、传统农区，成为全省集中连片特困区域。滩区扶贫需要集中突破，面上扶贫需要统筹推进。全市要坚持抓重点带全局，充分调动一切积极因素，将人力、物力、财力最大限度地向滩区倾斜，以滩区扶贫开发的大突破带动全市扶贫工作的大发展。

二、总体要求

以党的十八大精神为指导，以持续开展"一创双优"活动为动力，以促进发展、改善民生为目的，突出规划引领，突出转变观念，突出生产性基础设施建设，突出政策支持，在抓好搬迁扶贫的同时着力加快产业发展、着力加快转移就业，用 5 年时间使黄河滩区全面增强内生发展动力、全面增强自我造血功能，闯出一条脱贫致富的新路子，为全市"三农"工作提供示范，为全省集中连片贫困地区扶贫开发提供经验。

实施黄河滩区扶贫开发5年攻坚行动，必须把打造人和优势作为基本前提，切实树立正确的政绩观，破除等靠要思想，敢于担当、舍得投入，自力更生、艰苦创业，充分调动人的积极性主动性创造性，为滩区加快发展提供强大力量。必须把改善生产条件作为重要任务，加大交通、水利、电力等生产性基础设施建设力度，形成保障有力的基础设施体系，为滩区加快发展提供必要条件。必须把产业发展作为根本途径，突出开发式扶贫，切实提高群众增收致富能力，强力推进土地流转，着力搞好招商引资，因地制宜调整种植业结构，大力发展畜牧业，培育特色优势产业，形成规模化、集约化的发展格局，为滩区加快发展提供有力支撑。必须把改革创新作为强大引擎，充分发挥濮范台扶贫开发综合试验区先行先试的政策优势，解放思想、大胆突破，积极探索和建立资金投入、人口转移、土地开发、利益协调等新机制，为滩区加快发展提供制度保障。

发展目标：自2014年开始，滩区农民人均纯收入增速保持在20%以上，到2018年，滩区农民人均纯收入达到9000元以上，生产性基础设施体系完善，主导产业支撑有力，搬迁扶贫推进顺利，扶贫开发机制健全有效，公共服务主要领域指标达到或接近全市平均水平，基本消除贫困人口。

三、主要任务

（一）科学规划

坚持规划先行，科学布局生产性基础设施建设、公共服务设施建设和产业发展，为实现开发与搬迁的良性互动创造条件。基础设施建设要以满足生产需求为主，为产业发展提供有力支撑。公共服务设施建设既要考虑群众现实需要，又要与搬迁扶贫紧密结合起来，避免造成不必要的浪费。要合理规划发展潜力大、市场前景好的特色优势产业，大幅度增加群众收入，为搬迁扶贫奠定坚实基础。濮范台3县政府要于2014年2月底前，制定出各自的黄河滩区扶贫开发5年攻坚行动总体规划，重点做好产业发展规划、基本设施建设规划、搬迁扶贫规划。市直有关部门要加强调查研究，尽快制定出支持黄河滩区扶贫开发5年攻坚行动的行业规划。

（二）加强生产性基础设施建设

（1）道路建设。提高县乡公路建设标准，加快生产性道路建设。到2018年，修建道路1000 km以上，基本形成干支结合、结构合理、内通外联的区域道路网络。

（2）水利建设。科学巩固护滩工程，强化堤防安全建设，建设灌排并重、井渠站相结合的滩区水利工程体系。到2018年，疏挖骨干渠沟560 km，打配机井3400眼，基本实现旱能浇、涝能排，有效解决"望天收"问题。

（3）电力建设。实施输变电工程、变电站增容改造工程、行政村电网改造工程等项目建设。到2018年，新建改造主配变电315台、供电线路340 km，建成区域输配电体系，提高终端供电能力和质量，实现滩区电力全覆盖。

（4）土地整治。对引黄淤垫土地、搬迁腾出土地进行统一规划和开发整治。到2018年，整治土地10万亩，旧村址复耕4万亩，为连片发展优质高效农业和开展土地增减挂钩创造有利条件。

（三）加快土地流转

全面实施黄河滩区土地综合开发，加大土地流转力度，鼓励大型农业开发公司和种养大户大规模流转土地。到2018年，确保流转滩区耕地30万亩，实现土地的规模化经营、产业化发展，使滩区群众获得更多土地流转收益，增加工资性收入。

（四）加大招商引资力度

以良好的生态环境为依托，以设施农业、现代畜牧业、现代林业和特色水产养殖业为重点，精心谋划包装项目，大力开展招商引资，吸引农业产业化龙头企业、农民专业合作社、种养大户向滩区投资。鼓励滩区乡（镇）引进工业项目，在产业集聚区异地办厂的，实行税收划转。到2018年，引进资金50亿元以上。

（五）加快产业发展

（1）大力发展特色高效种植业。把大幅度调整种植业结构作为滩区群众脱贫致富的突破口，大力发展以苹果、梨、桃为重点的林果业，以垂柳、海棠、樱花为重点的苗木花卉业，以蔬菜、瓜果、食用菌为重点的设施农业。到2018年，高效种植业达到33万亩。

（2）大力发展养殖业。充分利用土地资源，大力发展奶牛、肉牛、肉羊、生猪、家禽等标准化养殖场（区）；充分利用黄河生态资源，大力发展鲤鱼、泥鳅、对虾等水产养殖业；充分利用林地资源，大力发展林下经济，形成"五区一带"（"五区"即奶牛、肉牛、肉羊、生猪、家禽五大规模化主产区，"一带"即黄河滩区绿色养殖带）养殖业发展新格局。到2018年，滩区养殖业产值占农业总产值比重达到60%以上。

（3）大力发展特色加工业。做大做强板材、木器、汽车配件、畜禽加工、面粉加工、莲藕加工等特色加工业。依托丰富的劳动力资源，积极承接产业转移，大力发展劳动密集型产业，促进滩区群众就近就业。到2018年，通过招商引资或依托龙头企业、农业大户建成一批综合竞争力强的特色加工园区，市、县政府要按照规划，为园区发展提供空间。

（4）大力发展旅游业。利用黄河生态、文化资源，培育特色旅游业。重点打造渠村黄河湿地、渠村分洪闸、孙口将军渡等15个旅游项目。到2018年，基本建成集湿地生态、滨水休闲、文化体验为一体的黄河旅游观光带。

（六）搞好培训转移

强化农村劳动力转移就业培训，提高技能培训、外出务工组织化程度。支持职业院校和职业培训机构根据市场需求优先对滩区劳动力开展菜单、订单、定向、定岗技能培训。支持滩区劳动力参加职业技能鉴定，实现稳定就业。强化职业教育培训，鼓励滩区未升学应届初、高中毕业生参加劳动预备制培训，支持新成长劳动力接受中等职业教育，"雨露计划"改革试点项目优先支持滩区贫困学生。强化农村实用技术培训，大力开展农业科技推广，加快构建滩区农业社会化服务体系，实现"科技服务进村入户、良种良法示范到田、技术要领培训到人"，使滩区农户每户掌握 1~2 门实用技术。到 2018 年，5 年培训 25 万人次，转移就业 20 万人以上。

（七）强化公共服务设施建设

（1）教育。从滩区教育的现实出发，结合搬迁扶贫，采取简约过渡的方式，统筹规划教育基础设施布局。实施中小学校舍安全、校车安全和教师培训等工程，全面提高滩区教育水平。到 2018 年，5 年改建滩区各类学校 130 所，形成滩区内外布局合理的教育网络。

（2）卫生。积极实施乡（镇）卫生院达标建设。村级卫生室建设要与搬迁扶贫相结合，以改造为主，相邻较小村庄适当合并。建立卫生监督、农村急救、重大疾病防控等公共卫生服务网络，有效提升滩区公共卫生服务能力。到 2017 年，4 年改扩建乡（镇）卫生院 19 个，改造村卫生室 280 个，完成乡（镇）卫生院和村级卫生室改造任务。

（3）社会保障。加快构建社会养老服务体系，实现新型农村社会养老保险全覆盖。深化医疗保险改革，提升医疗服务水平。完善最低生活保障制度，提高保障标准。

（八）强化产业扶贫

加强与中石油等产业扶贫单位的联系与沟通，加快推进已定项目的实施，重点抓好恒润石化二期、丰利能源等重大项目的运作和建设。结合实际再谋划一批重大产业项目，争取更大的支持，不断壮大产业规模。组织引导市、县两级地方所属大型工商企业与滩区乡（镇）开展一对一帮扶，帮助其理清产业发展思路、谋划产业项目、加快产业发展。

（九）实施搬迁扶贫

按照"政府主导、群众自愿、试点先行、逐步推开"的原则，积极争取上级政策，紧密结合产业布局、城镇规划和新农村建设扎实推进搬迁扶贫规划。切实搞好试点工作，为滩区搬迁扶贫树立典型，适时组织大规模搬迁。

四、政策支持

（一）加大财政、金融支持力度

抓住中央、省加大财政转移支付和支持濮范台扶贫开发综合试验区建设的机遇，积极谋划申报项目，争取更多财政支持。市、县各有关部门要按照"渠道不乱、用途不变、各尽其力、各记其功"的原则，将财力最大限度向滩区倾斜。濮范台 3 县要加大整合力度，统筹使用各级各类资金，提高资金使用效益。滩区土地增减挂钩的净收益，全部用于滩区扶贫开发。发挥好农业发展银行、邮政储蓄银行、农村信用社等金融机构的资金优势，支持黄河滩区产业发展。

（二）加大对滩区土地流转支持力度

建立健全土地流转服务中心等综合服务体系，促进土地规范流转。凡流转土地

300 亩及以上、期限 10 年以上，流转程序合法、手续完备的，对经营性公司或土地流转大户予以一次性补偿，政策 5 年有效。补偿标准为：流转土地 1000 亩以下的每亩补偿流转费用的 30%，1000 亩及以上的每亩补偿流转费用的 40%。补偿资金市、县财政按 1:1 的比例承担。鼓励濮范台 3 县制定更加优惠的政策。

（三）加大对滩区群众培训转移支持力度

支持滩区劳动力的培训转移就业，实行免费培训，并给予适当的误工补贴。"雨露计划"、"农村劳动力技能培训"等各类培训要向滩区倾斜。鼓励濮范台 3 县企业优先安排滩区劳动力就业，企业当年安置滩区劳动力人数达到企业从业人员总数 30% 以上的，市财政按实际人数给予企业一次性奖补，奖补标准为每人300 元。

五、组织保障

（一）加强组织领导

成立濮阳市黄河滩区扶贫开发 5 年攻坚行动领导小组，市委书记任组长，市长任常务副组长，其他相关市领导任副组长，濮范台 3 县和市直有关部门主要领导为成员，负责总体部署和统筹协调。领导小组下设办公室，办公室设在市扶贫办，负责方案制定和日常推进工作。濮范台 3 县也要成立相应的组织机构。濮范台 3 县要各选择一个乡（镇）作为黄河滩区扶贫开发 5 年攻坚行动试点，积极探索、重点推进，发挥以点带面、示范引领作用。

（二）抓好村级基层组织建设

加强滩区村级班子建设，选好配强村支两委，吸纳致富能力强、带动能力强的能人进入两委班子。要有计划、有针对性地开展村干部培训，两年内轮训一遍，促其转变观念、增长才干，成为带领群众脱贫致富的"领头雁"。要把滩区扶贫开发作为锻炼、考验干部的重要战场，选派优秀后备干部担任村党组织第一书记。

（三）开展定点帮扶

调整思路，改进方法，变分散帮扶为集中帮扶，结合开展党的群众路线教育实践活动，从 2014 年开始，建立"单位包村、干部包户、连包 5 年"工作机制，帮助滩区群众转观念、育产业、谋发展。

（四）建立考核机制

把黄河滩区扶贫开发工作纳入政府目标管理，建立专门台账。各级各部门要按照工作职责，制定滩区扶贫开发具体工作方案，分解任务，明确责任主体，确定工作标准和节点目标。要强化督导督察，确保如期完成，并把任务完成情况作为单位年度考评和干部考核的重要内容。对工作成效突出的县、乡（镇）和相关部门，市委、市政府进行通报表彰，给予重奖；对工作不力、未完成任务的，予以通报批评，并加大问责力度。

（五）营造浓厚氛围

市、县新闻媒体要发挥各自优势，开展多种形式的宣传活动。《濮阳日报》、濮阳广播电视台、濮阳网等主要媒体要开辟专栏，全方位、多角度宣传报道滩区扶贫开发的重要意义、支持政策、进展情况、先进典型，推广好做法、好经验，助推攻坚行动深入开展。

第三篇　濮阳黄河文化

濮阳居中原要冲，是一片古老的土地，历史源远流长，文化底蕴厚重，裴李岗、仰韶、龙山文化及夏商周文化等遍及各县（区），特别是龙文化内涵极为丰富，是中华文明发祥地之一。濮阳古称帝丘，据传五帝之一的颛顼曾以此为都，故有"颛顼遗都"之称。濮阳夏代叫昆吾国，春秋时期称卫都，战国时期因位于濮水之阳而得名濮阳，秦代设置濮阳县，宋代称澶州，金代叫开州，民国时复名濮阳。秦汉以来，这里一直是黄河中下游市商繁荣，农事发达的地方，也是南北要津，中原屏障，为兵家必争之地。在漫长的历史岁月中，濮阳这块古老而神奇的土地，人杰地灵，涌现出王侯将相、科技精英、文人学士等许多风流人物，并给后人留下了"颛顼遗都"、仓颉陵、西水坡遗址、戚城遗址、二帝陵、孔子讲学遗址、回銮碑、蚩尤冢等众多历史文化遗迹。据此，濮阳市被授予"中华龙乡"、"华夏龙都"、"中华帝都"之称。濮阳既是中华龙乡，又是中国杂技之乡，龙文化和杂技艺术是濮阳现代的特色品牌，是濮阳文化发展中的中坚力量，也是建设美丽和谐繁荣新濮阳的重要内容。

　　濮阳地处黄河下游，人们在长期与黄河洪水不懈斗争的实践中，积累了丰富的治黄经验，为中国水文化的形成与发展作出了很大的贡献。在新的历史时期，濮阳人民认真贯彻落实治水新思路、新理念，确保了黄河安澜，促进了区域经济社会又好又快的发展。

第十二章　濮阳古文化

第一节　裴李岗文化

裴李岗文化是中国黄河中游地区新石器时代最先进的一种文化，是中华民族文明起步文化，也是中原先民独自创造的伟大文明。由于最早在河南省新郑的裴李岗村发掘并认定而得名。裴李岗文化的发现给中国的远古文明涂抹上一层神奇莫测的独特风采，它在中国古文明发展进程中，无论是在科学、农业或是文化、艺术等诸多方面都作出了巨大的贡献。该文化的分布范围，以新郑为中心，东至河南东部，西到河南西部，南至大别山，北到太行山。综合中国社科院考古研究所放射性实验室，对裴李岗遗址出土的木炭标本测定的年代结果，裴李岗文化的年代距今约有7000~8000年历史。

1986年，濮阳市境内戚城遗址挖掘出土的石磨盘、石磨棒、三足陶等裴李岗文化典型器物证明，在濮阳这片古老的土地上，距今七八千年前就已经有人类活动，繁衍生息，从事原始农业生产。

戚城，当地也称孔悝城，现位于濮阳市京开大道与濮水河交际处西北、戚城村北。相传是卫灵公的外孙孔悝的采邑，始建于西周后期，以后历代多有增建，春秋时期各国诸侯或使臣曾在此7次会盟。现残存东西北3面城墙体，城墙周长1520 m，北墙和东墙保存较好，南墙已不存在，墙最高处8.3 m，最厚处16.5 m，城内面积14.4万 m²。濮阳戚城是豫北地区保留年代最久、延续时间最长的古代聚落城池，其文化遗存非常丰富。据1986年河南省文物考古所试掘，戚城地下依次叠压着距今七八千年的裴李岗文化、六千多年的仰韶文化、四千多年的大汶口文化和龙山文化，以及商、西周、春秋、战国、汉代等文化层。其地下最下一层是裴李岗文化层，出土的石磨盘、三足陶等文物是目前濮阳市最早的历史实物见证。证明从那时起，这里就有我们的先民居住、生活、耕作劳动，一直延续到西周时期开始修筑城墙。

1963年，濮阳戚城遗址被定为省级文物重点保护单位，1996年11月，被国务院公布为第四批全国重点文物保护单位。1991年2月，江泽民总书记视察濮阳，在观看戚城遗址时，称这里是春秋时期的"联合国"。江泽民总书记在视察完濮阳诸多文物古迹后指出："濮阳是一个历史悠久的城市，你要很好地把历史遗址保护起来，要多做宣传工作，要很好地把旅游业搞起来。"濮阳人民遵照江泽民总书记的指示，从1991年3月开始，历时5年，建成了由5处纪念景点、3处文物遗址展示组成的戚城文物景区。目前，戚城文物景区已成为集濮阳历史、文化、娱乐为一体的文化大观园，是人们了解濮阳历史文化、观光旅游、娱乐休闲的胜地。

第二节　仰韶文化

仰韶文化是黄河中游地区重要的新石器时代文化，因 1921 年在河南省三门峡市渑池县仰韶村被发现而得此名。它的持续时间距今大约有 5000~7000 年历史。仰韶文化以陕西省华山为中心分布（分布最密集的是关中地区），东起山东，西至甘肃、青海，北到河套内蒙古长城一线，南抵江汉。在仰韶文化分布的中原地区，是中国古文明的发祥地，其发展阶段为中国古文明起源和形成时期。因此，仰韶文化在中国古代文明的发展进程中，占有极为重要的地位。

在现已发掘出的仰韶文化遗址、文物基本反映出较为统一的文化特点。一是生产工具以比较发达的磨制石器为主，通常见的有斧、刀、凿、锛、石纺轮等。二是以农业为主，作物有粟、黍、高粱等。三是饲养家畜主要是猪、羊、狗等，也从事狩猎、捕鱼和采集。四是各种水器、甑、灶、鼎、碗、杯、盆、罐、瓮等日用器具，陶器以细泥红陶和夹砂红褐陶为主，主要呈红色，多用手制法，用泥条盘成器形，然后将器壁拍平制造。红陶器上常有彩绘的几何形图案或动物形花纹，是仰韶文化的最明显特征，故也称彩陶文化。五是制石、制骨、木作、纺织、编织等手工业较为发达。六是定居生活稳定，村落的房屋有一定的布局。房屋主要有圆形或方形两种，早期的房屋以圆形单间为主，后期以方形多间为主。七是根据挖掘的墓葬情况分析，在仰韶文化早期阶段，氏族已从母权制向父权制过渡，父权已经萌芽；中期阶段，父权制已逐步确立，仍存在母权制残余；晚期阶段，母权制已被废除。

1987 年，在濮阳境内的西水坡挖掘出了内涵极为丰富的仰韶文化（龙虎图案）。濮阳还在戚城、仓颉陵、铁丘、蒯聩台、高城等地发掘出了较为丰富的仰韶文化。这充分说明濮阳这个地区的先民们，在 6000 多年前就开始步入父权制社会，具有较为发达的农业和手工业等。

1987 年 5 月至 1988 年 9 月，濮阳县城西水坡开挖兴建引黄调节水库，文物部门配合施工单位在此考古发掘出仰韶文化早期古墓葬群及商周时期的阵亡将士排葬坑，其中发掘出仰韶文化时期 3 组蚌彻龙虎图案。第一组墓穴中有一男性骨架，身长 1.84 m，仰卧，头南足北。其右由蚌壳摆塑一龙，头北面东，昂首弓背，前爪扒，后腿蹬，尾作摆动状，似遨游苍海；其左由蚌壳摆塑一虎，头北面西，二目圆睁，张口龇牙，如猛虎下山。此图案与古天文学四象中东宫苍龙、西宫白虎相符。在此墓东、西、北三小龛内各葬一少年，其西龛人骨长 1.15 m，似女性，年约 12 岁，头有刃伤，系非常死亡，像殉葬者。距第一组墓穴南 20 m 外第二组地穴中，有用蚌壳砌成龙、虎、鹿和蜘蛛图案，龙虎呈首尾南北相反的蝉联体，鹿则卧于虎背上，蜘蛛位于虎头部，在鹿与蜘蛛之间有一精制石斧。再往南 25 m 处第三组是一条灰坑，呈东北至西南方向，内有人骑龙、人骑虎图案，这与传说"黄帝骑龙而升天"、"颛顼乘龙而至四海"相符。另外，飞禽、蚌堆和零星蚌壳散布其间，似日月银河繁星。

其人乘龙虎腾空奔驰，非常形象生动，具有很高的美学价值。在三组蚌砌图案周围，还发掘出仰韶时期房基、窖穴、灰坑、窑址和大量的石斧、石铲、石磨棒、石磨盘、陶片、陶罐及圆雕石刻人像残块等随葬品遗物和殉葬者遗骸，内涵十分丰富。

濮阳西水坡出土的龙虎图案，经研究和科学测定，距今已有 6460 年历史，是目前中国考古发现文化内涵最为丰富的龙图案，且其造型与商周青铜器、汉唐古器物上的龙的造型一脉相承。因此，濮阳西水坡出土的蚌龙是中国传统龙、文化龙的祖型，故被誉为"中华第一龙"。

濮阳西水坡遗址的发现，证明中华民族原始部落的先民们 6400 多年前，就在濮阳及其所在的黄河下游地区生息繁衍，并且已会观天象、崇制造、拜图腾、兴兵事；已会建造圆形房屋，烧制式样繁多、精美硕大的陶器；已会制造石、骨、蚌质地的生产工具、生活用具、宗教法器和饰品；已会普遍种植谷物，大量饲养猪、狗等畜禽。因此，原始部落文化发展已初成气候。濮阳西水坡仰韶文化蚌图遗迹，是中国新石器时代考古史上的一个重要突破，它对于探索中国文明起源、龙的起源、研究中国古代史、美学史、宗教史、天文历法等都有重要意义。我国考古学家邹衡对此作了"华夏文明，渊源有自，龙虎俱在，铁证如山"的高度评价。据此，濮阳被授予"中华龙乡"称号。

据传，仓颉是黄帝的造字史官，是他创造了中国最早的文字，被后人尊为造字圣人、斯文鼻祖，为中国文化的形成、发展、延续与传播作出了不可替代的贡献。现今濮阳市南乐县梁村乡吴村北存有仓颉陵、仓颉庙和造字台。史学家认为仓颉生于斯、葬于斯。1966 年 7 月"文化大革命"期间，仓颉庙被砸毁，仓颉陵被挖掘，地下文化层被翻出，土质呈褐色，并出土红、黑、灰各种陶片及石器残件，初步认为是处文化遗址。1999 年 9 月，考古工作者在仓颉陵墓北侧 10 m 处，开挖长 7 m、宽 3 m 的探沟，经试掘实际接触文化层仅 6 m²，但出土的文物却十分丰富，主要有红顶钵、彩陶钵、石凿、石铲、骨笄、骨锥、蚌器、烧土块、炭化粟粒和大量夹砂褐陶、彩陶、灰陶、黑陶等。根据专家对仓颉陵地层和出土文物分析，其遗址最下层为仰韶文化层，其次为龙山文化层，上层为商周时期的堆积，以龙山文化为主，是冀鲁豫交界地区标本性的古文化遗址。

另外，濮阳还在铁丘、戚城、蒯聩台、高城等文化遗址处均挖掘出了较为丰富的仰韶文化，为濮阳古老的历史文化增添了光彩。

第三节　龙山文化

龙山文化泛指中国黄河中、下游地区约当新石器时代晚期的一类文化遗存。铜石并用时代文化，因 1928 年首先在山东省章丘县龙山镇城子崖发现而命名，距今约 4000~4600 年。主要分布于黄河中下游的山东、河南、山西、陕西等省。大量的发掘和研究表明，原先的所谓龙山文化，其文化系统和来源并不单一，不能把它视为只是一个考古学文化。现在根据几个地区不同的文化面貌，分别给予文化名称，以资区别。一般分为山东龙山文化、庙底沟二期文化、河南龙山文化、陕西龙山文化、龙山文化陶寺类型等。山东龙山文化，或称典型龙山文化，即最初由龙山镇定名的那种遗存。其分布以山东地区为主。上承大汶口文化，下续岳石文化，年代约距今4000~4500年；庙底沟二期文化，主要分布在豫西地区，由仰韶文化发展而来，属于中原地区早期阶段的龙山文化，年代约距今4800~4900年；河南龙山文化，主要分布在豫西、豫北和豫东一带。上承庙底沟二期文化或相当这个时期的遗存，发展为中原地区中国文明初期的青铜文化，年代约距今4000~4600年；陕西龙山文化，或称客省庄二期文化。主要分布在陕西泾、渭流域，年代约距今4000~4300年；龙山文化陶寺类型，以新发现的山西襄汾陶寺遗址为代表，主要分布在晋西南地区，年代约距今3900~4500年。

龙山文化处于中国新石器时代晚期，这一时期的农业、畜牧业较仰韶文化有了很大的发展，生产工具的数量和种类均大为增长。大汶口文化出现的快轮制陶技术得到普遍采用，磨光黑陶数量更多，质量更精，烧出了薄如蛋壳的器物，表面光亮如漆，是中国制陶史上的鼎盛时期。这一时期已进入了父权制社会，私有财产已经出现，开始跨入阶级社会门槛。

上古时期，濮阳一带地跨兖、冀二州，是黄帝为首的华夏集团与少昊为首的东夷集团活动的交接地带。黄帝与蚩尤的大战就发生在这里，据说，最终蚩尤被黄帝战败斩首。为了不让蚩尤日后聚合作怪，将其头和身子分别埋葬在两个地方：身子葬在山东巨野县重聚乡，头就葬在濮阳市台前县城西南三里油坊村，现有蚩尤冢遗址。黄帝长子玄嚣青阳氏邑于顿丘（今濮阳清丰县），次子昌意在今濮阳南乐县筑昌意城；黄帝史官仓颉，今濮阳南乐县吴村人。相传仓颉"始作书契，以代结绳"，开辟了中国文明、文化发展之路。在仓颉陵遗址处挖掘出以龙山文化为主的多个年代的文化。

中原地区继黄帝之后由颛顼统一治理，建都于帝丘（今濮阳高新区新习乡湾子村），现有凤凰台遗址，在此曾出土大量的龙山文化和汉代墓群。颛顼的堂兄弟（黄帝之嫡孙）挥公，自幼生活在古清河之阳的顿丘，年长便辅佐颛顼帝执政。他自幼聪颖非凡，夜观天象，发明了弓箭，对当时的社会贡献很大，不仅使颛顼部族的猎获物空前增多，生活水平显著提高，又帮助颛顼打败了以共工为首的集团，保卫了帝丘。从此，颛顼集团实力更加强大，其疆域北至幽陵（现燕山），南至交趾（现广西），西至流沙（现甘肃西部），东至蟠木（现东海边），万邦来朝。颛顼为嘉其功，封挥公为弓正官，亦称弓长，并以职为姓，赐姓张，名张挥。从此，中华才有了张姓，张挥便是中华张姓的始祖。张姓既是华夏民族中的显赫大族，其人口已达1亿人，又是一个极富果敢和进取精神的家族，扛着那面透着英武之气的旗帜，数千年来，在华夏大地上书写了一个又一个的传奇故事。张姓望族，星罗棋布，灿若晨星，英杰辈出，名垂青史，虎炳华夏，为社会的前进与发展作出了极大贡献。今濮阳县建有挥公墓、挥公碑和挥公像。颛顼初作历象，按时播种，发展农业，改神治为人治，全面确立父系社会制度，促进了生产力的发展。颛顼死后葬于顿丘城门外广阳里中。

帝喾十五而佐颛顼，三十而登帝位，初都帝丘，后迁都伊洛平原。帝喾赐颛顼玄孙陆终长子樊为己姓，封邑昆吾（今濮阳县南）。他的青年时代是在帝丘度过的，死后葬于顿丘城南台阴之野。现今濮阳清丰县西南 6 km 小固城有秋山，昔有帝喾陵、帝喾庙，民多祭祀（另说葬在内黄县梁庄镇三杨庄西硝河北岸丛林中）。

尧继位后，虽都于平阳（今山西临汾市），但他的晚年是在雷泽一带居住的（今山东鄄城东南与菏泽市交界）。死后葬于城阳（濮阳东南）。今濮阳市范县境内有尧母庆都庙、尧长子丹朱墓。

舜帝生于姚墟（今濮阳县徐镇境内），主南河。他在黄河之滨烧制陶器，到雷泽渔猎，去历山（今濮阳县胡状乡杨岗）耕作，还贩于顿丘，就时于负夏（今濮阳县东南五星乡堌堆村）。现今濮阳县五星乡堌堆村立有白玉石雕刻的"帝舜故里"碑。2006 年 9 月，世界舜裔联谊会第十九届国际大会在这里隆重召开，其盛况空前无比。舜帝是古代伦理道德的创始人，在濮阳执政 39 年，任用德贤英才，广纳谏言，整顿纲纪，训导耕织，劝诫孝义，剪除奸邪，清正民风，物富民康，国泰民安。目前，全球舜裔至少有 60 余姓，其中较大的姓有陈、胡、袁、姚、王、孙、陆姓等，分布在数十个国家和地区，人口达 2.6 亿人。

尧舜之时，太行山雨水丰沛，水患频仍。以秦（今濮阳范县）为活动中心的东夷首领伯益协助舜的水官大禹治水，两大集团在联合抗洪斗争中进一步增进了民族融合。

岁月的沧桑变迁带不走历史的痕迹，濮阳龙山文化遗址星罗棋布。现已在濮阳市的西水坡、戚城、铁丘、仓颉陵、高城、马庄、徐堌堆、玉皇岭、丹朱、后岗上、程庄、三里店、齐劝、西子岸等 30 多处遗址发现了龙山文化。

第四节　历朝历代文化

在夏朝之前，实行的是禅让制。因大禹治水有功，舜帝将帝位让于大禹。夏禹建立夏朝后，濮阳地区建有已姓联邦集团的昆吾（夏后氏酋邦王国最亲近的成员）、斟灌、顾等宗族邦国。夏启时期，濮阳农业、手工业、制陶和冶铜技术处于领先地位。大禹之子夏启在昆吾铸造了象征王权的"九鼎"，并视为国宝。夏帝仲康的儿子相为羿所逐，奔依同姓邦国斟灌氏。后相即位，都帝丘，至帝杼时迁都于原。其间历百余年，濮阳地区一直是夏文化中心地带，不仅农业发达，制陶和冶铜技术也一直处于领先地位。

夏末殷商初期时期以契为始祖的子姓集团至相土时迁至商丘，即帝丘，活动于今豫北、冀南和豫东一带，势力发展至东海之滨。汤时征服了昆吾、韦（在今滑县东南）、顾等邦国，后灭夏建商，以帝丘为其陪都。

商王朝末期，姬发为首的姬姓联邦集团联合其他邦国灭商后成为新的联邦王国的宗主国，帝丘一带称东国，为管叔封地。周成王四年，周公旦东征，平定武庚及三监叛乱，封康叔于河、淇之间，建立卫国（今濮阳一带），帝丘一带受其节制。西周时，帝丘一带的经济、文化都得到迅速发展，实力较强。厉王时，卫武公曾带兵入朝平定叛乱，稳定政局。

春秋时期濮阳一带仍属卫国，为当时较先进的地区之一。公元前660年，散居于齐、卫北部的狄人入侵卫国，占领卫都朝歌。公元前629年，卫成公从楚丘（今河南滑县）迁都到帝丘，称"卫都"，建都380年。这一时期，帝丘成为卫国的政治、经济、文化中心。公元前602年，黄河大改道流经濮阳，给这里带来水利之便，农业生产水平大幅度提高。农业的发展带动了纺织、皮革、竹木、冶铸等手工业的进步，促进了商业兴旺，涌现出一批城镇。例如，临黄河的戚邑（今濮阳戚城），水陆交通便利，经济十分繁荣。仅公元前626年至公元前479年的140多年间，春秋经传中关于戚的记载即28处，诸侯来卫国的14次会盟中，就有半数在戚举行。再如，咸（今濮阳市东南25 km）、铁丘（今高新区王助乡）、顿丘（今清丰县西南）、五鹿（今清丰县南）、澶渊（今濮阳县）、清丘（位于市中心东南30 km）等城邑商旅不绝，相当繁华。从公元前498年开始，圣人孔子先后4次来到卫国，十年宣传"仁政"，编辑《诗经》、整理《周易》、讲说他在《论语》中的大部分言论，对中国的思想、文化、文学作出了巨大的贡献。手工业和商业的发达以及先进思想文化的传播，促进了濮阳一带思想的活跃，精神的解放，文化的发展。儒家古籍中所称"淫乱之风"、"靡靡之音"的"桑间濮上"、"卫郑新声"，风靡华夏，实际上就是濮阳当时精神文明的象征。先进的卫文化，既培育了中国第一个杰出的爱国女诗人许穆夫人，她给后人留下了三首四言抒情诗，也激励着工奴于公元前478年，掀起了世界上最早的手工业奴隶的革命斗争——百工起义。同时，濮阳位居黄河要津、中原腹地，向来为兵家必争之地，春秋时期的城濮之战、铁丘之战等都发生在濮阳一带。

战国时期铁农具和牛耕普遍推广，农业生产有了较大发展，各诸侯国为壮大实力，争夺霸权竞相改革，大批优秀人才应运而生，仅濮阳人就有政治家和军事家吴起、儒商子贡、改革家商鞅、政治家吕不韦、外交家张仪等，为推动社会进步作出了贡献。吕不韦主持编写的《吕氏春秋》记载了天文、地理、物理、医学等方面的科学知识，为后人留下了宝贵的文化遗产。

秦汉时期秦统一中国后，为束黄河之水，曾修筑金堤。秦末，濮阳人民助项羽大败章邯，加速秦朝灭亡。西汉武帝曾于元封二年（公元前109年），亲率官吏、将士数万人到濮阳堵塞瓠子河决。西汉成帝建始四年（公元前29年）秋，河决东郡，朝廷遣官发众来堵，并增筑金堤。东汉明帝永平十二年（公元69年），濮阳等沿河人民筑堤千里，将黄河河道控制于濮阳城南，安澜700余年。期间，濮阳经济得到快速发展，人口大增，西汉平帝元始二年（公元2年），濮阳地区人口已达37万人，成为中国当时人口最稠密的地区之一。今戚城遗址丰富的汉代灰层出土的大量陶器、汉铜镞、铜釜、犁、铁镬、石器及水井等文物，都表明当时这里十分繁华。期间也涌现出不少的著名人物，例如，西汉著名易学大师京房，他著有《京氏易传》三卷，成为今易学"京氏学"的创始人。

魏晋南北朝时期三国两晋南北朝 370 年间，魏、后赵、冉魏、前燕、后燕、前秦、北魏、东魏、北齐、北周等割据者曾先后在濮阳地区称王道孤。西晋时还曾建濮阳国。南北朝时，濮阳更是兵连祸结，干戈纷然，大量居民被迫迁徙，边塞游牧民族陆续入居濮阳，与汉族融合，同时把大片耕地改为牧场，农业生产受到破坏。至北魏时，孝文帝实行均田制，农业才有所恢复。综观此期，乱多于治、毁多于创，濮阳地区经济萧条，文化衰退。曹魏、前秦、北魏时，曾有过短期的稳定，濮阳经济有所恢复，也产生了一些有贡献的人物，如书法家窦遵、文学家董微等。

隋文帝实行节俭政治、轻徭薄赋，大开漕运，使濮阳经济得到较快恢复，日趋繁荣。唐初，濮阳一带地旷人稀，均田制实行程度较高，水利兴修，农业生产恢复较快。唐朝中期，黄河安澜，濮阳的农业、手工业等得到长足发展。丝绸业闻名全国，丝织贡品列为上三等。唐代濮阳文化发达，人才辈出，杰出的天文学家僧一行（张遂，今南乐县人），博览群书，研究天文和数学，修订了《大衍历》，并第一个测量子午线长度，最先发现了恒星运动。还产生了勤政廉洁的杜暹、拒重贿名留青史的李义琰、音乐家张文收、礼学家张戬、诗人张九龄等名人。

宋元时期濮阳一度成为北辅，即保卫京师和河朔安全的屏障，称"北门锁钥"。真宗景德元年（公元 1004 年），契丹兵临澶州（今濮阳县），濮阳军民奋起抵抗，在寇准力谏下，真宗御驾亲征至澶。宋以少胜多，大败辽兵。辽军战败求和，双方签订了著名的"澶渊之盟"（在今濮阳县子岸乡故县村签订）。此后百余年，两国相安，濮阳的农业、手工业、商业都得到较快发展。到神宗熙宁二年（公元 1069 年）濮阳一带已相当富饶，人口回升。崇宁元年（公元 1102 年），这里人口已发展到 81 万人，纺织业发展更快，成为宋代"衣被天下"的地方。这一时期，濮阳名人辈出，著述家晁迥、经学家晁说之、名将赵延进、治黄专家高超等彪炳史册。金元统治时期，虽注意生产，但因破坏太重，加之黄河屡决，经济难以恢复。终元之世，濮阳虽一直为开州的中心城市，但经济文化都未达到北宋鼎盛时期的水平。唯戏曲艺术有所创新，濮阳人宫天挺的元曲丰富了中华民族的文化宝库，其本人成为元代杂剧大家之一。

明代时期濮阳仍称开州。明初，因受战争破坏，这里景象极为荒凉，"道路皆榛塞，人烟断绝"。朱元璋下诏鼓励无田农民辟荒造田，并从洪武二十一年（公元 1388 年）起，数次将山西黎民徙居濮阳一带置屯垦荒，这就是历史上著名的"老鸹窝"移民。朝廷为增加收入，号召农民广植桑、棉，发展经济作物，同时还加强水利建设。至明中叶，农村经济得到恢复且有较大发展。英宗天顺元年至四年间（1457~1460 年），仅开州 3 县即垦荒 6 万公顷，植棉 0.07 万公顷，栽桑 133 公顷，上交租粮 4 万余担，比明初增加近两倍。濮阳已有 17100 户，8.6 万人，成为"天雄之上游，河朔之名区"。明代濮阳文风更盛，曾考取进士 50 名，并集中在嘉靖、万历年间，在朝为官者，有"八都（堂）四尚书"。吏部尚书王崇庆，兵部尚书赵廷瑞、董汉儒，监察御史侯英，大理寺卿史褒善等，均博学多闻，且有政绩。大名士李先芳，以诗文著称，一生著有《李氏山房诗选》、《十三省歌谣》、《江右诗稿》等。他们都对中华民族的文明作出了重要贡献，是濮阳人民的骄傲。

清代前期濮阳社会较为稳定，生产得到恢复，清道光二十年（公元 1840 年），这里荒地开垦率已达 80%，人口增至 50 多万人。然因此时的封建帝制已处于没落阶段，成为生产力发展的障碍，加之清朝统治以后，黄河水患时发，灾情不断，造成濮阳一带农业生产每况愈下，文化也日趋衰落。第一次鸦片战争后，清政府日趋腐朽，濮阳因闭于内地，经济文化更为落后，直至光绪十五年（公元 1889 年），才有了第一条电话线路，宣统三年始建邮局，光绪二十年（公元 1894 年）才开办了官营铁厂、机织厂、针织厂、石印厂、草帽厂之类。清政府晚期对外卖国、对内镇压人民的政策，激起濮阳人民反帝反封建浪潮不断高涨。道光二十六年（公元 1846 年），濮阳人民奋起参加捻军反帝反清。咸丰三年（公元 1853 年），其队伍发展到八九千人，向开州、范县、清丰、内黄、浚县、滑县、延津等地的官府进攻，打击清军。光绪二十五年（公元 1899 年），濮阳清丰县义和团首领韩大申、韩顺江高举清邑义和团大旗，聚众数万，劫富济贫，烧教堂，废洋教，把濮阳人民反帝反封建斗争推向了高潮。

在濮阳现存的旧志中，尚保存着历代名家的歌咏诗文。例如，李商隐、柳宗元、包拯、寇准、黄庭坚、司马光、苏轼等写的资治濮阳、歌颂濮阳的散文、诗赋，实为宝贵的文化遗产和精神财富。目前在濮阳市境内犹存有高阳城、咸城、鹿城、德胜城、顾国城等古城址；有瑕丘、仲子墓、回銮碑等名胜古迹和马庄、楚王台、颛顼太子墓、团罡等文化遗址。

第十三章 濮阳龙文化

中国是一个龙的国度，数千年间，龙备受中华民族的尊崇。龙由远古时期的图腾崇拜到封建社会的权力象征，发展到今天成为力量与精神的象征，成为中华民族的象征，龙文化也成为中华民族的特色文化。因地域关系，中国龙文化又是多元的，不同地区的龙以不同的形式展现着龙文化的地域特征。1987年，濮阳县西水坡遗址发现的蚌塑龙，以其重要的地理位置和独特的造型展现着濮阳古老的文明，诠释着濮阳龙的传说和独特的龙文化内涵。随着时间的推移，濮阳蚌龙的发现与研究已不再局限于其考古价值的本身，濮阳龙文化已成为濮阳人民以龙造势、以龙会友、以龙聚商发展的地方文化品牌。濮阳市自2000年开始举办首届中华龙文化活动周，每年举办一届，到2003年改为中华龙文化节，并增设了杂技艺术节。龙的精神已在濮阳大地上逐渐发扬光大并进而形成"自强不息、奋发有为、团结拼搏、争创一流"的濮阳精神，成为濮阳人民对外开放、经贸交流、发展经济、建设家乡、振兴龙乡的巨大精神力量。

第一节 濮阳龙文化与中华民族

中国古文献记载传说中的三皇五帝都与龙有密切关系。濮阳古称帝丘，颛顼、帝喾均建都于此。在濮阳，关于龙的传说很多。民间有刘累豢龙的故事，境内的黄龙潭、黑龙潭、龙王庄、龙王庙等地名也多与龙有关，特别是关于"颛顼乘龙至四海"、"帝喾春夏乘龙、秋冬乘马"传说，可以说是家喻户晓。但在1987年前，濮阳人对于龙的传说，基本是传者自传，听者自听，一般人都认为这种传说是后世的附会，并不一定是三皇五帝时期的真实信仰。1987年，考古工作者在濮阳西水坡仰韶文化早期遗址中发现了用蚌壳摆成的龙虎图案。其中蚌龙的造型和商周青铜器、汉唐古器物上的龙的造型一脉相传。西水坡的蚌壳龙可以说是中国后世龙造型的鼻祖，被专家、学者誉为"中华第一龙"，并在世界上引起震动。

濮阳"中华第一龙"发现后的20多年间，国内外著名专家学者围绕蚌塑龙虎图案，从历史学、文献学、考古学、民族学、民俗学、天文学、物理学等诸多学科出发，围绕龙和龙文化、西水坡蚌图遗迹、濮阳蚌壳龙产生的意义都阐述了自己的研究成果。专家们一致认为，1987年濮阳西水坡出土距今6400多年的龙虎蚌塑遗迹，是震惊世界的重大考古发现，对研究中国历史和中华文化产生了极其深刻的影响，应得到充分的肯定和研究。

关于龙和龙文化。学者们对"龙的原型是什么"这个问题各抒己见，但都认为龙文化是中华文化的重要组成部分，是中华民族大融合、大团结、大统一的象征。亿万炎黄子孙被称作"龙的传人"绝不是偶然的，有其深厚的历史文化渊源。

关于西水坡蚌壳龙。1987年濮阳西水坡仰韶文化蚌图遗迹的发现，为我们探索龙文化找到了主要依据。远古时期蚌壳龙虎造型同时出现，迄今为止，在全国尚属仅有。学者们认为，濮阳出土的蚌龙和商周青铜器、汉唐古器物上的龙的造型一脉相承，因此它是中国龙造型的鼻祖，蚌龙在历史、宗教、天文、美术等方面包含的龙文化内涵，是考古发现史前时代其他龙形物所无可比拟的。从这个意义上说，它是"中华第一龙"。

关于三组蚌壳图及M45墓主身份。学者们对三组蚌壳图的文化含义作了充分的肯定。许多学者认为，蚌图是先民宗教祭祀、术数活动的见证。部分学者从天文学的角度对蚌壳龙虎造型进行分析，并认为是中国最早的星象图，引起与会学者浓厚的兴趣。虽然学者们对M45"墓主是谁"这个问题仁者见仁、智者见智，但一致认为墓主的身份非常高贵，很可能是古代某个具有极大权力的首领。

关于濮阳蚌龙产生的文化背景。学者们认为，西水坡蚌壳龙虎造型的发现，反映了源远流长的濮阳历史文化和代代相因的历史遗存。学者们经过充分的讨论后认为，濮阳是颛顼的都城，这已成定论。颛顼是继炎黄二帝之后又一位为中华民族的延续和进步作出巨大贡献的人文始祖，对炎黄文化的发展起到极大作用。不少学者从文献上考察濮阳的历史文化，并对伏羲、昌意、颛顼、仓颉、尧、舜及昆吾、夏后相等在濮阳地区的遗迹和记载进行探讨，认为濮阳是文化遗存极其丰厚的地区。有些学者还用丰富的文献材料说明，雷泽就在濮阳，雷泽就是龙泽，而龙泽是龙文化最重要的发展区域，它是中国的祖庭圣地、祖茔圣地、宗教圣地。这引起与会专家的重视。由此，濮阳可以称是中国的"龙乡"和"龙源"。

1995年10月11日，中华炎黄文化研究会采纳各方面专家的意见，把镌刻"龙乡"二字的铜牌赠送濮阳。由此，濮阳在全国的"龙乡"地位得以确立。濮阳1988年被授予"中华龙乡"之称，2012年又被授予"华夏龙都"、"中华帝都"荣誉。

第二节　濮阳龙文化与华夏文明

2000年4月11日至14日，中华炎黄文化研究会、中国太平洋学会、中国侨联、河南省炎黄文化研究会、河南省侨联在濮阳市召开龙文化与现代文明学术讨论会，到会学者50余人提交论文45篇。会议收到了费孝通、贾兰坡、李学勤、石兴邦、马承源等国内著名专家、学者的贺函。与会学者从历史学、考古学、天文学、甲骨学、民俗学、神话学、美学、社会学、伦理学等10多个学科，围绕龙文化在现代文明建设中的作用、"中华第一龙"发现的意义、M45墓主人的身份、M45的天文学成就、M45所处时代的社会性质等专题进行讨论。会议由河南省博物院研究员许顺湛主持。

学者们认为，龙作为联结海内外炎黄子孙的纽带，在新时期具有独特的价值。龙文化中所包含的团结统一、自强不息、兼容并包的精神正是时代所需要弘扬的。

在经济全球化的时代，研究龙文化的现代价值对继承中华优秀传统文化，振奋民族精神，促进祖国的完全统一，具有多方面的重要意义。

会议提出许多新问题、新见解、新课题，把龙文化研究与华夏文化纽带工程结合起来，把龙文化研究与两个文明建设结合起来，方向更明确，视野更开阔。学者们建议，成立龙文化研究会，把濮阳培育发展成为全国龙文化研究中心，真正使龙文化在社会主义现代化建设中发挥作用。

此次讨论会内容涉及面很广。许顺湛在小结发言中，把有关濮阳龙文化的讨论内容归纳为以下几个方面：

龙乡和"中华第一龙"的再次确认。1995年在濮阳召开的"龙文化与中华民族"全国学术会议，学者们一致认为濮阳是"龙乡"，并且由中华炎黄文化研究会向濮阳赠送"龙乡"铜牌。从这次提交大会的论文和发言来看，"龙乡"这项桂冠得到再次肯定。关于濮阳"中华第一龙"的美誉早已传遍海内外，但是在学术界还是有人提出异议，他们认为其他地区考古发现的龙，有的较濮阳蚌塑龙的时代偏早，应该以年代早的龙称为第一龙。但是参加这次会议的学者仍然肯定濮阳龙是中华第一龙。其原因有两条：第一，濮阳蚌塑龙是以鳄鱼为原型，而且头上还有角，与秦汉以及直至明清时期的龙，其形状比较接近，它们之间似有传承关系，可以说西水坡的龙是后代龙的鼻祖。龙的起源是多元的，不同地区有不同的原型龙。例如，陕西的鱼龙、内蒙古的马龙、辽宁的蛇龙、猪龙，以及湖北、安徽等地发现的龙，与秦汉以后的龙形状差距较大，无法与濮阳发现的龙相比。第二，濮阳蚌塑龙不是孤例，有虎、鹿相配，而且出土三组，特别是与人交织在一起，文化内涵极为丰富，共存的文化现象反映许多方面的重要问题，最突出的如在天文学方面，与人文相结合方面，其他地区的龙都望尘莫及，根本就不是一个档次。因此，西水坡的蚌塑龙戴上"中华第一龙"的桂冠，是名副其实的。

关于45号墓主人的身份。这是学者们非常感兴趣的课题。有的学者认为墓主人是一个大巫师，有的认为是大巫师兼部落首领。有些学者把墓主人与具体人物联系起来，有三种说法：第一种说法，认为45号墓主人是一代伏羲墓，因为文献记载伏羲十四世，此墓属于某一世的伏羲墓，可以成为伏羲世皇陵，古代第一皇陵。三组蚌塑图案反映了帝王的葬仪，第一组蚌塑是伏羲太乙归天图，第二组蚌塑是伏羲灵魂回归图，第三组蚌塑是伏羲乘龙周游图，三组蚌塑反映了百王之先的伏羲氏隆重葬仪。第二种说法，认为45号墓的墓圹为浑天、盖天地平四方综合图形，证明它是东夷帝王墓，具体一点说，它是"肩髀分离"而又整合的蚩尤真身王陵，并认为蚩尤是伏羲、女娲上元太初历的嫡传者。第三种说法，也承认45号墓主人是大巫、部落首领、神的代表，但是认为他是颛顼族的某一代领袖。颛顼族的领袖墓，可以说是颛顼墓，史书称颛顼为帝颛顼，因此，也可以称为帝陵。45号墓主人有伏羲、蚩尤、颛顼三种说法，孰是孰非不能定论，需要各自继续深入地综合研究。但是这三种说法有一个共同点，即都认为是6000年前"王"一类人物的墓，称为"王陵"或"皇陵"。濮阳地区史书称为帝丘，帝丘与"王陵"联系起来，值得学术界给予关注。

"王陵"的提法目前还属于大胆的假设性质，但是能够言之成理，把 45 号墓提高到"王陵"的地位，的确是值得重视的新见解。结合 45 号墓所在的仰韶遗址发掘情况看，发掘时期的遗存，除房基 10 座、窑穴、灰坑 300 多个之外，还发掘了 100 多座墓葬，45 号墓在这些墓葬中是凤毛麟角，值得重视。发掘到 1000 多件文物，其中有特大型的陶鼎和大型的陶鼓，可能是祭祀活动的礼器，使人看后有一种"王气"的感觉。"王气"与"王陵"结合起来看，是今后要特别重视的一项研究课题。

45 号墓所反映的天文学上的成就。在这一方面，伊世同、冯时等许多著名学者早都发表了高见，把 45 号墓戴上一串串的光环，把它的荣誉和地位提高到令人敬仰的地步。从这次会议上的论文和发言看，有的学者认为西水坡的龙，准确地表达了天界、地界、人界的全息宇宙观，是天人合一的雕塑艺术，概括体现了当时发达的文明成就。三组蚌塑既是图腾徽铭，又是天文历法图像，是世界上最早成熟的黄赤混合带星象学系统。北斗斗魁的三角形，证明继承了 1.3 万年前北斗九星的星象，也证明是实行伏羲上元太初历。有的学者认为，45 号墓是天圆地方，蚌塑龙虎反映了春分、秋分的天象。第二组蚌塑龙虎反映了蝉联一体作交尾状，是取冬至之日"天地交泰"的冬至图。第三组人骑龙与虎逆行相转，可称为夏至图。三组蚌图当时称为大辰图。有的学者提出，龙是华夏族群的远古图腾与天文、人文象征，是中国传统星象中颇具特色的最大星座。从濮阳天文图多学科研究的结果看，其断代年代下限不晚于距今 6000 年前。用天文学中的岁差方法推断，其萌始阶段约发生在 2.5 万年以前。濮阳的天文图是世界上星象体系的最古物证。这次会议对濮阳龙的天文学内容进行充实，使"中华第一龙"更增强了诱人的光彩。

关于 45 号墓所处时代的社会性质。45 号墓的绝对年代大体是距今 6500 年前，相当仰韶文化后岗一期，这是大家所公认的。但是对于它所处的社会性质则说法不一。主张处于父系氏族社会的学者认为，黄帝、颛顼、帝喾、尧、舜、禹这些推动文明形成的"英雄们"，都与龙有密切的关系。龙不是与"民知其母不知其父"母系氏族社会俱来的图腾崇拜，它已进入父系氏族社会。有的学者认为，商代的龙角特点似"祖"字形，反映了男性崇拜的盛行。濮阳龙是有角的龙，龙角是神圣之物，是龙的灵魂。因此认为，龙的形成宣告了以男性为中心的社会组织的诞生。还有的学者认为，龙代表天，虎代表地，45 号墓代表天地中间的人，合起来便是"天地人"。这位墓主人是既管天，又管地、管人的特殊人物，是集政权、军权、神权于一身的部落首领，当时已处于父系氏族社会。主张处于母系氏族社会的学者认为，濮阳 45 号墓没有随葬品，反映不出贫富分化和阶级的出现，墓主人是巫师、不是显贵。有的学者认为，墓主人虽然是男性，当属部落领袖、神的代表，是一个巫，但不属于父系社会，应属于母系社会。45 号墓能够引发与社会性质的讨论，说明它在学术上的重要价值。

会后，由中华炎黄文化研究会、河南省炎黄文化研究会、濮阳市人民政府合编的《2000 年濮阳龙文化与现代文明学术讨论会论文集》由中国经济文化出版社出版。文集共收录论文 29 篇，40 余万字。

总之，多年来，多学科学者专家多次会集濮阳，对西水坡遗址发现的蚌塑给予了高度的评价。钟情于龙文化的学者多次来了，认定其中的蚌塑龙是"中华第一龙"；研究虎文化的学者多次来了，认定其中的蚌塑虎是"中华第一虎"；研究古典礼器的学者多次来了，认为三组蚌塑是中国最早的艺术神器；研究美术的学者多次来了，认为摆塑图是中国古代绘画、雕塑成熟的源头；研究图腾文化的学者多次来了，认为找到了龙、虎、凤、鹿、龟等这些图腾信仰的原始标本；研究神话的学者多次来了，认为从这些摆塑图中看到了远古神话的渊薮；研究道教文化的学者多次来了，认为蚌塑龙、虎、鹿是道教得道人士飞天行地的"三跷"；研究社会形态的学者多次来了，大多数认为当时濮阳这一地区已进入父系社会和农业社会；研究五行文化的学者多次来了，认为第二组蚌塑中的龙、虎蝉联并领鹿（麒麟）、凤、龟，合称五灵，又称五福，是阴阳五行文化的先祖；研究天文的学者多次来了，认定其中龙、虎和斗柄摆塑就是6400年前精确的天象图，龙是苍龙星座，虎是白虎星座，斗柄是北斗星座；研究八卦的学者多次来了，认定西水坡遗址的龙、虎和4个孩子环绕就是中国八卦文化的起源，标示着太极生两仪、两仪生四象。八卦文化在形成中有一个从太极生两仪、再生四象、再生八卦的过程，西水坡遗址时代已经发展到了四象时代。

第三节 濮阳龙文化活动

1987年，濮阳西水坡出土了"中华第一龙"。1995年10月，濮阳被中华炎黄文化研究会命名为"龙乡"。从此开始，濮阳以龙文化为纽带，组织开展了一系列龙文化活动。

举办龙文化活动周。2000年4月11日至4月20日，濮阳市举办首届中华龙文化活动周。活动周期间共安排18项文化活动，从开幕式到闭幕式，环环相扣，好戏连台。濮阳市围绕龙文化主题，开展了中华龙吟诗会、书画作品展、明信片首发式、龙文化与现代文明学术研讨会、世界华人书画精品展、中华龙图片展和西水坡出土文物展等活动。这些活动融思想性、知识性与艺术性于一体，充分展示了中华龙文化的丰富内涵，提高了濮阳的文化品位。

从2000年开始举办的龙文化活动周，每年举办一届。到2003年改为中华龙文化节，并增设杂技艺术节，此后两年一届至今，共举办中华龙文化节6届。特别是自2012年以来，濮阳市又将龙文化与传统节日"二月二，龙抬头"结合起来，在2012年和2013年连续举办两届声势浩大、丰富多彩的濮阳"二月二"龙文化节暨经贸活动，搭建独具特色的招商平台，加大文化招商工作力度。经过举办多届龙文化活动周和龙文化节，提高了濮阳的知名度，促进了文化事业和文化产业的发展，吸引了一大批资金、项目落户濮阳，有力推动了濮阳经济社会又好又快发展。目前，濮阳中华龙文化节和杂技艺术节已成为河南省具有较大影响的节会和濮阳市代表性的文化品牌。濮阳古老灿烂的龙文化，正焕发出新的生机与活力。

第十四章 古代水文化

第一节 远古治水传说

在中国远古时期，先民们居无定处，每当洪水来临，他们就躲往高处，避开水患。到了新石器时代，黄河流域的氏族部落进入了以原始农业为主的发展阶段，开始了临水而居，用水生产、生活。在他们享尽大河之利的同时，也会时常受到洪水的威胁。从此，人们开始了与水患不懈的斗争，留下了许多感人的传说。

相传中国最早治水英雄应首推女娲。有些学者说，她是"三皇"之一，或是伏羲之妹，或是伏羲之妻，或说她早于"三皇"时代。不管怎么说，她是中华民族远古的祖先。据传说，女娲有 3 大功劳：一是补天，二是造人，三是治水。但因女娲有前两大功劳，人们就往往忽视了她的治水之功。在《淮南子览·览冥训》中记载："往古之时，四极废，九州裂。天不兼覆，地不周载。火爁焱而不灭，水浩洋而不息。猛兽食颛民，鸷鸟攫老弱。于是女娲炼五色石以补苍天；断鳌足以立四极；杀黑龙以济冀州；积芦灰以止淫水。"从这段文字记载来看，女娲补天的最后目的，主要是"积芦灰"、"止淫水"。女娲所断杀的巨鳌和黑龙，其实都是兴风作浪、为害人民的水怪。因此，她断杀它们的最终目的就是为了平息水灾和治理水患。女娲为补天所炼的五色石，与其说是为了补天，还不如说是为了治水。对于从事农耕汉族来说，历来水患和水利都是首要关注的大事。五色石料和芦灰，都是早期治水的重要必需品。所以，女娲补天的传说所折射出来的，应该是母系氏（部）族社会时的人类，在自己女性首领带领下，进行较大规模的"止淫水"的治水历史，也反映出了当时母系氏（部）族社会农耕文明的繁荣情景。

早在"五帝"之一的颛顼时代，有一部落首领叫共工氏，是炎帝的后代，执政于河北的北部。他高度重视水利，发明了筑堤蓄水、挖高填低，有利于灌溉土地的办法，受到了人们的爱戴。执政于帝丘一带的颛顼，以自身统治利益着想，不同意共工氏的治水方法，与共工氏发起了一场战争。颛顼以挖高填低会破坏风水，触怒鬼神的迷信说法，发动民众打败了共工氏。共工氏为表明自己治水事业的正确、伟大，一气之下撞上不周山（今宁夏），献出了宝贵的生命。他死后，人们奉他为水师。他的儿子后土继承父亲的遗志，继续治水，成绩显著，后来被人们奉为土地神。

据记载和传说，大禹也是治水世家。他的父亲叫鲧，是五帝之一颛顼的儿子。鲧奉命治水，仅采取"水来土挡"的策略，结果治水 9 年都未能成功，被帝王处死，为治水事业献出了宝贵的生命。但死亡并未改变他治水的决心，3 年尸体不烂，腹中又孕育着新的治水英雄。当人们用刀剖开他的肚子时，便生出禹来。"鲧腹生禹"的故事，形象地说明了我们的祖先世代相传，不屈不挠的顽强治水精神和失败是成功之母的道理。大禹总结了父亲的治水经验和教训，采用疏导的方法首先凿宽了龙门，使黄河上游的水一泻而下，但造成邙山以东的下游一片泽国。大禹就亲自勘测中原地形，发现濮阳、浚县一带正处于南、北分水带和河道的中流，于是就在浚县大伾山建立治水指挥部，在冶金比较发达的濮阳地区建立冶炼锻造基地，打造挖河开山工具，开展声势浩大的治水活动。历经 8 年，终于开挖了黄河入海主河道。随后又治理徒骇河、马颊河等 9 条河流，使濮阳等中原一带又恢复了经济繁荣景象。之后，大禹又奉命到南方治水，仍采用疏导的方法平息了洪水，取得了治水的伟大胜利。大禹在治水过程中，亲自拿着工具，走遍祖国各地，舍家忘我，13 年在外，三过家门而不入。这虽然只是传说，但体现了我们的祖先征服自然，热爱劳动，公而忘私，百折不挠的理想和情操。因大禹治水有功，舜帝让位于大禹。大禹建立了中国第一个奴隶制王朝——夏朝，历经 439 年，才被商朝所替代。

第二节　历代王朝治水

兴水利，除水害，历来是治国安邦的大事。水安则国安，水兴则国兴。纵观中国历史，历代王朝为其统治地位，都比较重视治水工作。

春秋时代，杰出的政治家、水利思想家管子就提出，善为国者必先除水旱之害，治水的好坏，直接关系着王朝的运作。管子任齐国国相数十年，辅佐齐桓公大兴水利，发展生产，富国强兵，使齐国成为"春秋五霸"之一。

战国中后期，群雄纷争天下。但最终统一天下的不是强大的楚国，也不是殷实的齐国，而是起初很不起眼的秦国。其主要原因之一，就是秦国高度重视水利，先后修建了"都江堰、郑国渠、灵渠"三大水利工程，成就了秦国统一中国之大业。防洪与灌溉并举的都江堰水利工程的修建，不仅造就了一个天府之国和大粮仓，增强了秦国国力，而且创立了"一年一岁修，五年一大修"的工程岁修制度，并为世界留下了宝贵的水利文化遗产。郑国渠虽是奸细之作，但该工程将泾、洛两河连接在一起，使关中平原变成了良田，致使秦国在战略上变得更加强大。灵渠的修建打通了长江、珠江两大水系，为秦国巩固边疆统一提供了保障。

秦始皇在刚刚统一中国后，就提出了"南修金堤挡黄水，北修长城拦大兵"的国策。在濮阳一带民间，至今还流传着秦始皇跑马修金堤的动人故事。当时黄河在濮阳一带年年泛滥，民不聊生，秦始皇就下旨在汛前，修一条黄河大堤，取名金堤（坚固的意思）。为了排除修堤选址干扰，他亲自骑马，带着监工大臣，马跑到哪里，就修到哪里。他沿河跑了二百多里，马蹄印就成了修金堤的中心线。金堤的修建，约束了洪水，使濮阳一带市商繁荣，农事发达。

汉武帝元光三年（公元前 132 年），黄河在瓠子（今濮阳新习乡境内）决口，洪水向东南侵淮河流域，泛滥 16 郡，灾情严重。汉武帝派汲黯、郑当时率 10 万人去堵塞，没有成功。直到 23 年后，汉武帝亲临决口处指挥堵口，要求随从的官员自将军以下者皆参加劳动，并沉白马、玉璧于河中以表堵口决心，终于将口门堵复。为表堵口纪念，汉武帝在堵口处修筑了"宣防宫"（也叫"宣房宫"，现存有遗址）。从此，后代多用"宣防"表示防洪工程建设。汉武帝有感于黄河堵口的不易，亲自作《瓠子歌》两首，发出"甚哉，水之为利害也"的感叹，自此以后"用事者争言水利"。"水利"一词，由此而来。

王莽始建国三年（公元 11 年），黄河决口于治亭（今濮阳），这是黄河有史以来的第二次大改道。黄河决口后的洪水之迅猛，冲毁之严重，受灾地域之广，都超过了历史上的任何一次。其决口后泛滥清河以东各郡达 59 年，给王莽政权以致命的打击，也是王莽统治倒台的主要原因之一。至东汉明帝永平十二年（公元 69 年），为巩固政权，皇帝派著名水利专家王景，带领沿黄人民修渠筑堤千余里，将黄河锁于濮阳城南，安澜 700 余年。期间，濮阳等中原地区经济得到快速发展，人口大增，成为中国当时人口最稠密的地区之一。

隋文帝完成统一中国大业后，公元 584 年兴水利、开漕运，使黄河、长江两大流域逐渐成为一体，促进了经济发展，社会安定，政权稳固。永济渠过濮阳后，濮阳经济更加繁荣，成为"桑间濮上"、"衣被天下"的地方。

唐朝时期，当局更加重视水利工作，主要体现在四个方面：一是加强水利技术研究，促进了水利科学理论的进步和传统防洪工程技术的成熟。二是重视漕运，进行内河航运网络的建设。三是在全国范围兴修灌溉工程。四是制定全国性的水利法规《水部式》，促进了水利方面的综合管理。这些在很大程度上促进了唐朝的稳定和强大。唐朝中期，黄河安澜，濮阳的农业、手工业等得到长足发展，尤其是丝绸业闻名全国。

在宋朝（北宋），王安石为改变当时"积贫积弱"的社会现实，以富国强兵，巩固其统治地位，决定进行变法。王安石变法的主要内容之一就是制定农田水利法规，鼓励各地兴修水利，开垦荒地。濮阳人民积极响应变法，掀起了开垦荒地，兴修水利，江河治理的热潮。在北宋时期，濮阳还涌现出一位治黄名师叫高超。宋庆历八年（公元 1048 年），黄河决口于商胡（今濮阳栾昌胡）北流，经大名、馆陶、衡水等地，在天津入海。此次大改道，史称"北流"。该口门多次塞堵未果，惩处了不少的官员。后来濮阳河工高超在实践中发明了"三埽合龙门法"，终将口门堵复。此外，高超在治理黄河水患实践中还发明用竹筐盛石头、草禾等沉于水中堵堤防决口、管涌之技术，一直沿用至今。因此，高超被人们称为治黄名师。北宋熙宁十年（公元 1077 年），黄河决口曹村（今濮阳新习乡陵平），澶州（今濮阳）南城圮于黄水，泛郡县 45 个，淹民田 30 万顷。黄河自此南徙，是历史上第三次大改道。次年 4 月，决口合龙，河复北流。

元朝对治水十分重视，中央政府设都水监，地方设河渠司，专门负责兴水利、修河堤，遏制水患。素有"元人最善治水"的美称。在元朝，涌现出了一大批著名的水利科学家。例如，治理黄河、通惠河的郭守敬，疏浚吴淞江、会通河的任仁发，发展漠北畜牧业灌溉事业的哈剌哈孙，治理黄河的贾鲁等。这些水利专家为元朝的稳定、扩张都作出了很大的贡献。

明太祖朱元璋在开国之初就致力于水利建设，在兴建水利工程的同时，对以往水利工程进行整修改建，提高了粮食产量，促进了社会稳定。明成祖迁都北京以后，对南北的京杭大运河进行了改造，使其成为南北交通运输的大动脉，对中国南北经济的发展起了重要的作用。明代著名水利专家潘季驯，创造性地提出了"束水攻沙"治河理论，并在黄河治理中取得显著成效，确保了黄河安澜。但在明末时期，朝廷腐败，不重视水利，造成水灾、旱灾严重，民不聊生，致使李自成造反，队伍迅速壮大，将朝廷推翻。如果崇祯皇帝能重视水利，做到旱涝保丰收，让老百姓有饭吃，大明朝也不会灭亡。

清代康熙皇帝把三藩、河务与漕运作为主政后紧抓不放的 3 件大事，并且"书而悬之宫中柱上"，夙夜廑念，不敢怠慢。这 3 件大事中，两件是水利，可见其重要。大清朝皇帝都这么重视水利，当然不是小事、易事。清代之所以有"康隆盛世"，这和重视水利工作密切相关。清代，林则徐对水利贡献很大。他在禁烟之前曾任河道总督，尽力修治黄河；任江苏巡抚时，兴修白茆（茅）河、浏河水利；禁烟后被充军新疆，又大办水利，在吐鲁番一带新辟坎儿井 60 多处。

第三节　治河方略的发展

从有人类开始，洪水就成了困扰我们民族生存和生活的问题。为此，我们的祖先为了生存和生活，同洪水进行了不屈不挠的斗争。在与洪水长期斗争实践中，不断总结、创造，发明了行之有效的治河方略。

早在上古时期，鲧奉命治水，单纯采取"水来土挡"之策略，结果屡治屡败，9 年都未能成功。后来鲧之子禹，总结了父亲的治水经验教训，采用了"治水须顺水性，水性就下，导之入海。高处就凿通，低处就疏导"的治水思想，平息了洪水。禹的疏导治水思想，是人类认识治水规律的一大飞跃。

随着人类的进步，生产力的发展，人口和城市增多，土地被广泛开垦，就没有更多的荒地任河流洪水随意摆动。春秋时代，杰出的政治家、水利思想家管子就提出，修堤防洪、固定河流、约束流路的方法。随即各国相继修筑堤防，至战国时期堤防连贯起来，初具规模。秦始皇统一中国后，下令拆除阻水工事，统一管理由原诸侯国自行修建的黄河堤防，并进行了完善加固。

西汉时期，黄河频繁决溢，灾患严重。朝廷征集治河方案，贾让应诏上书，提出了著名的治河上、中、下三策。上策是采用人工开挖河道的方法，为黄河寻找一条宽阔的河道；中策是把改道变成穿渠分流，就是分水，达到滞洪目的；下策是筑堤堵水。贾让的治黄三策，一是第一次全面对治理黄河进行了方案论证，较完整地概括了西汉时期治黄的基本主张和措施。二是首次明确提出在黄河下游设置滞洪区的思想。三是论证规划方案时首次提出经济补偿的概念，主张筹划治河工费用于安置因改道所需的移民。四是提出了综合利用黄河水资源的理念。五是分析了黄河堤防的形成、发展过程及其弊端。贾让的治黄三策，对后世治河产生了重要的影响，是古代治河思想的重要遗产之一。

东汉时期，由于河（黄河）、济（渠）、汴（渠）交败的局面愈演愈烈，治河争论也日趋激烈，主要表现在治河与政治、经济的关系，以及采取什么样的治水措施上。汉明帝曾说，由于治河的意见不一致，众说纷纭，一时难以拿定主意而治河不能及时动工。有人向皇帝推荐王景修整浚仪渠，王景就与谒者（官名）王吴一起采用塎流法（使用石砌溢流堰防洪的办法），使得大水不再造成灾害。直到永平十二年（公元69年），皇帝才采纳王景的意见，开始了一场声势浩大的治河活动。王景在治水活动中，"商度地势，凿山阜，破砥碛，直截沟涧，防遏冲要，疏决壅积"（《后汉书·王景传》），采取当时各种可行的技术措施，自上而下对黄河、汴渠进行了治理。特别是在汴渠出口治理中，创造性地采用了"十里设一个水口，令更相洄注"的措施，交替从河中引水入汴，从而改善了汴口水门工程，做到了河、汴分流。王景带领数十万人经过整整一年的努力，"修渠筑堤，自荥阳东至千乘海口千余里"，完成了黄河、汴渠的全部治理工程。王景这次治河活动，不仅平息了数十年的黄河水患，而且使黄河安澜700余年，为治理黄河作出了卓越的贡献。

北宋时期，黄河治理再一次受到世人关注，并引发了长达数十年的论争，也同样源于严重的河患。而且这时的河道变迁更加剧烈，发生了黄河史上的第三次大的改道（今濮阳胡村乡栾昌胡决口），加之北宋京城开封地处黄河下游，河患与统治阶级的利害关系更为密切，因此从皇帝到朝廷重臣，许多人都卷入了治河的争论。据史料记载，北宋初期的治河争论首先发生在李垂的分流建议上。他建议采用开河分流的方法治理滑州以下的黄河河道，以减轻下游的决溢灾患。宋王朝对这一方案十分重视，召集百余人进行讨论，但因反对意见较多而未予采纳。公元1048年，黄河发生第三次大的改道后，经今河北省在天津附近入海（史称"北流"）。自此以后因北流多次决口，引发"北流"和恢复故道"东流"长达40余年的治河大争论。后来三次实施回河"东流"，但均以失败而告终。并因此而导致多名官员被罢免，可见双方当时争论的激烈程度。难怪到了北宋末年有人在总结这一时期的治河时，发出"河为中国患，二千岁矣。自古竭天下之力以事河者，莫如本朝。而徇众人偏见，欲屈大河之势以从人者，莫于近世"的感叹。

明代的治河争论，主要发生在分流与合流之争上，且以分流为主。从明初到嘉靖年间，治河者大部分都主张分流"以杀水势"。宋濂、徐有贞、白昂、刘大夏、刘天和等一大批明代治河名人都持这一观点，并进行了相当规模的实践。他们认为，"利不当于水争，智不当于水斗"，只有采取分流的办法，才能分杀水势，消除水患。然而，他们只知"分则势小，合则势大"，但忽视了黄河多沙的特点。由于黄河多沙，水分则势弱，必然导致泥沙淤积，进一步促使河道淤积萎缩。因此，在明代前200年中过度分流的结果，不但没有使河患减轻，反而造成了此冲彼淤，"靡有定向"的局面，加重了黄河的灾害。鉴于分流不仅没有带来黄河的安定，却致使河道来往滚动，愈加不可收拾这一险恶状况，隆庆、万历年间，以万恭、潘季驯为主要代表的合流论应运而生，提出了"筑堤束水，以水攻沙"的治河思想。他们提出的这一思想，在治黄的理论上实现了从分流到合流，由单纯治水到重点治沙两个重大转折，总结和利用了水沙运行的客观规律。从此奠定了"筑堤束水，以水攻沙"治黄思想在治河史上的重要历史地位，基本解决了治黄历史上长期的分疏与筑堤之争，迎来了堤防工程大发展时期，结束了黄河数百年来多支分流的局面（开始单一河道运行）。在今后的 300 年间，黄河沿线虽屡有决口发生，但黄河的主流一直稳定，这不得不归功于潘季驯的"以堤束水，借水攻沙"的合理思想得到贯彻的一个结果。

清代时期，朝廷为保漕运，寻求治河之策，各种主张活跃，有分流论、改道论、汰沙澄源论、北堤南分论等。通过争论，人们认识到治河必须从中游着手，"正本清源"，这是治黄思想的又一个重要转变。清咸丰五年（公元 1855 年），黄河在河南兰考铜瓦厢决口，有不少的人主张堵复决口，使黄河回归故道，恢复漕运，消除山东水患。但更多的人坚持因势利导，就新河筑堤，使黄河改行山东入海。最后主张顺河筑新堤的意见占了上风。1864 年，开始实施顺河筑新堤方案，历经 20 年的修建，黄河下游的新堤防才完整地修筑起来。

20 世纪 30 年代初，李仪祉等治河专家总结了历代治河经验教训，并吸取西方先进的科学技术，打破了传统的治河理念，提出了治理黄河要上、中、下游结合，治本与治标结合，工程措施与非工程措施结合，治水与治沙结合，兴利与除害结合的综合治理方针，治河方略才发展到一个新的高度。

第十五章 现代水文化

第一节 人与水和谐共处

水是一切生命之源，是人类生存和发展的最基本要素之一。人们为了生存和发展，进行了大规模的治水活动，修建了众多的堤防、水库、灌渠、围垦开荒、围垦种田等，这些都为人口的增长创造了条件，为社会的发展与进步作出了贡献。但随着人类工业化社会的进程，过度的水利工程建设，也带来了众多的问题。例如，水资源过度开发，出现了河湖干涸、地下水衰竭等一系列的环境和生态问题；城市和工农业的发展，产生了严重的水质污染和水环境恶化问题；防御江河特大洪灾仍缺乏切实可靠的保证。这些就迫切需要人们不断认识水的客观规律，探索治水的新理念。2000 年 7 月，中国工程院向国务院提交了《中国可持续发展水资源战略研究综合报告》。在这个报告中建议中国水资源的总体战略是"以水资源的可持续利用支持我国社会经济的可持续发展"，并提出"在防洪减灾方面，要从无序、无节制地与水争地，转变为有序、可持续地与洪水和谐共处。"这是中国历史上第一次提出人与洪水和谐共处理念。2003 年 1 月，中国工程院向国务院汇报《西北地区水资源配置、生态环境建设和可持续发展战略研究》的成果，进一步提出"确立人与自然和谐共存的发展方针"。人与自然"和谐共存"或"和谐共处"，体现在水利上就是"人与水和谐共处"。目前人与水和谐共处的指导思想已取得初步共识，已成为中国现代水利的新理念。

人与水和谐共处，体现在洪水和洪灾方面，须建立人与洪水和谐共处的防洪减灾体系，将洪水与洪灾加以区别。江河洪水是一种自然现象，是人类不可能完全消除的；江河洪灾则主要是由于人类开发利用江河冲积平原而产生的问题，应由人类自己解决。人类为了生存与发展，可以适当修建水利工程，开发利用江河冲积平原，但不能过度和不合理开发，不能无序、无节制地与洪水争地，应给洪水留有一定的空间，做到和谐共处。

人与水和谐共处，体现在水资源配置方面，须与周边的自然生态系统和谐共处，合理分享水土资源。人类为了发展社会经济，必须多占用一部分原本属于自然生态系统的水土资源；而为了人类自身的可持续发展、长远利益，又必须适当维持周边的生态系统，以维护自己的生存环境。因此，在水资源配置上就需要兼顾自然生态环境和人类社会经济两个方面的需求，进行合理、科学配置。要依靠现代科学技术和现代集约型的经济发展方式，解决水资源的供需矛盾。通过高效、节水、防污的社会经济模式和对用水效率、效益的不断提高，达到社会经济和自然环境的协调发展。

人与水和谐共处，应注重河流生态功能研究。在地球表面河流具有不可替代的生态功能。它不仅支持河流内及其两岸走廊的生态系统，而且以其干流和不同等级的支流组成地球表层的各个水系，是地球水循环的陆地主要通道。在过去的江河治理和水利工程建设中，没有重视和研究河流的生态功能，对河流的变化规律及其作用认识不够。例如，对河流的洪水，只考虑为害的一面，但它具有补充两岸地下水和湖泊洼地的水源、塑造河床、稀释污水等作用认识不够。为维持江河健康生命，实现人与水和谐共处，加强对河流生态功能研究是十分必要的。

人与水和谐共处，还须做到人与沙漠和谐共处。沙漠和土地沙化应给予区别。沙漠是地质年代形成的自然景观，是地球环境的一个组成部分，是人类不能也无法消灭的；沙化是人类不合理利用水土资源而造成的土地退化的灾害，是人类应该也可以防治的。因此，人们要合理利用水资源，避免过度开发造成树木、草原的破坏。严禁超采地下水造成地下水位大幅度下降，致使植被逐渐退化、枯竭。人们要善待沙漠，和谐共处，不能不顾自然条件来改造沙漠，否则会适得其反。例如，人们为治理沙漠，在沙漠的周边地区种植了农作物或林草，而种植这些作物也将会减少或耗尽沙地蓄存的土壤水，使沙漠反而扩大化。

第二节　民生水利

水利与民生息息相关，水利工程具有保障生命安全，促进经济发展、改善人民生活、保护生态与环境等多种功能和多重效益。发挥某一功能效益又需要多项水利工程相互配套配合，以解决人民群众最关心、最直接、最现实的水利问题为重点，以水利基础设施体系为保障，着力解决好直接关系人民群众生命安全、生活保障、生存发展、人居环境、合法权益等方面的水利问题。使水利事业服务于民生，造福于民生，保障于民生，润泽于民生。这些涉及民生的水利可称为民生水利。

从目前看，中国民生水利发展是相对滞后的，这也是我国传统水利向现代水利、可持续发展水利转变过程中的突出问题。从历史上看，民生水利发展是一个动态的、系统的、长期的过程。民生水利具有阶段性。经济社会发展的不同阶段，民生水利涵盖的内容不同，人民群众对民生水利的要求不同，人们解决民生水利问题的重点和标准也不相同。民生水利具有公共性。涉及人民群众的基本需求，具有广泛的受益面，政府应当发挥主导作用，公共财政应给予更大支持。民生水利具有差别性。东中西部、城市农村、流域之间的民生水利问题表现各异，不同阶层群体对民生水利的期盼各不相同，解决这些民生水利问题的难易程度、紧迫程度和方法措施也不尽一致。这些特点说明，必须立足于现阶段的基本国情和现阶段的基本水情，着眼于全面建设小康社会新要求，顺应人民群众过上更好生活新期待，在解决矛盾最为集中、问题最为突出、群众最为需要的水利问题上下功夫，努力在更大范围、更广领域、更高程度、更高水平上造福亿万人民群众。

2011 年 1 月，中共中央以一号文件形式下发了《中共中央 国务院关于加快水利改革发展的决定》，明确了新形势下水利的战略定位，强调要大力发展民生水利。2011 年 7 月，中共中央召开了全国水利工作会议，胡锦涛总书记在会议上发表了重要讲话。他指出，加快水利改革发展，要坚持以下原则。一是坚持民生优先，着力解决人民最关心最直接最现实的水利问题，促进水利发展更好服务于保障和改善民生。二是坚持统筹兼顾，注重兴利除害结合、防灾减灾并重、治标治本兼顾，统筹安排水资源合理开发、优化配置、全面节约、有效保护、科学管理。三是坚持人水和谐，合理开发、优化配置、全面节约、有效保护、高效利用水资源，合理安排生活、生产、生态用水。四是坚持政府主导，充分发挥公共财政对水利发展的保障作用，大幅增加水利建设投资。五是坚持改革创新，加快水利重点领域和关键环节改革攻坚，着力构建充满活力、富有效率、更加开放、有利于科学发展的水利体制机制。2012 年 11 月，在党的十八大报告中继续对水利工作给予高度重视，并将水利放在生态文明建设的突出位置，提出了新的明确要求。

发展民生水利，就必须深入贯彻落实中央一号文件精神、中央水利工作会议精神和党的十八大精神，把科学发展观的根本要求与水利工作的具体实践结合起来，牢固树立以人为本的理念。把人民呼声作为第一信号，把人民利益作为首要目标，把人民需求放在优先领域，把解决人民最关心、最直接、最现实的水利问题作为重点，并把人民满意作为工作的根本标准，真正达到人人共享水利改革、发展成果的目的。当前和今后一个时期，一是在水利改革中突出民生。要以科学发展观为指导，加快水利改革发展步伐，着力推进传统水利向现代水利、可持续发展水利转变。并把水利改革力度、发展速度和社会可承受程度统一起来，在推进水权改革、水价改革、农村水利改革等过程中切实保障群众的切身利益，充分调动群众参与改革的积极性，使水利改革过程成为不断为民造福的过程，让水利改革成果惠及广大人民群众；二是在防灾减灾中突出民生。始终把保障人民群众的生命安全放在防汛工作的首位，加快病险水库除险加固、病闸改建和堤防加固步伐，确保工程体系防洪标准。并把受洪水威胁地区人员的安全转移作为防洪预案的重点，把确保群众生命安全作为防洪调度的最高原则，把保障受灾群众基本生活需要作为群众安置和救灾工作的重中之重；三是着力解决基层单位和农村饮水安全问题。加大投入，认真组织，精心实施，确保基层单位和农村饮水工程建得成、用得起、管得好、长受益；四是以保障粮食安全为核心，把人民群众直接受益的基础设施作为水利建设的优先领域，着力加强农田水利建设，夯实农业发展基础；五是加强城乡水环境治理。加大水土流失治理力度，充分发挥大自然的自我修复功能，推进清洁小流域建设，整治农村沟塘渠系，打造城市亲水平台，加强水质保护，建设清洁河道，维护河流健康，促进生态文明建设，努力满足广大人民群众实现优质生活、享有环境优良的需求；六是在水利工程建设各环节中突出民生。要把保障和改善民生体现在工程规划编制设计中，体现在项目审批中，体现在投资安排中，合理确定水利发展的目标、任务、规模、重点和布局，拓宽民生水利的服务范围，增强民生水利的服务功能，提高民生水利的服务标准，提升民生水利的保障水平，更好地满足人民群众对水利的需求；七是在水利管理中突出民生。要把维护群众的基本需求与合法权益放在水利管理中的突出位置，正确处理最广大人民的根本利益、现阶段群众的共同利益与不同群体的特殊利益之间的关系，切实保障群众在水资源开发利用、城乡供水保障、用水结构调整、水利移民安置、蓄滞洪区运用补偿等方面的合法权益，坚决纠正损害群众利益的行为。

第三节　维持黄河健康生命

黄河作为中华民族的摇篮和母亲河，她不仅创造了中华民族悠久的历史、灿烂的文化和文明，也哺育着中华民族的成长，促进了经济社会的快速发展。但随着黄河流域经济社会的快速发展，人们对母亲河的索取已超过了其承载能力，造成了伤害，影响了健康。一是各方面的用水需求越来越大，大量生态用水被挤占，黄河水资源供需矛盾尖锐。二是黄河下游主河道淤积萎缩加剧，"二级悬河"形势严峻，洪水威胁严重。三是黄河水质污染日趋严重，河口生态恶化。这些都反映出黄河的生命受到了严重的危机。面对黄河生命危机的严峻形势，黄委党组立足黄河实际，融时代精神，高瞻远瞩，于2004年初正式确立了"维持黄河健康生命"的治河新理念，这不仅是一个自然科学的重大命题，也是一个社会科学和人文科学的重大命题，标志着治黄理念的历史性跨越。

"维持黄河健康生命"是一种新的治河理念，其初步理论框架为："维持黄河健康生命"是黄河治理的终极目标，"堤防不决口，河道不断流，水质不超标，河床不抬高"（简称"四个不"）是体现其终极目标的四个主要标志。该标志应通过九条治理途径得以实现，"三条黄河"建设是确保各条治理途径科学有效的基本手段。一个终极目标，四个主要标志，九条治理途径，"三条黄河"基本手段，概括为"1493治河方略"。

首先，"维持黄河健康生命"是黄河治理开发与管理的终极目标。要使黄河为全流域及其下游沿黄地区庞大的生态系统和经济社会系统提供持续支撑发展，就必须先保证黄河自身具有一个健康的生命。其健康的生命主要体现在水资源总量、洪水造床能力、水流挟沙能力、水流自净能力、河道生态维护能力等方面。"维持黄河健康生命"，就要维持黄河的生命功能，这将成为黄河治理开发与管理各项工作长期努力奋斗的最高目标。

其次，"四个不"是"维持黄河健康生命"的主要标志。"维持黄河健康生命"，就必须遏制当前黄河整体河情不断恶化的趋势，使其恢复到一条河流应有的健康状况和标准。衡量"黄河健康生命"的主要标志，就是水利部党组对黄河治理开发与管理提出的"四个不"的目标。"堤防不决口"，是要求黄河的防洪安全要有足够的保障。要实现这一指标，一是靠水库和堤防等控制性工程对洪水的约束，二是靠河流自身排泄洪水的功能，三是靠非工程防洪措施；"河道不断流"，是要在水资源管理上做到三个保障：保障河流生态用水的需要，保障沿黄居民饮水安全，保障一定经济社会持续发展的水资源供给能力。因此，必须保证黄河在任何时候都有一定的基本流量，这个基本流量既能保证沿黄城乡饮水安全，又能保持河道冲淤平衡，还能维持流域内生态系统平衡及经济社会可持续发展；"水质不超标"，要求黄河的水质必须持续满足生活用水和工农业生产用水的基本功能要求；"河床不抬高"，就是要通过综合措施解决泥沙问题，最大限度保持和延长现行河道的生命力。

再次，九条措施是"维持黄河健康生命"的治理途径。针对黄河水少沙多，水沙不平衡的实际，要使黄河达到"四个不"的指标，实现"维持黄河健康生命"的终极目标，须采取九条关键性的治理途径和工作措施。即：减少入黄泥沙的措施建设；流域及相关地区水资源利用的有效管理；增加黄河水资源量的外流域调水方案研究；黄河水沙调控体系建设；制定黄河下游河道科学合理的治理方略；使下游河道主槽不萎缩的水量及其过程塑造；满足降低污径比使水质不超标的水量补充要求；治理黄河河口，以尽量减少其对下游河道的反馈影响；黄河三角洲生态系统的良性维持。上述九条途径和关键措施的核心在于如何解决黄河"水少"、"沙多"和"水沙不平衡"问题，以及如何保持以黄河为中心的河流生态系统良性发展问题。

对于解决"水少"问题。要积极开展"流域及相关地区水资源利用的有效管理"和加强"增加黄河水资源量的外流域调水方案研究"。尊重河流演变的自然规律，加强水资源的统一管理。树立"以水定发展"的用水观，积极推广节水措施，逐步建立节水型社会。从长远看，只有通过南水北调工程解决黄河缺水问题。

对于解决"沙多"问题。一要在源头治沙上做文章，即在黄土高原地区，特别是对黄河下游淤积影响最为严重的 7.86 万 km^2 的多沙粗沙区做文章。要依靠工程手段，修建若干座"淤地坝"，把泥沙拦在黄土高原的千沟万壑之中，逐渐变黄土高原的侵蚀环境为沉积环境。二要积极实行退耕还林（草）、封山禁牧等措施，依靠大自然的自我修复能力恢复生态、保持水土。三要在干流以及支流上继续修建大中型水库拦蓄泥沙，在小北干流实施"放淤"措施，进一步减少进入黄河下游的泥沙。

对于解决"水沙不平衡"问题。一要通过继续建设骨干工程，构建黄河水沙调控体系，最终形成以龙羊峡、刘家峡、大柳树、碛口、古贤、三门峡、小浪底七大控制性工程为骨干的水沙调控体系，提高人为干预与控制洪水和泥沙的能力。二要进行科学合理的河道整治和滩区治理。三要坚持不懈地进行调水调沙，修复"河道形态"，努力变不利水沙过程为有利水沙过程，输沙入海。四要加强河口治理，争取形成溯源冲刷。

最后，"三条黄河"建设是确保各条治理途径科学有效的基本手段。"三条黄河"建设，即"原型黄河、数字黄河、模型黄河"建设。"维持黄河健康生命"和"三条黄河"建设，是新时期黄河治理开发的新理念和新思路。作为黄河治理开发与管理的终极目标，"维持黄河健康生命"的顺利实现，必须树立现代水利理念，借助现代科技手段。这种有效的手段就是以"三条黄河"建设为框架体系，以高新技术为核心的现代治河手段。只有不断完善"三条黄河"的治河体系，才能确保各种治理途径和方案技术有效、经济合理、安全可靠。

一个终极目标，四项主要标志，九条治理途径，三种基本手段，相互联系，互为作用，组成了"维持黄河健康生命"的理论框架。这是一个具有有机联系的系统工程，涉及水利、自然、政治、经济、社会、文化、生态、环境等诸多自然科学和社会科学理论。树立新的治河理念，实现"维持黄河健康生命"这一终极目标，需要全社会的广泛参与和共同努力，更需要一代又一代治黄人为此殚精竭虑。

第四节　"四位一体"河南治黄新思路

2008年，河南黄河河务局党组在"维持黄河健康生命"新的治黄理念引领下，对河南黄河治理开发已有经验中传承、创新，从建设人水和谐、民生水利的现代治水思想出发，将黄河工程、黄河经济、黄河文化、黄河生态"四位一体"作为统领全局的思想路线，并逐渐演变为指导河南黄河当前乃至未来发展的新思路。这个新思路就是：以党的十七大精神为指导，深入贯彻落实科学发展观，积极践行可持续发展治水思路，以维持黄河健康生命为终极目标，紧紧围绕解决河南黄河面临的突出问题，进一步深化对黄河规律的认识，按照实现治黄"四个转向"的新目标，加快民生水利建设，坚持防汛抗旱并重、治理开发并举、服务社会与自身发展同步的方针，牢牢抓住河南黄河防汛抗旱、工程建设与管理、水资源管理与调度、发展自身经济等重点工作，推进黄河工程、黄河经济、黄河文化、黄河生态"四位一体"协调发展，以基层为本，民生为重，统筹兼顾，努力构建和谐河南治黄新局面，为促进河南经济社会又好又快发展作出更大的贡献。

"四位一体"，是指把黄河工程、黄河经济、黄河文化、黄河生态作为未来河南黄河发展的不可或缺的四大元素。其中，黄河工程是基础，黄河经济是保障，黄河文化是纽带，黄河生态是目标。它们各自独擎一面，至关重要，又相互渗透，相互依存。

黄河工程包括防洪工程建设与管理、水资源统一调度和管理。黄河工程是实现"四个不"治理目标的根本。因此，黄河工程是黄河防汛和水资源管理的物质基础。同时，它又是人文景观，见证着人类与河流从索取、给予，到回报和共存的过程，形成了独特的黄河文化。黄河工程建设与管理既是黄河经济的基础产业，又为黄河经济发展提供了得天独厚的条件，是治黄队伍赖于生存与发展的基础和前提。黄河工程及其附属的绿化草木和随之开展的黄河旅游景区建设，极大地改善了黄河的生态环境。

经济兴则事业兴，健康黄河有后劲。黄河经济就是依托黄河优势，拓展多元经济，积极培育新的经济增长点，不断增强综合经济实力，服务于治黄事业。黄河经济是治黄事业发展的支撑和保障，没有经济的发展，就没有治黄队伍的稳定，没有队伍的稳定，黄河工程的建设与管理就无从落实，黄河安澜就难以确保。作为上层建筑的黄河文化也就成为奢谈。

黄河文化是人类在与黄河相处过程中形成的有关物质和精神的综合反映。研究和宣传黄河文化有助于提高民族和社会对黄河的了解和关注，进而为黄河治理开发创造更为有利的条件和营造良好的社会氛围，为黄河工程、黄河经济、黄河生态产生文化层面上的持久推动和深远影响。

黄河生态的健康和良性循环是治黄的最终目标。无论工程、经济、文化，一切治理黄河的思想和实践最终都要统一到这个目标上来。

黄河工程、黄河经济、黄河文化、黄河生态如同从不同层面发出的四条射线，互为作用，共同指向一个目标。那就是，以维持河南黄河的健康生命保障河南沿黄地区经济社会的可持续发展。在党的十七大精神指导下，构建和谐社会已成为时代的主题。为此，河南黄河河务局党组明确提出了"基层为本，民生为重"的管理理念，并把"基层、民生"作为构建河南黄河"四位一体"的保障和关乎全局发展的重要支撑点。

"四位一体"整体思想框架形成后，河南黄河河务局党组又将工作目标具体细化为"四个加强、十个确保"。即：进一步加强防汛工作，确保黄河安澜，确保沿黄两岸人民群众生命安全，尽最大努力减少洪水灾害损失；进一步加强工程建设与管理，确保按时完成国家下达的工程建设和工程管护任务，并确保工程（质量）安全、资金安全、施工安全（生产）、干部安全（不违纪违法）；进一步加强水资源优化配置、科学调度和精细管理，确保生态安全和供水安全；进一步加强经济工作，确保全局经济供给安全，确保河南治黄事业健康、稳定、可持续发展。

"四位一体"工作思路，是科学发展观、民生水利、维持黄河健康生命在河南治黄中的体现。如果说"四位一体"的工作思路从宏观上确定了河南黄河未来发展的指导思想，那么"四个加强、十个确保"就是提出了具体的工作要求和目标。"四位一体"和"四个加强、十个确保"的有机统一，共同构筑起河南黄河治理开发与发展的思想和理念体系。

党的十八大之后，河南黄河河务局党组认真学习贯彻党的十八大精神，在推进黄河工程、黄河经济、黄河文化、黄河生态"四位一体"协调发展中，又对河南黄河治理开发与发展的理念体系注入了新的内涵。提出以党的十八大精神为指导，深入贯彻落实科学发展观，积极践行可持续发展治水思路和民生水利新要求，推进黄河工程、黄河经济、黄河文化、黄河生态"四位一体"协调发展。明确了努力实现河南黄河"主槽相对稳定，滩区安全可控，民生持续发展"和河南黄河"河流健康、民生发展、生态文明"的目标，为促进中原经济区建设发展作出新的贡献。

第五节　治水新理念在濮阳治黄工作中的实践

为深入贯彻落实邓小平理论、"三个代表"重要思想和科学发展观，濮阳黄河河务部门以民生水利、"维持黄河健康生命"和"四位一体"治黄新理念为指导，紧紧结合濮阳地区治黄实际，提出了"以持续开展'一创双优'活动为动力，认真贯彻落实治黄新思路、新理念，坚持防汛与抗旱并重、治理与开发并举、服务社会与自身发展同步"的基本方针，着力抓好黄河防汛中心工作和防洪工程建设与管理、水政水资源管理、发展自身经济等重点工作，促进濮阳区域经济社会又好又快的发展。

濮阳市开展的"一创双优"活动，就是创新思想观念、优化干部作风、优化发展环境的活动。以持续开展"一创双优"活动为动力，就是通过创新思想观念活动的持续开展，增强广大治黄干部职工的科学发展意识，破除影响和制约发展的旧思想、旧观念、旧机制，树立治水新理念、新思路，最大限度地解放和发展治黄生产力；通过优化干部作风活动的持续开展，强化广大治黄干部职工的宗旨意识和大局意识，提高服务发展的能力，打造一支高素质、有作为的干部队伍；通过优化发展环境的持续开展，着力营造优质高效的治黄环境，促进治黄事业的快速发展。

濮阳各级治黄部门始终将黄河防汛工作作为中心工作来抓，将确保黄河安澜作为首要职责、第一要务。协助各级政府全面落实以行政首长负责制为核心的各项防汛责任制，始终把确保防洪安全和受洪水威胁的滩区、北金堤滞洪区群众的安全转移作为防洪预案编制的重点。加强防汛物资储备与管理，确保抗洪抢险需求。加强防汛和防洪避险知识宣传，提高沿黄干群防汛意识，为防汛工作营造良好的舆论氛围。加强防汛专业抢险队伍建设，认真开展抢险技能演练和防汛演习，确保关键时刻能拉得出、上得去、抢得住。加强工程查险、报险和抢险工作，确保发生的所有险情抢早、抢小，确保濮阳黄河滩区安全和堤防安全，为濮阳地区乃至华北地区的经济社会发展提供安全保障。

黄河防洪工程，是确保黄河安澜的物资基础。濮阳各级治黄部门针对濮阳市堤防长、标准低、建设任务重的特点，始终将堤防加固工程建设作为重中之重的工作，加强领导，克难攻坚，多措并举，确保了工程建设质量、施工安全、资金安全和干部安全，圆满完成了上级下达的工程建设目标任务。经过多年来的努力，截至2012年，已高标准完成濮阳黄河堤防加固工程（含截渗墙工程）长度84 km，占堤防总长度的55%。特别是从2005年以来，濮阳治黄部门在各级政府的大力支持下，共完成堤防加固工程土方3457.13万 m³，加固堤防长度53.425 km，完成总投资8.96亿元。目前，濮阳正在建设的堤防加固工程总长度35.589 km，堤防帮宽工程总长度27.639 km，险工改建7道坝，总土方2343万 m³，总投资达11.19亿元，预计在2014年年底前可完成该期工程建设任务。随着濮阳黄河堤防加固工程的建设实施，不仅提高了堤防防洪标准，使堤防成为一条坚固的防洪保障线，而且使堤防成为一条畅通无阻的防洪抢险交通线和一条亮丽的生态风景线。

黄河防洪工程管理养护工作，是确保工程完整，增强工程抗洪能力的重要措施。多年来，濮阳各级治黄部门按照"全面完整、精心养护、特色展示、亮点纷呈"的总体要求，推行工程管护责任制，实行养护人员绩效工资制度，强化工程日常管理，确保了工程完整。加强工程维修养护专项管理，提升工程管理水平。按照"植满植严"的要求，持续开展植树、植草，绿化堤防活动，打造绿色工管。以示范工程和亮点、景点工程建设为突破口，实施精品工程带动战略，提高工程整体管理水平。目前，濮阳共有7个水管单位，已有5个水管单位步入河南黄河工程管理先进行列。

着力加强水政水资源管理，确保黄河河道行洪安全和引黄供水安全。多年来，濮阳各级治黄部门狠抓水政执法队伍建设，不断完善内部监督制约机制，强化执法监督，提高了执法能力。建立健全黄河河道日常巡查责任人制度，加大河道巡查力度，及时有效制止和查处黄河滩区阻水片林、河道违法采砂、堤防违章建筑等违法行为，确保各类洪水安全下泄。加强黄河滩区内非防洪工程建设项目行政许可审批和日常监督管理，及时查处各类水事违法案件，确保结案率在95%以上。加强引黄用水需求和用水过程管理，科学制定引水计划，进一步完善抗旱应急响应措施和引黄供水防淤减淤方案，最大限度满足城市和工农业及生态用水需求，取得了显著的经济效益、社会效益和生态效益。特别是近些年来，为进一步扩宽引黄供水渠道，实施引黄入滑、引黄入鲁和引黄入冀补淀（白洋淀）跨区供水战略，为发展濮阳引黄供水事业，更好更大地促进地方经济社会发展，开辟了广阔的空间。

发展濮阳黄河经济，是确保濮阳治黄经济供给安全和治黄事业健康、稳定、可持续发展的保障。濮阳各级治黄部门针对任务重、人员多、经济缺口大的实际，始终把经济工作放在重要位置，年年定任务、定指标，加强领导，落实责任，确保了治黄队伍稳定。特别是近几年来，紧紧抓住国家加大对水利设施投资机遇，以河南省中原水利水电集团有限公司双一级企业为龙头，加强经营管理人才和企业技能人才培养，积极拓展工程投标渠道，健全经营风险防范机制，推进企业文化建设，强化企业内部管理，取得了较好的经济效益和社会效益。

通过治水新理念在濮阳治黄工作中的实践，取得了辉煌的成绩。仅"十一五"期间，濮阳治黄部门共有5个一线防汛单位，其中有4个进入河南黄河系统先进单位；共有7个水管单位，其中有5个进入河南黄河系统先进单位；共有10个单位，其中有5个单位创建成省级文明单位，5个单位创建成市级文明单位；有12个一线班组通过达标验收，并建成全国水利系统模范职工之家1个，河南省模范职工之家2个，全国模范职工小家1个，河南省模范职工小家4个，濮阳市模范职工之家和模范职工小家6个；共完成创新成果352项，其中获河南黄河系统创新成果奖80项，科技火花奖32项，科技进步奖20项，获黄河系统创新成果奖17项，"三新"认定成果25项等。"十一五"期间，濮阳治黄部门经济总收入年均递增12.8%，职工年均收入递增达到12%。

第十六章　濮阳人文

第一节　濮阳历史名人

濮阳，黄河冲积扇中这块古老而神奇的土地，人杰地灵，风流人物代代涌现，名人轶事史不绝书，使几千年华夏文化光彩夺目。王侯将相，科技精英，文人学士，豪侠名流……各显弄潮风采，共铸濮阳辉煌。现仅将部分名人介绍如下：

一、仓颉

仓颉（公元前4666~前4596年），复姓侯冈，名颉，号史皇氏，黄帝的史官。因其对汉字的创造和发展作出了重大贡献，黄帝赐姓仓，故叫仓颉，并被后人尊称为"造字圣人"。今濮阳市南乐县梁村乡吴村有仓颉陵、仓颉庙和造字台，史学家认为仓颉生于斯，葬于斯。

相传，远古时期没有文字，人们靠结绳记事，后发展到用刀在木竹和龟甲上刻以符号记事。随着历史的发展，事情繁杂，名物繁多，用结绳和刻木的方法，远不能满足实际需要。因此，改进和创造文字，已成为社会发展的当务之急。仓颉自幼聪明过人，办事认真负责，被黄帝任命为史官后，顺应时代潮流，决心创造出一种文字来。于是他对山川物象、日月星辰、草木器具、花鸟虫鱼进行细心观察研究，描摹绘写，造出各种不同的象形图画，逐渐形成了统一的汉字。

仓颉创造出文字，是人类文明史中一大功绩。《淮南子·泰族训》："仓颉之初作书，以辩治百官，领理万事，愚者得以不忘，智者得以志远。"造字圣人仓颉功德无量，永垂千古。

二、颛顼

颛顼（公元前2514~前2437年），黄帝之孙，昌意之子，为五帝之第二位。

相传，颛顼自幼性格深沉而有谋略，品德高尚而又机智，15岁就辅佐少昊，成就显著，封于高阳，故称高阳氏。20岁即登帝位，建都帝丘，在位78年，死后葬于濮阳顿丘城外广阳里中。

颛顼继位后，任命句芒为木正，蓐收为金正，祝融为火正，玄冥为水正，句龙为土正，让他们各司其职，认真负责，使天下有序，社会稳定。

颛顼帝时代，人们对风、雨、雷、电等自然现象不理解，很迷信。他为了稳定社会秩序，发展生产，采取了许多改革措施，其中一项重大改革就是"改革旧宗教"。原来的宗教与民事杂糅在一起，颛顼则把神事和民事分开。让南正负责祭天，以和洽神灵；让北正负责民事，以抚慰万民。鼓励人们垦荒种田和渔猎，以促进社会发展。

颛顼酷爱学习，知识渊博，通达事理，注意了解民情，善于化解民怨。他吸取前人经验，观察四季变化、日月轮回和寒暑更替的规律，制定了历法，后人称之为《颛顼历》。因此，颛顼被称为我国历法的鼻祖。

随着生产力的发展，颛顼时代父系社会制度已基本确立。为了提高男子的社会地位，颛顼规定，男女之间在路上相遇，女人首先要回避，否则要被拉到十字大街示众，并让巫师驱除她身上的晦气。还规定，兄妹不准结婚，否则要受到惩罚。

颛顼晚年，与活动在冀州一带的共工氏之间发生了战争。他亲率大军迎战，并任命弓矢的发明者挥为先锋，经过多次激烈的厮杀，终于打败共工氏，使其逃到大西北，"怒触不周山而死"。至此，他的辖区非常大。据有关记载："颛顼乘龙而至四海"，"北至幽陵，南至交趾，西至流沙，东至蟠木，动静之物，大小之神，日月所照，莫不砥属。"由此可见，颛顼真是一位泽被宇内，功德盖世的帝王。

三、帝喾

帝喾（公元前 2480~前 2345 年），姓姬，名俊，号高辛氏，是黄帝曾孙，玄嚣孙子，蟜极之子，帝颛顼之侄子，为五帝之第三位。

帝喾少小聪明好学，15 岁佐颛顼，因功绩卓著，被封于有辛（今河南商丘），故称高辛氏，实居帝丘。颛顼帝崩后，他 30 岁继帝位，迁都亳邑（今河南偃师县西南）。他设置五官，以重为木正，黎为火正，该为金正，修为水正，句龙为土正，让他们认真履行自己的职责，充分发挥各自的才能。

帝喾以仁爱治国，他说："最好的德行是仁爱，最佳的政治是爱人。为政最重要的是讲信誉、施仁爱罢了。"他生活俭朴，衣着朴素，官室简陋。他神色庄重，品德高尚，关心民间疾苦，急百姓之所急，行万民之所愿，治理天下就像清水灌田一样，做到人人平等，不偏不倚，因此，深受百姓的尊敬和爱戴。

帝喾政治开明，任人唯贤，从不为自己谋私利。他非常喜欢音乐，让工匠柞卜制造乐器，让乐师咸黑制作乐曲，两人互相协作，制作了鼙鼓、管、钟、磬等乐器，创作了《九韶》、《六英》等乐曲，以乐和政，促进天下安定。

帝喾喜欢巡游。他游遍了三山五岳，凭吊过女娲、黄帝和少昊。他所到之处，百姓拜伏于地，凤凰鸣唱于天下，云作五色，四海祥瑞，充分显示了社会的和谐、百姓的安定与幸福。

帝喾有四妃共生四子，其后皆有天下。长妃姜嫄生子弃，后来成为周始祖；次妃简狄生子契，后来成为商始祖；三妃陈锋氏庆都生子勋，勋后来到帝丘，就是帝尧；四妃常仪生子挚，帝喾崩逝后，挚曾继位，因不称职，改立其异母弟尧，即帝尧。帝喾还有 12 位女儿，分别嫁到南方各地。

帝喾 35 岁那年将都城从亳邑迁回帝丘附近的顿丘（今濮阳市清丰县境内），在位 75 年，高寿 105 岁，死后葬于濮阳顿丘城南台阴之野。

四、张挥

张挥，号天禄，玄嚣青阳氏之子，与颛顼同为黄帝之嫡孙，仙逝葬于帝丘，是古代重要武器弓矢的发明者。因弓箭的诞生对当时社会贡献很大，故帝颛顼封挥为弓正，职掌弓矢制造，也称弓长（掌管弓箭的官职），并以职为姓，赐姓张，名张挥。所以，张挥便是中华张姓的始祖。

张挥，自幼生活在古清河之阳的顿丘，年长便辅佐颛顼帝执政。他少年英武聪慧多智，才干非凡，让族众翘首，异族宾服。他夜观弧矢星，从星星的组合中得到启发，顿生灵感，折枝弯条，产生了制造弓矢的念头。经过反复研究，用兽筋固牢弯枝成弓，将搭在兽筋上的竹箭反弹射出，终于制成世界上第一张弓，射出第一支箭。

张挥发明的弓矢，作为当时最新的生产工具，不仅使人们可以猎取更多的鸟兽，提高生活水平，而且可减少猛兽对人们自身的伤害。张挥还利用弓矢这一先进武器，帮助颛顼打败了以共工为首的集团，保卫了帝丘，使颛顼集团实力无比强大。

张姓既是华夏民族中的显赫大族，又是一个极富果敢和进取精神的家族，数千年来，在华夏大地上书写了一个又一个的传奇故事和英雄事迹。张氏族人自黄帝至禹帝 540 年间，在军事上、政治上、经济上、生活上均有促进社会进步的伟大建树。继而自商到周，张氏连续 28 世，文有宰相，武有将军。自秦统一之后，历朝辅治天下的忠臣勇将以及科学家、文学家、艺术家等更是繁若星辰。例如，帮助刘邦完成灭秦兴汉大业的张良，研制出"候风地动仪"的张衡，"医圣"张仲景，绘出传世之作《清明上河图》的张择端，等等。可以说，张姓望族，星罗棋布，灿若晨星，英杰辈出，名垂青史，虎炳华夏，为历史的前进、社会的进步作出了极大的贡献。

帝丘是张挥的生长地、受封地、得姓地。今濮阳县城东南建有张挥公园，内有挥公墓、挥公碑和挥公像以及名人碑林、祭祀广场、展览馆等设施。每逢清明节期间，海内外张姓都要来此举办寻根谒祖祭祀活动。

五、舜帝

舜帝（约公元前 2277~前 2178 年），姓姚，名重华，号有虞氏，世称虞舜，为五帝之最后一帝。他不仅是中华民族道德的创始人之一，而且是华夏文明的重要奠基人。

舜生于姚墟（今濮阳县徐镇集），因眼中双瞳仁而得名重华。据传，他幼年丧母，其父瞽叟是个盲人，又娶后妻，生子名象。因家贫，舜很小就参加劳动，会多种技艺。他曾耕于历山（今濮阳县胡状乡岗上村一带），到雷泽（今濮阳县东南）捕鱼，在黄河边上制作陶器，到顿丘做买卖，以维持家庭生活。他的父亲糊涂，后母偏心，弟弟凶狠，3 人都想害死他。但舜总是以德报怨，照常孝敬父母，关爱弟弟。所以，20 岁时舜就以仁孝闻名天下。

舜 30 岁时，帝尧选拔继承人。舜受到 4 位德高望重的大臣举荐。帝尧亲自考察舜，问舜："我想使天下太平，你说该怎么做？"舜答道："要待人公平，讲究诚信，天下人就会拥护您。"帝尧又问："什么事情最重要？"舜答道："敬天法祖，关心百姓，为政清廉。"帝尧十分满意，赐给舜用细葛布做的衣服、美好的桐琴和大批牛羊，又为他修筑居室和仓廪，还把自己的两个女儿娥皇、女英嫁给他。舜果然不负厚望，办事公平，和睦邻里，深受众人爱戴。"一年而所居成聚，二年成邑，三年成都"（《史记·五帝本纪》）。

可是，舜被定为帝尧的继承人之后，舜的父亲、后母和弟弟象仍想害死他。有一次，其父让舜去修仓廪的顶棚，其弟象将梯子搬走，瞽叟就放火烧房，想把舜烧死。舜找不到梯子，就将两个竹笠撑于臂上，如鸟张开双翼纵身跳下，脱离险境。不久，其父又让舜去掏井，舜深知其用意，就偷偷在井壁上挖一个旁洞将出口通向别处。待井掏深时，瞽叟和象突然出现在井口，将土往井里填，舜急忙从旁洞悄悄逃出。当时，瞽叟和象都认定舜定死无疑，非常高兴。象说："这个主意是我出的，舜的两个妻子和琴归我享用，牛羊仓廪给父母。"说罢，象就大摇大摆推开舜的房间，坐在琴台上弹起琴来。这时忽然听到一声"弟弟好兴致啊。"象大吃一惊，但仍故作欣慰状说："我刚才到处找不到你，想你想得好苦啊。"舜微笑道："是啊，你是我的好兄弟！"此后，舜不但不忌恨报复，反而侍奉父亲，友爱弟弟更加谨慎小心。由于舜的品德如此高尚，被后世评定为我国二十四孝之首。

帝尧经过对舜的长期考察，认定了他为自己的继承人。舜继位后，善于识人用人，惩恶扬善，政绩卓著。帝舜晚年，娥皇无子，女英生子商均。商均和帝尧的儿子丹朱皆不成器，帝舜就把帝位禅让给治水有功的禹。

六、许穆夫人

许穆夫人（约公元前 690~前 658 年），姬姓，春秋时期卫宗室昭伯之次女，卫文公之胞妹。长大后嫁给许国许穆公，故称许穆夫人。她是卫国著名的爱国诗人，也是世界文学史上第一位女诗人。

许穆夫人自幼性聪敏，貌美多姿，感情丰沛，能歌擅诗。嫁许穆公后，时刻怀念故乡，常登高以抒忧情，或采蕋以疗郁结，并借诗咏志，作《竹竿》、《泉水》等诗传世。

公元前 660 年，北狄侵卫，许穆夫人闻知卫国被亡的消息异常悲痛，她想让许国帮忙收复国土，但许国怕引火烧身，不敢出兵。许穆夫人气恨交加，毅然决定亲自赶赴漕邑（今滑县白马墙）。许国大臣纷纷来拦阻她，指责她。她坚信自己的决定是正确的，决不反悔，并写下千古名篇《载驰》，严斥了那帮无远见的小人，表明了自己坚强的意志和归国的决心。她回到卫国后，先卸下车上的物品救济难民，接着与卫国君臣商议复国之策。他们招来百姓 4000 余人，一边安家谋生，一边整军习武，进行训练。同时，她还建议向齐国求援。齐国国君桓公感其爱国之情，随派兵救援，最终打退了狄兵，收复了失地。从此，卫国出现了转机。两年后，卫国在楚丘（今滑县卫南坡）重建都城，恢复了其在诸侯国中的地位，又延续了400多年之久。

许穆夫人的诗饱含着强烈的爱国主义思想情感。现在我们能读到的是收集在我国第一部诗歌总集《诗经》中的《竹竿》、《泉水》、《载驰》等三篇十二章。《竹竿》诗中描写了她少女时代留恋山水的生活和她身在异国，却时常怀念养育自己父母之邦的思乡之作。《泉水》写她为拯救祖国奔走呼号的种种活动及寄托她的忧思。《载驰》抒发了她急切归国，以及终于冲破阻力回到祖国以后的心情。诗中突出地写出了她同阻挠她返回祖国抗击狄兵侵略的君臣们的斗争，表达了她为拯救祖国不顾个人安危、勇往直前、矢志不移的决心。许穆夫人留给后世的三首四言抒情诗，形象鲜明，情感炽烈，文意真切，充满着强烈的爱国主义思想感情。今天我们吟咏起来仍震撼心扉，不忍释手。因此，她在我国文学史上享有很高声誉，受到历代名人推崇。

七、柳下惠

柳下惠（公元前720~前621年），姓展，名获，字子禽，春秋鲁国（今山东曲阜）人。他官拜士师（掌管监狱的官），但因他居官清正，执法严谨，不合时宜，弃官归隐，居于柳下（今濮阳县柳屯）。死后被谥为"惠"，故称柳下惠。

鲁僖公二十六年（公元前634年）夏，齐孝公乘鲁处于饥馑之际，侵犯鲁国，众臣多言尚武，发兵拒齐。大夫臧孙辰曰："齐国大军深入，锋芒正盛，暂且不可与之争锋，请遣一位舌辩之士说其退师。"僖公曰："当今善于辞令者何人？"臧孙辰举荐展获，说他外合内介，博文达理，善辞多辩，定不辱君命。僖公召之，展获以病推辞。复派其弟展喜前去说合。临行前，展获对其弟曰："齐师伐鲁，是想效法齐桓公之霸业，若以先王之命责问他，何患无辞？"展喜归报僖公曰："臣有却齐之法也。"于是，僖公厚备牺醴粟帛，遣展喜北去犒慰齐师，并以昔日时太公、周公相辅成王时，有"世世子孙无相害"之盟言和先君桓公与庄公有柯盟之言相劝，齐孝公默言无对，遂罢兵北回。这就是"柳下惠授词却敌"的故事。

展获生性耿直，不事逢迎，直言不讳。据记载，有一次齐国的国君派人向鲁国索要传世之宝岑鼎。鲁庄公舍不得，却又怕得罪强横的齐国，遂打算以一假鼎冒充。但齐国人说："我们不信你们，只信以真诚正直闻名天下的展获。若他说这个鼎是真的，我们才放心。"庄公只好派人求展获。展获说："信誉是我一生唯一的珍宝，我如果说假话，那就是自毁我珍宝。以毁我的珍宝为代价来保住你的珍宝，这样的事我怎么能干？"庄公无奈，只得以真鼎送往齐国。

"柳下惠坐怀不乱"的典故，在中国历代广为人知，柳下惠也因此被认为是遵守传统道德的典范。现在，人们还用"柳下惠"或"坐怀不乱"来形容男子之美德。相传在一个寒冷的夜晚，展获宿于郭门，有一个没有住处的女子来投宿，展获恐她冻死，叫她坐在怀里，解开外衣把她裹紧，同坐了一夜，并没有发生非礼行为。于是展获就被誉为"坐怀不乱"的正人君子。

《史记》载："孝恭慈仁，允德图义，约货亡怨，盖柳下惠之行也。"可见展获对上孝敬父母，对下宽厚仁慈，不图钱财，不结仇怨，贤达处世，和睦乡里而闻名于诸侯。

八、吴起

吴起（约公元前440~前381年），战国初期著名的政治改革家，卓越的军事家。汉族，卫国都城帝丘人（一说卫国左氏人）。

公元前415年，吴起26岁，由卫逃到鲁，拜儒家曾参为师。时有齐国大夫田居到鲁，嘉其好学，甚有成就，就将女儿嫁于吴起。后起得知母死，仰天三号，旋即收泪，朗读如故。曾子怒曰："起不奔母丧，忘本之人。"他遂绝师徒关系，弃儒习研兵法，3年学成，求仕于鲁。鲁相公仪休，常与起论兵，知其才能，荐于穆公，任为大夫。

公元前410年，齐国进攻鲁国，鲁国国君想用吴起为将，但因其妻是齐国人，恐他未必尽力而战，故犹豫不决。吴起得知其因，遂将妻杀死。这就是吴起"杀妻求将"的故事。

齐国国相田和率大军直犯鲁国北鄙。后闻吴起为鲁国大将，不知底细，就派爱将张丑，假称讲和，到鲁营探察虚实。吴起将精锐士卒藏于军后，悉以老弱兵陈示。相见时，吴起佯表谦虚怯战，实为麻痹敌人。张丑回营禀明鲁军情况，全不把吴起放在心上。而吴起暗调兵将，以迅雷不及掩耳之势，大败齐军。田和叹曰："吴起用兵，孙武、穰苴之流，若终为鲁用，必为齐患。"于是暗遣人赠起美女二人，黄金千镒，故泄于人，加之吴起得势引起群臣非议，鲁穆公听信谗言，将起辞退。吴起愤离鲁国，投奔魏国，被魏文侯任命为将军。

公元前409年，吴起攻取秦河西地区的临晋（今陕西大荔东）、元里（今澄城南）等地。次年，攻秦至郑（今华县），筑洛阴（今大荔南）等地，置西河郡时任郡守。这一时期他曾与诸侯连连大战，"辟土四面，拓地千里"。特别是阴晋之战，击败了十倍于己的秦军，成为中国战史上以少胜多的著名战役，壮大了魏国。

吴起在镇守西河期间，强调兵不在多而在"治"，首创考选士卒之法。并主张严刑明赏、教戒为先，认为若法令不明，赏罚不信，虽有百万之军亦无益，曾斩一位未奉令即进击敌军的材士以明法。

吴起做将军时，和最下层的士卒同衣同食。睡觉时不铺席子，行军时不骑马坐车，亲自背干粮，和士卒共担劳苦。士卒中有人生疮，吴起就用嘴为他吸脓。这个士卒的母亲知道这事后大哭起来。别人问其何故？这位母亲说："往年吴公为他父吸过疮上的脓，他父作战就一往无前地拼命，结果就战死了。现在吴公又为我儿子吸疮上的脓，我不知他又将死到哪里，所以我哭。"

魏国相田文死后，公叔任相，他非常畏忌吴起，便想害吴起。吴起无奈被迫离开魏国，来到楚国，被楚国任为相。他严明法令，撤去不急需的官吏，废除了较疏远的公族，把节省下的钱粮用以供养战士。他向南平定了百越；向北兼并了陈国和蔡国，并击退了韩、赵、魏的扩张；向西征伐了秦国。因此诸侯都害怕楚国的强大。由于吴起的改革和他的威望增大，得罪了楚国贵族。到楚悼王死后，吴起被楚贵族射杀。太子（楚肃王）即位，就派令尹（楚国的最高军政官员）全部杀了射刺吴起的人，被诛灭宗族的有 70 多家。

九、商鞅

商鞅（约公元前 390~前 338 年），姬姓，公孙氏，名鞅，卫国人。卫国宗室后裔，故称为卫鞅。后因在河西之战中立功获封于商十五邑，号为商君，故称之为商鞅。他是战国时代著名的政治家、改革家和思想家。

卫鞅少时博闻强记，好刑名之学，懂得很多古今治国道理。因见卫国微弱，不足展其才，前往魏都安邑，委身相国公叔痤门下。痤知鞅之贤，荐为中庶子，每有大事，必与计议，鞅谋无不中，痤深爱之。后公叔痤病甚，魏惠王往问之，曰："子万一不起，将托于何人？"痤曰："中庶子卫鞅，虽少乃当世之奇才也，胜痤十倍。"惠王默然。痤复曰："如君不用，不如杀之，恐见用于他国，必为魏害。"惠王意为痤病中昏聩之语，对鞅既未重用，亦未杀之。

时天下大乱，大国争雄。秦国为改变"诸侯卑秦"的落后局面，下令求贤。卫鞅此时离魏去秦，在大夫景监引荐下，得见于秦孝公。孝公问政于鞅，鞅一言"帝道"，二言"王道"，三言"伯道"，四言"强国之术"，彼此问答，三日夜不知疲倦。孝公听后连连称善，遂拜鞅为左庶长。晓谕群臣："今后国政，悉听左庶长施行，有违抗者，与逆旨同。"众皆吐舌。

初议新法，大夫甘龙、杜挚等主张"法古"、"循礼"，反对变法。卫鞅据理反驳："三代不同礼而王，五代不同法而霸，治世应适时而立法，因事而治礼，方能成其霸业。"并对孝公曰："夫治国之术，不得其人不行；得其人而任之不专不行；任之专而惑于人言，二三其意又不行。"孝公遂斥甘龙、杜挚为庶民，使变法得以实现。

新法初颁，恐民无信，不即奉行，乃立 3 丈之木于南门，张告曰："能负此木于北门者，赏十金。"百姓观者甚众，莫测其意，无敢负者。鞅复增至五十金，众愈疑。独一人越众而出，荷木竟至北门，从观者如堵，鞅即付五十金。市人相告，左庶长令出必行。卫鞅变法从此取得了民众信任。

公元前 359 年和公元前 350 年，在秦孝公的支持下，卫鞅进行了两次比较彻底的变法。通过变法，使秦国成为"家给人足，乡邑大治，兵革大强，诸侯畏惧"的强邦。

卫鞅变法虽取得很大成绩，但也引来许多贵族、大臣的反对。公元前 338 年，秦孝公得疾而死，太子驷即位，为惠文公（后为惠文王）。原太子驷触犯法律，不便加刑，乃坐罪于师傅。商鞅就把太子的一个师傅公子虔割掉鼻子，另一个师傅公孙贾脸上刺了字。于是二人诬告商鞅谋反，甘龙、杜挚等也积极活动，参与密谋。惠文公大怒，即令公孙贾缉拿商鞅，后在郑邑诬历其罪，用残酷的五牛分尸法，将商鞅"车裂",并尽灭其族。

商鞅虽死,秦法未败。新法的实施,使秦由原"诸侯卑秦"变为"诸侯畏秦",为后来秦始皇吞并6国打下了良好的基础。千秋功罪,自有后人评说。"七国之雄,秦为首强,皆赖商鞅",这个评价是切合实际的。商鞅功绩,永垂青史。

十、张仪

张仪(公元前?~前310年),战国末期魏国(今濮阳市区张仪村)人,著名的政治家和纵横家。他具有高超的权变之术和雄辩之才,在战国群雄相争的历史舞台上,以"连横"之策游说东方各国争相割地事秦,表现出一位卓越的政治家和外交家的风采。

张仪曾向鬼谷子学习纵横之术,后来到多处游说均遭失败,只好在楚国国相门下做了一位客卿。一次国相在宴会上遗失了一块璧玉,因张仪家里很穷,大家一致怀疑是张仪偷的,将他抓起来痛打一顿。他带着伤痕回到家中,其妻心痛地说:"唉,你要不读书游说,怎能受到这般屈辱呢?"张仪向妻子问道:"你看我的舌头还在吗?"妻子冷笑道:"在呀。"张仪说:"这就足够了。"

这时,秦国因实行变法已经强大起来,不断向东方扩展领土。张仪见自己的游说在东方各国没有市场,就去了秦国。他向秦惠文君献上连横之策,建议破坏东方6国联合,然后出兵三川,攻破韩国的新城和宜阳,将军队开到洛阳,从此挟天子以令诸侯,迫使天下诸侯都西面事秦,完成称霸大业。这一策略深得秦惠文君的赞许,遂以张仪为客卿。为了实现这一策略,秦国派大军先攻伐魏国。公元前328年,秦国公子嬴华带兵夺取了魏国的蒲阳。随后,张仪到魏国,又将蒲阳归还给魏,并对魏王说:"秦国国君对魏国很友好,魏国也应该对秦国友好。"其后,他让秦国派公子到魏国做人质,并令魏国将少梁(今陕西韩城)的15座城献给秦国。秦惠文君见张仪如此能干,就拜张仪为国相,自己改称秦王。张仪接着又出兵夺取魏国的陕地,把人口交还给魏国,土地归秦国所有,并在上郡修筑长城,加强秦国的边防。

公元前318年,魏国国相公孙衍发动韩、赵、魏、楚、燕5国联合出兵,以楚怀王为纵长讨伐秦国,结果5国联军被秦国打败于函谷关。这时,张仪乘机去魏,对魏王说:"魏国地势平坦,四面受敌,不如侍奉秦国。这样,使韩、楚不敢攻魏,反而魏在秦的帮助下一起讨伐楚国,扩大魏的领土,这是千载难逢的好事!如果大王不听我的劝告,秦国将出兵东进,到那时再想与秦和好就晚了。"魏王听从了张仪的谋划,决定与秦重修旧好。

公元前313年,秦国欲伐齐国,又担心齐、楚结盟,就假称免去张仪的相位,让张仪去楚。张仪对楚怀王说:"秦与楚是兄弟之国,而最痛恨齐国。大王如果能与齐国绝交,我愿意将商於六百里肥沃之地献给楚国,从此世代友好下去。这样既能削弱齐国,又能示德于秦,还得到六百里富饶之地,岂不是一举三得?"楚怀王贪图土地,就以相印授给了张仪。楚国大夫陈轸表示反对,向楚怀王进谏。楚怀王大怒,骂道:"陈轸,腐儒!请闭上你的乌鸦嘴。"于是,楚怀王派了一位将军同张仪去秦国接受献地。

张仪回到秦国，假装不小心从车上跌下来受伤，3 个月闭门不出。楚国使者向楚怀王作了汇报，楚怀王见秦国一直不给地，以为嫌他与齐国断交不彻底，就派勇士宋遗率众去辱骂齐宣王。齐宣王大怒，绝楚事秦。张仪这才上殿对楚国使者说："我有封地六里，愿献给楚王左右。"楚国使者说："我们来此是接受商於之地六百里，不是六里。"张仪说："这事绝不可能，一定是你们听错了。"楚怀王得知被骗后，气急败坏地出兵攻秦。公元前 312 年，秦军打败楚军于丹阳，乘机夺去楚国的汉中之地，设立汉中郡。楚怀王不甘心失败，决定再次发大军攻秦，又被秦军击败于蓝田。这时，韩、魏联合发兵攻打楚国后方，楚怀王不得不撤兵，又割两座城与秦讲和。

公元前 311 年，秦国提出拿出关中一半土地还给楚国，与楚国结盟。楚怀王愤怒地说："我不愿要地，只要张仪。"张仪竟大胆地来到楚国，但立即被囚。张仪厚赂楚臣靳尚，通过楚王的爱姬郑袖向楚王求情，又得以释放，返回秦国。张仪随即到韩、齐、赵、燕诸国，让他们争相事奉秦国。秦惠文王以功嘉奖张仪，赐张仪六邑，封为武信君。

这一年，秦惠文王去世，太子嬴荡继位，是为秦武王。秦武王在做太子时候就不喜欢张仪，继位后，许多大臣都说张仪的坏话；东方各国听说张仪失宠，也纷纷派使者指责张仪言而无信，乱了天下的格局。张仪害怕被株，就主动要求离秦赴魏，在魏国做了一年国相而逝世。

十一、吕不韦

吕不韦（公元前 292~前 235 年），姜姓，吕氏，名不韦。战国末年著名大商人、政治家、思想家，卫国濮阳（今濮阳县城西南）人。

吕不韦早年经商，家产积累千金。秦昭王四十二年（前 265 年），他在邯郸经商时得知秦国质子异人十分可怜，就产生了投身政界的念头。原来，异人是秦昭王的太子安国君的庶子，在赵国做人质。当时，秦国不断进攻赵国，赵国就把异人当成囚犯一样看待，异人是秦昭王的庶孙，本来没有继承王位的资格。吕不韦却发现此人奇货可居，于是，他就对异人直言不讳地说："我能光大您的门庭！"异人惊愕地说："算了吧！你还是先光大自己的门庭，然后再来光大我的门庭吧！"吕不韦又说："我的门庭要等待你的门庭光大了才能光大。"并说："秦王已经老了，安国君被立为太子。安国君非常宠爱华阳夫人，但她没有儿子，能够选立太子的只有华阳夫人一个。现在你的兄弟有 20 多人，你又排行中间，长期在外国当人质，即使安国君继位，你也难争得太子之位。"异人说："该怎么办呢？"吕不韦说："我愿意拿出千金为你到秦国游说，立你为太子。"异人叩头拜谢道："如果实现了您的计划，我愿意分秦国的土地和您共享。"

吕不韦于是拿出五百金送给异人，作为生活和交结宾客之用；又拿出五百金买珍奇玩物，西去秦国游说。他见到华阳夫人，先将礼物献上，说："异人忠孝仁义，常常思念父亲和您而哭泣，特意让我向您问安。"华阳夫人暗喜。吕不韦又让华阳夫人的姐姐劝她："我们女人，靠美色来取悦男人，一旦年老色衰，很是可怜。您没生儿子，不如将异人立为嗣子，将来你的荣华就有保障了。"华阳夫人觉得此言有理，就设法请求安国君答应下来，并刻了玉符作为凭证。因华阳夫人是楚国女子，就将异人更名为子楚。

吕不韦带着喜悦回到赵国，子楚自然欢喜不尽。吕不韦在邯郸经商，选取一姿色美女一起同居，直到她怀孕。在一次酒宴上，吕不韦将这一美女带来为子楚献酒。他看到此女非常喜欢，就请求把此女赐给他。吕不韦虽很生气，但为钓取奇货，也就将此女送给了子楚，又为此女取名叫赵姬。后来赵姬生下儿子名政。

秦昭王五十年（前257年），秦兵围攻邯郸，赵国想杀死子楚。吕不韦拿出六百金送给守城官吏，使子楚得以逃回秦国，并隐藏赵姬母子。秦昭王五十六年，昭王去世，安国君继位，华阳夫人为王后，子楚为太子。赵国为改善两国关系，护送子楚家人回到秦国。

安国君继秦王位不久就突发疾病去世，子楚继位（秦庄襄王），尊奉华阳王后为太后。并任命吕不韦为丞相，封为文信侯。庄襄王即位三年后死去，13岁太子政继立为王，即秦始皇。尊奉吕不韦为相国，并称"仲父"。因政年幼初立，一切国事皆有不韦料理。不韦用政，大赦罪人，修先王功臣，施德骨肉，布惠于民，广交宾客，招贤纳士，收李斯为舍人，收郑国以修水利，用蒙骜等人为将军，出兵攻打邻国，扩充疆土数千里，为秦统一六国奠定了基础。

战国末期，各诸侯国有喜宾客和著书立说之风。吕不韦也招贤纳士，对前来跟随的门客礼遇有加，给予厚待。并命门客编纂其所知见闻，终于编纂出《吕氏春秋》名著。《吕氏春秋》提倡在君主集权下实行无为而治，顺其自然，无为而无不为，对于缓和社会矛盾，使百姓获得休养生息，恢复经济发展非常有利。《吕氏春秋》既是他的治国纲领，又给即将亲政的秦始皇提供了执政的借鉴。

秦王政越来越大，太后赵姬一直淫乱不止被告发。经查实，事情牵连到相国吕不韦。随后免去吕不韦的相国职务，将其遣出京城。后来吕不韦被秦始皇所逼，喝下酖酒自杀而亡。

十二、张清丰

河南省清丰县以人名名县，欲溯清丰县之由来，必及张清丰之名。

据史书记载，张清丰是隋代顿丘（今濮阳市清丰县）人，幼时天资聪明，机敏好学，然而家境贫寒，难以从师进入学堂。为满足自己的求知欲，他每天就在私塾学堂外靠偷听偷看学习知识。后来其父患了重病，他就日夜守护，药食便溺不稍烦怠。其父病逝后，就与母亲相依为命，以制卖烧饼维持生活。他每天精心制作的头炉烧饼必敬其母，从不出售。有出高价强买者必谢曰："山高高不过太阳，人大大不过爹娘，不知父母养育之恩者枉为人也。"他善事老母不慢不怠，母之教责敬听顺承。母患疮疾，他四方求医，悉心服待，口吮脓血，解其痛楚。他每逢浚县大伾山庙会，必徒步前去为母祈福。

后来他的孝行被广为传颂。隋代开皇年间，张清丰被举为孝廉，然而，侍奉老母，张清丰累召而不仕。唐代大历七年，在顿丘之四乡设置县制，魏搏节度使田承嗣举荐了其境内名扬四海的孝子张清丰，随将他的孝行事迹表奏朝廷，朝廷恩准，就以张清丰之名命为县名。

张清丰，虽是我国文明史上的一个小人物，但他的名字却从唐代始作为一个县名沿用至今，已有 1000 多年历史。他高尚的美德世世传颂不衰，激励着一代代清丰人。

十三、张公艺

张公艺（公元 577~676 年），郓州寿张（今濮阳台前县孙口乡桥北张村）人，历北齐、北周、隋、唐四代，寿 99 岁。他九世同堂，和谐共处，是中国历史上治家有方的典范。

公艺自幼有成德之望，正德修身，礼让齐家，立义和广堂。制典则，设条教以戒子侄，是以父慈子孝，兄友弟和，夫正妇顺，姑婉媳听，九代同居，合家 900 人，每日鸣鼓会食。养犬百只，亦效家风，缺一不食。

张氏家风，历代多有旌表。北齐文宣帝高洋赐匾"雍睦海宗"。隋文帝杨坚赐匾"孝友可师"。唐太宗李世民赐匾"义和广堂"。唐高宗麟德二年（公元 665 年），高宗与武则天，率文武大臣等去泰山封禅。车驾路过寿张（今台前县）时，听说张氏九世同堂，历朝都有旌表，因而也慕名过访。问张氏何能九世同居？公艺答："老夫自幼接受家训，慈爱宽仁，无殊能，仅诚意待人，一'忍'字而已。"遂取纸笔，书写百"忍"字呈上。高宗连连称善，并赠绢百端，御书"百忍堂"，以表彰其事。

张公艺是我国历史上治家有方的典范，他那九辈同居，合家 900 人，团聚一起，和睦相处，千余年来，倍受历代人民尊敬，传为美谈。在当今建设两个文明的时代里，建立一个文明的家庭，更具有他新的现实意义。治家虽不仅在忍，今亦不提倡吃"大锅饭"，然有一个和睦的家庭，乃人人所盼望的事，这里关键是诚意待人。那些为子不孝，婆媳不和，兄弟纷争，姑嫂相猜，妯娌吵骂等，何不仿效张氏治家呢？

十四、僧一行

僧一行（公元 683~727 年），唐代高僧，名张遂，谥号"大慧禅师"，唐代魏州昌乐（今河南濮阳市南乐县）人。张遂青年时代到长安拜师求学，研究天文和数学，很有成就，是中国古代伟大的天文学家。

张遂幼居长安，聪明好学，因父早丧，家道中落，无钱买书，只好借读。时长安玄都观藏书万卷，遂常去借阅，有书《太玄经》，深奥难解，遂读后不仅能解其意，又写出《大衍玄图》、《义决》两篇心得。因此，被誉为"后生颜子"，从此张遂名扬京都。

当时武则天侄子武三思欲结张遂，以抬高其声望。张遂恶其行，不与交往，为避其纠缠，遁入嵩山，削发为僧，法号一行，人称僧一行。后唐睿宗以礼相召，张遂托病不往，但却徒步三千，云游天台山、玉泉山，学习佛经和钻研天文数学。嗣后写出《大衍论》三卷，《摄调伏经》十卷，《天一太一经》、《太一局遁甲经》、《释氏系录》各一卷，并续完了祖父张大素所著《后魏书》剩下《天文志》的一部分。

开元五年（公元 717 年），唐玄宗得知一行和尚精通天文和数学，就把他召到京都长安，置于光太殿，常问其治国抚民之策。一行"言皆切直，无有所隐"，深得玄宗信任。在此期间，一行从天竺高僧善无畏、金刚智学得"密法"（真言宗），译出不少印度经卷，并著有《大日经疏》，成为中国佛教"密宗派"最早传播者。

开元九年（公元 721 年），因李淳风所编《麟德历》，预报日蚀不准，经玄宗批准，由一行主持修编新历。编新历要有实测资料，然过去所存天文仪器已毁坏。一行就与梁令瓒一起研制成功一架铜铁铸成的黄道游仪。它通过转动，可测出日月星辰在轨道的坐标位置及其运行情况，其结果与自然现象相吻合。

开元十一年（公元 723 年），他又同梁令瓒一起，在改制汉代以来各种浑天仪的基础上，又成功研制出铜铸水运浑天仪。通过激流推动水流，使整个仪器转动，它不但能演示天球和日月的运行，而且立了两个木人，一个每刻敲鼓，一个每辰敲钟，集浑天象与自鸣钟于一体。这是世界上最早的自动报时器，比威克钟早 600 多年。

一行等人通过新制仪器，观测 150 颗恒星位置与 28 宿在天体上的北极度数及运行情况，发现恒星是在不断运动的。这一发现，比英国著名天文学家哈雷在 1718 年提出的"恒星自行"观点要早近千年。

开元十二年（公元 724 年）春，一行组织了一次全国范围内的天文大地测量活动。在中国南北共设 12 个点，进行不同地区北极高度的实测。在这次测量活动中，在河南的测量组测量最为有效。他们北起滑县、开封、扶沟，南至上蔡，测出 4 个地方的北极高度。经过归算，得出北极高度差一度，南北相距 351 里 80 步（合现在 129.22 km）。这一距离相当于地球子午线的一度长度（子午线一度长为 111.2 km），虽有误差，但在当时却是世界上第一次用科学方法进行的实测。这一结果推翻了"影差一寸，地隔千里"的错误说法。此外，他还发现太阳在黄道上运行的速度并不平均，冬至最快，以后减慢，至夏至最慢，纠正了过去把一年平均分为 24 节气的错误做法。

开元十三年（公元 725 年），一行正式投入编订历法，至逝世前完成草稿，即《大衍历》，公元 728 年颁行。《大衍历》结构严谨，演算合乎逻辑，在日食的计算上，首次考虑到全国不同地点的见食情况。《大衍历》比以往的历法更为精密，为后世历法所师。公元 733 年，传入日本。

一行虽受儒、佛思想影响，但他那勤奋好学、勇于实践、大胆探索的精神，终于使他在天文数学方面作出了不朽的功绩，成为中外科技史上有名的天文学家。

十五、张昭

张昭（公元894~972年），原名张昭远，字潜夫，五代濮州范县人，是五代著名的史学家。

张昭天资聪明，10岁能诵古乐府，咏诗百余篇。未冠遍读九经，尽通其义。又专研史学，著《三代兴亡论》。战乱年间，归还故里，躬耕养亲。后得兴唐尹张宪赏识，提拔为官，历任后唐、后晋、后汉、后周，宋初拜吏部尚书，封郑国公，后改封陈国公。著有《嘉善集》五十卷，《名臣事迹》五卷，《同光实录》十二卷，《纪年录》二十卷，《庄宗实录》、《功臣列传》各三十卷，及《唐朝名臣正论》二十五卷等。

张昭在史学上最大的成绩是与其他史官共编《二十四史》之一的《旧唐书》。天福六年（公元941年）二月，后晋石敬瑭敕修唐史，命张昭远、贾纬、赵熙共编，宰相赵莹监修。唐世史录，本颇完备，中经"安史之乱"及唐末军人迭起肆虐，史料百存无二三，因此当时撰写唐史极为困难。后经多方征集，赏以官爵，始得汇集。到开运二年（公元945年）六月才将撰成，书名为《唐书》。宋仁宗时，欧阳修、宋祁重修唐史。后世称张昭书为《旧唐书》，称欧、宋所编为《新唐书》。《旧唐书》基本写成后，适赵莹罢相，刘昫以宰相兼监修。刘全未参与修撰，然《旧唐书》却署其名，而主持者赵莹和秉笔撰写的张昭远、贾纬等反为人罕知。

《旧唐书》多用"实录"、"国史"原文，未免草率，隐讳处颇多，然能成书于戎马倥偬之际，已是不易。《新唐书》虽多优点，但就史料之丰富，尤其是保存原始资料方面，《旧唐书》远胜《新唐书》，故司马光纂《资治通鉴》，多取材于《旧唐书》。

中国历史，重视史志，重视史官，虽当颠沛之中，其职不废；居其职者，亦多不废其事；士之有志于斯者，亦因之得所凭藉。张昭远等人虽处纷乱之世，其保存史迹之功，实不可泯灭。

十六、晁迥

晁迥（公元948~1031年），字明远，澶州清丰（今濮阳清丰县）人。北宋太平兴国五年（980年）进士，博通文史，历任大理评事、工部尚书、礼部尚书、太子少傅等职。

真宗在东宫时，常称其学行。即位后，擢右正言直史馆。献《咸平新书》五十篇，《理枢》一篇，进翰林学士。后复献《玉清昭应宫颂》，其子宗操亦上《景灵宫庆成歌》，歌颂缙绅（官员）之美事。迥时作修礼文之事，朝廷诏令多出其手。

晁迥很受北宋朝廷器重，年81岁时，仁宗召宴大臣于太清楼，免其跪拜，并与宰相同赐"御飞白"大字，赏赉甚厚。他为人忠直，屡谏仁宗修饬王事，治乱致安，很得帝悦。

晁迥卒于宋仁宗天圣九年（公元1031年），寿84岁，赠太子太保，谥文元。他善吐纳养生之术，通释老书，性乐意宽简，服道履正，历官莅事，未尝挟情害物。真宗数称其好学长者，所著有《翰林集》三十卷，《道院集》十五卷，《法藏碎金录》十卷，《耆智全书》、《随因纪术》、《昭德新篇》各三篇，并传于世。

迥子宗悫、宗操皆有文才。宗悫官至工部尚书、龙图阁学士，有文集四十卷。其孙晁仲熙，生平忠信，颇有乃祖之风。晁氏自迥至下，五世八进士，科举乡贤三十有七，时称"晁半朝"。

晁氏之墓在今濮阳清丰县阳邵村堤西，占地 30 亩，有高冢四座，昔时古柏成荫，芳草盈地，石像耸立，神道对列，前有石坊，周有围墙，人称"花园坟"。

十七、高超

濮阳市为黄河流经之地。黄河既造福于人民，也给人民带来了无穷灾难。据史载黄河决口 1593 次，其在濮阳境内达 50 多次，在与黄河作斗争中，涌现出了很多可歌可泣的英雄事迹，宋代治黄名师高超就是一例。

高超，宋代澶州人。宋仁宗庆历八年（1048 年）夏，黄河在商胡（今濮阳栾昌胡）决口，奔腾咆哮的河水破堤而出，冲开一处宽 557 步的缺口，洪水肆意泛滥，淹没了不少的村庄、田园，死者无数，受害者数千里。北宋朝廷为了制止这次水灾，调动大量的人力物力运往商胡地区，并派三司度支副使郭申锡主持堵口。他按照过去"合龙门"的老方法，把用榆柳树枝和芦苇编织的 60 步长埽，投入水中，结果久堵不合，造成更大的灾难。古老的观城县（武强镇）就是在此次水患中被淹没的。

当时濮阳有一个水工叫高超，他总结了多次失败的教训，向郭申锡提出了"三埽合龙门"的建议。他说："此埽身太长，人力不能压，埽不能到水底，故河流不断，而绳缆多绝。今当以六十步为三节，每节埽长二十步，先下第一节，待至水底，再下第二节、第三节。"有些老水工不同意他的意见，认为是白费三节。高超说："第一节下去水流固然不能断，然水势必杀其半。压第二节，只用半力，水纵未断，乃似平地施工，足可尽其人力。三节放完后，其下两节为浊泥所淤，就不费人力了。" 郭申锡仍坚持原来的老方法，不听高超的建议，结果河决愈甚，久堵不塞，直到郭申锡等人受到免职处分后，高超的建议才得到采纳。到公元 1056 年终将历时 8 年的商胡决口堵住。此外，他在治理黄河水患实践中还发明了用竹筐盛石头、草禾等沉于水中堵堤防决口、管涌之技术。因此，高超被人们称为治黄名师。

高超治黄堵口的事迹，正史未载，只有沈括在他所著的《梦溪笔谈》中得以详述。沈括是我国历史上一位伟大的科学家，他尊重科学，支持革新，歌颂了水工高超敢于创造，敢于革新的事迹，赞扬了劳动人民的智慧和敢于同保守思想作斗争的精神，使高超堵口"三埽合龙门"法，在以后的水利工程中得到很大的发扬。

十八、宫天挺

宫天挺（约公元 1260~约 1330 年），字大用，元代开州（今河南濮阳县）人，能诗善文，颇有盛名。他与钟嗣成父为莫逆之交，嗣成小时，常随父拜访，见其吟咏，文章笔力人莫能敌。关于他的生平，钟嗣成著《录鬼簿》说："历学官，除钓台书院山长，为权豪所中，事获辨明，亦不见用，卒于常州。"

宫天挺是元代末期著名杂剧作家，所著有《范张鸡黍》、《宋仁宗御览托公书》、《宋上皇御赏凤凰楼》、《使河南汲黯开仓》、《严子陵垂钓七里滩》、《栖会稽越王尝胆》6个剧本。现仅存《范张鸡黍》、《严子陵垂钓七里滩》两个剧本。宫天挺的杂剧曾得到很高的评价，明初朱权《太和正音谱》说他："宫大用之词，如西风雕鹗。其词锋颖犀利，神彩烨然，若捷翮摩空，下视林薮，使狐兔缩颈于逢棘之势。"的确，宫天挺的创作是有其特色的。

宫天挺所写的历史剧，寓有托古讽今的明显意图，他在《范张鸡黍》一剧中，一方面歌颂范式、张邵生死不渝的真诚友谊，一方面又对那些依仗权门，追名逐利，窃文得官之徒，给予无情的鞭笞与讽刺。他说考官女婿王仲略等人是"一伙害军民聚敛之臣……装肥羊法酒人皮囤，一个个智无四两，肉重千斤"。骂他们"少不得一朝黄金尽，下场头吊脊抽筋"。作者攻击得如此愤慨激烈，咒骂得如此痛快淋漓，这在元代杂剧中是少见的。

宫天挺是个终身不得志的文人，他被权奸攻劾，免去钓台书院山长职务，事虽辨明，但仍不见用，客死常州。死后钟嗣成作吊词曰："豁然胸次扫尘埃，久矣声名播省台。先生志在乾坤外，敢嫌他天地窄。辞章压倒元白，凭心地，据手策，是无比英才。"词中虽有溢美。但足见其抱负不凡，志在乾坤。然困顿终身，郁郁不得志。他常借剧中人物抒发自己不平之气，"满目奸邪，天丧斯文也。今日个秀才每遭着末劫，有那等刀笔吏入省登台，屠沽子封侯建节。"其愤懑之情跃于台词唱腔之中。这种大胆猛烈地抨击时政，在元代杂剧中，是难能可贵的。

十九、李先芳

李先芳（公元 1510~1594 年），字伯承，号北山，祖籍湖北监利，其祖迁居濮州（今濮阳范县）。

李先芳天资聪慧，品行端正，20 岁中乡举。明嘉靖二十六年（1547 年）中进士，翌年任新喻知县。新喻县（今江西新余县）是个穷地方，风俗不正，先芳安抚之余，严以法令，奸邪为之折服。县内呈现繁荣景象。因先芳居政有声，后升迁为户部主事、刑部曹郎、尚宝司少卿。

李先芳才华横溢，诗文名动京都。曾与历城李攀龙、临清谢榛、考城（今兰考）吴继岳等当代名家一起倡导诗社。又与昆山俞允文、卢柟、考城吴继岳、顺德欧大任合称"广五子"。李先芳通晓音律，尤精于琵琶，就连当时的琵琶名家查八十都折服于他。李先芳爱好广泛，对医学、道教、佛教研究均有一定造诣。

李先芳善写诗词文章，一生著作颇丰。著有《东岱山房稿》三十卷、《李先芳杂篆》四十卷及《来禽馆集》、《读诗私记》、《江右诗稿》、《李氏山房选》、《周易折衷录》、《清平阁集》、《春秋辨疑》等书，并传于世。后因赋诗得罪权要，被贬为亳州同知、宁国府同知。不久，弃官归田。撰修《濮州志》，此为《濮州志》之始。

有些专家经考证，《金瓶梅》的作者可能是李先芳。按其《金瓶梅》的作者，既熟悉山东方言，又通吴语，深谙官场时弊，且具文才而又是一位不得志的文人来看，李先芳颇具条件。然《金瓶梅》的真实作者是历史留下的不解之谜，言其作者大抵有 30 多人。

二十、孙健初

孙健初（公元 1897~1952 年），字子乾，濮阳县白堽乡孙密城村人，我国近代著名石油地质学家，玉门油矿的奠基人，被誉为"中国石油之父"。他幼时入私塾，受业于父亲孙云阶（清末秀才）。10 岁时丧母，靠祖母抚养成人。后来就读于曹州（今菏泽）六中。1927 年毕业于山西大学地质系，被山西省建设厅聘用，不久被南京中央政府农矿部调走，从此开始了他的地质研究生涯。

经过长期的考察和实践，孙健初科学地论证，中国地下埋藏着丰富的矿产资源。1937 年中国煤油探矿公司组织地质矿产试探队时，他应邀前去，发现并研究玉门油矿的重要组成部分——老君庙的地质构造。抗日战争爆发后，日军切断"洋油"进口的海上通道，国民政府被迫考虑内地油田开发。

1938 年底，国民政府资源委员会增设甘肃油矿筹备处，孙健初、严爽等奉命到老君庙进行石油地质考察。时值隆冬，他们冒着严寒，踏着冰雪，起早贪黑坚持野外作业，仅用了 8 个月的时间，就查明该地区的油层、储量及地质构造状况，以事实驳斥了西方学者叫嚣"中国贫油"的谬论。孙健初要求国民政府调来钻机进行实地钻探，以查明地质构造和含油、含气层。当时，国民政府人浮于事，遇事推诿。时任中共驻重庆代表周恩来电告延安，调来两台钻机和一批钻井工人，进行油矿开发。

1939 年 5 月，孙健初在老君庙主持玉门油田第一口油井钻探。当钻头钻到 1300 m 处时，油喷不止，日产量达 20 桶，接着其他各区钻井均见油层。1941 年 4 月 10 日，4 号井和 8 号井在钻进油层时，出现猛烈井喷现象，终于证实了玉门油田所具有的工业价值。国民政府一见玉门油田大有希望，立即成立甘肃油矿局，并委任孙健初为地质室主任，指导油矿建设。

1942 年，孙健初去美国考察学习，写出大量具有当时世界先进水平的论文。1944 年回国后，孙健初仍主持西北石油地质研究，写出《甘肃文殊山地质》等调查报告，论证这里有大量油层存在。然而，当时国民政府正忙于发动内战，没有心思去开发油田。

1946 年到 1948 年，孙健初用大量精力和时间，写成《西北油田地质说略》、《发展中国油矿计划纲要》等多篇重要论文。这些科学预见，多数被后来所证实。

1949 年 8 月，兰州解放，孙健初把所有的石油地质资料和仪器设备，完整地交给了共产党政府。彭德怀和贺龙同志专门登门拜访，倾听他对开发祖国石油资源的设想和建议。

新中国成立后，孙健初被任命为国家燃料工业部石油管理局勘探处长兼西北财经委员会委员。1950 年 4 月，在北京出席全国第一次石油会议时，孙健初提出西北石油勘探计划。1951 年在全国石油工业展览会上，毛泽东主席专门接见他，听取他关于中国石油发展状况及勘探开发远景的汇报。

孙健初经常深入各油田了解情况，指导工作，并写成《中国各主要油区地质情况及开发计划》、《全国石油勘探方向图》。他励精图治，规划蓝图，正要为祖国石油事业大干一番时，不幸于 1952 年 11 月 10 日夜，在北京因煤气中毒而死，年仅 56 岁。

第二节　濮阳人文景观

在濮阳漫长的历史长河中，给人们留下了众多的人文景观。主要有宣防宫、长乐亭、戚城、得胜城、晋王城、仓颉陵庙、二帝陵庙、回銮碑、八都坊、普照寺大雄宝殿、张挥墓碑、子路墓祠、唐兀公碑、单拐革命旧址等。现将部分人文景观详细介绍如下。

一、宣防宫

宣防宫，又叫宣房宫。位于濮阳市高新区新习乡焦二寨村北 1.5 km 处，为汉武帝所建。其南十里为汉濮阳，颛顼遗墟。

汉武帝元光三年（公元前 132 年），黄河在瓠子（今濮阳市高新区新习乡境内）决口，洪水向东南侵淮河流域，泛滥 16 郡，灾情严重。汉武帝派汲黯、郑当时率 10 万人去堵塞，没有成功。当时武安侯田蚡为丞相，受封于今山东夏津县一带，位于河以北，河往南决口，对其无害，故上言：“江河之决皆天事，未易以人力为强塞，塞之未必应天。”当时观察天象的人也以为然。武帝听信谗言邪说，致使水决达 23 年。

汉元封元年（公元前 110 年），汉武帝去泰山封禅，巡祭山川，始知水害之甚，乃命汲仁、郭昌率民数万复堵瓠子，并亲临决口处指挥堵口，命令自将军以下者皆参加堵口。当时东郡民烧柴草，故薪少，令其伐淇园（卫国故苑）之竹为桩，复积柴土。武帝为表对河伯的虔诚，将心爱的白马、玉璧沉入河中。他面对浩浩洪水，深感治水之艰，惮屡功之不就，乃作《瓠子歌》两首。其一曰：“瓠子决兮将奈何？皓皓旰旰兮闾殚为河！殚为河兮地不得宁，功无已时兮吾山平。吾山平兮巨野溢，鱼沸郁兮柏冬日。延道驰兮离常流，蛟龙骋兮方远游。归旧川兮神哉沛，不封禅兮安知外！为我谓河伯兮何不仁？泛滥不止兮愁吾人！啮桑浮兮淮泗满，久不反兮水维缓。”又歌曰：“河汤汤兮激潺湲，北渡迂兮浚流难。搴长茭兮沉美玉，河伯许兮薪不属。薪不属兮卫人罪，烧萧条兮噫乎何以御水！颓林竹兮楗石灾，宣房塞兮万福来。”元封二年（公元前 109 年），终塞瓠子。为表堵口纪念，汉武帝在堵口处修筑宫，名曰：“宣防”。

宣防宫废弃何时不得而知，现仅存径长 25 m，高 5 m 的土丘，其南百步有黑龙潭，是当时瓠子决口处。当地群众在龙王庙西侧打井至 12 m 深处发现有竹竿、木桩和柴草，证明瓠子决口在此无疑。其北寺上村（原名新店）为武帝驻跸处，建有洪福寺。今又集资重修，名曰"宣防宫"，为游览之地。

二、长乐亭

长乐亭，相传是颛顼避暑的地方，位于濮阳县徐镇镇长乐亭村，经考证该亭为金大定年间裴满公所建。此处古有春容寺，现只有一片碎砖瓦砾，中立一小庙，以祭颛顼。相传旧时此地楼阁亭台，青光耀眼，树木葱茏，花草簇拥，构成美丽的"长乐春容"。

长乐春容为濮阳县八景之一，每至春暖，花明柳绿，蜂蝶飞舞，鸟儿争啼；南眺黄堤，杨柳依依，滔滔黄水奔流东去；文人骚客，善男信女，浏览者络绎不绝，遂成长乐春容一大观。明代诗人张寰与孙国游览此地，触景生情，互相酬和。张寰赋诗曰："小亭虚敞俯沙堤，柳暗花明路欲迷。政暇登临清昼永，东风深处晓鸟啼。"孙国和曰："荒亭特特隐崇堤，万紫千红入眼迷。避暑主人成幻化，空山杜宇为谁啼。"还有："野花烂漫暮春堤，立马闲亭曲径迷。吊古幽怀空怅望，数声山鸟为谁啼？""烟雨霏霏绕翠堤，堤前花柳坐中迷。芳茅处处占春色，好鸟高枝自在啼。""翠中南眺是黄堤，曲径通幽路不迷。帝子避暑五千载,子规还在声声啼。"等。这些诗不仅描绘了旖旎的风光、美丽的春色，也点出了颛顼来此避暑之事。

三、戚城

戚城，亦曰"宿"，当地也称孔悝城。相传是卫灵公的外孙孔悝的采邑，始建于西周后期，以后历代多有增建，春秋时期各国诸侯或使臣曾在此 7 次会盟。现残存的濮阳戚城是豫北地区保留年代最久、延续时间最长的古代聚落城池，其文化遗存非常丰富。1996 年，被国务院公布为全国重点文物保护单位，现辟为戚城景区。

春秋戚城位于黄河下游东岸，谓之"河上邑"，其东有齐、鲁，西有秦、晋，北有燕、邢，南有曹、宋、陈、郑、吴、楚等，地界中原，土地平坦，水陆俱畅，为四方往来必经之地，故为诸侯国争霸图强，联此击彼，进行政治活动的军事要地。史载：鲁文公元年（公元前 626 年）五月，由于在诸侯朝拜晋国时卫国没去，晋侯就率附从军攻打卫国，毫不费力地占领了戚，俘获了反对晋国的卫大夫孙昭子，晋疆于戚田，鲁文公八年归于卫。鲁襄公二十六年，卫大夫孙林父判卫附晋。嗣后，卫晋多次在这里发生战争，成了两国争夺之地。

卫国内讧也多涉戚。卫大夫孙文子与新君有隙，为避其害，将珠宝珍器尽藏于戚，后遭献公猜忌，于是文子据戚作乱。公元前 547 年，卫宁喜弑其君剽，卫大夫孙林父以戚附晋。公元前 496 年，太子蒯聩谋害灵公夫人南子未遂，逃到晋国避难，13 年后潜入戚城，与其子辄（已立为卫出公）争国。蒯聩勾结其妹控制了执政的外甥孔悝，出公辄被迫出逃鲁国，蒯聩自立为庄公。子路是孔悝的邑宰，为救孔悝而惨死在与蒯聩的甲士的厮杀中。

戚在史上有名，可溯更远。《荀子·儒效》载："武王诛纣，朝食于戚，暮宿百泉"。《诗经·泉水》篇："出宿于泲"、"出宿入干"，宿即戚城，干即古干城，均在濮阳境内。新中国成立后，从考古调查资料看，戚城地下有裴李岗文化、仰韶文化、龙山文化，商代遗物较少，春秋较多，汉代遗物最多。城垣内发现有两口水井，皆用绳纹小砖砌成，为汉代遗物。又据城墙夯土和遗物内外有明显差异，故可推论，城内侧应为商周所建，城外侧应为汉代增筑。

四、得胜城

得胜城（德胜城），即今濮阳县城。唐时濮阳一带地理状况是：黄河由酸枣（今河南延津县）过滑州至黎阳大伾山折向东，经高陵津、杨村（今内黄县中召东北）由今濮阳县城南流向东去。今濮阳县城原是一重要渡口，名曰北德胜渡，其南对岸为南德胜渡。城北40里今清丰县旧城村为顿丘，是澶州治所。

五代初，梁、晋在滑、濮、魏、博诸州相争10余年，大小数百战，互有胜负。贞明三年（公元917年），梁军兵败杨刘（今东阿县北），接着军内又发生内讧，大将互相残杀。贞明四年（公元918年），晋王李存勖乘机率10万大军进攻胡柳坡（今濮城西），两军横陈数十里，互相冲荡击杀，梁将王彦章败走濮阳。晋将李存勖追至德胜渡，隔河筑南北两城，南为南得胜城，北为北得胜城，中架浮桥，谓之"夹寨"，以扼梁兵，此为得胜城之始。德、得同音，德改为得，大概与晋军取得胜利有关。

后晋天福三年（公元938年），为防契丹军南犯，升澶州为防御州，并将州治与顿丘县移于得胜南城，驻军把守。四年（公元939年）又移濮阳县于州之南郭。宋熙宁十年（1077年）秋，大雨，黄河决曹村（今濮阳新习乡陵平），州城圮于黄水，州治复移于得胜北城，并在其原址进行扩建，筑土城，周长24里，金、元因之。

五、仓颉陵庙

仓颉陵位于南乐县城西北35里梁村乡吴村北，高5 m。1973年10月，在陵北侧经小型试掘，从上至下发现有隋、唐、汉、龙山、仰韶诸时期文化，此处可能是古昌意城遗址。明嘉靖年间，知县杨守城立碑于陵前。陵西有明隆庆五年知县刘弼宽所建造的石人、石狮和四柱三门石坊，阳刻"仓颉"两个大字，阴刻有汉钟离、铁李拐、何仙姑、蓝采和等八仙图案，中刻老寿星。石柱楹联："百王景仰治代结绳扶宇宙，万圣尊崇文成书契整乾坤"。前额："万古一人"。又立两通碑，题有"三教之祖"和"万圣之宗"字样。后建大殿，殿中塑有仓颉全身像，四目浓眉（传说仓颉生四目，聪明过人），头着金冠。两侧悬有寇准题写的日月联："盘古斯文地，开天圣人家。"使庙堂大为增辉。陵西南，原有"故宅井"，井北有"造书台"，台上建亭，名曰"仓亭"，为仓颉造字之场所。整个仓颉陵庙占地38亩，殿堂坐北朝南，有石柱一对，雕刻精美雅致。山门、二门皆为硬山式建筑，拜殿、正殿、寝阁美观大方。庙内碑刻林立,殿外柏杨参天,楼阁亭台,鳞次栉比,雄伟壮丽。今又重建,规模空前,为游览胜地。

相传仓颉生于农历正月二十四日,后遂成庙会,千百年沿袭不歇。届时商家云集,游艺大唱,老弱妇孺,红男绿女,相偕与会,日不下一两万人。仓颉庙前,青烟袅袅,红光熠熠,善男口唱诺诺,信女歌舞翩翩,煞有一番情趣。

六、二帝陵庙

二帝陵,即颛顼、帝喾二陵,位于濮阳县城西 25 km 的内黄县梁庄镇三杨庄西硝河北岸丛林中。二帝陵始建年代难考,唐代以后屡有增建。历朝历代祭祀不绝,宋代以后列为定制。豪华的二帝陵因地处黄河故道,清末宣统年间一场风沙南迁而掩埋于沙丘之中,地面仅存石碑两通。陵地古属东郡濮阳,1949 年划入内黄县。

1986 年,内黄县人民政府对陵墓区和祭祀区进行清沙,陵墓轮廓已基本查清,廊宇计有大殿五间,前有长廊,殿内有明清石碑 41 通。殿前两侧各有配房 3 间。大殿后 200 余 m,为陵墓围墙,东西长 165 m,南北宽 66 m,呈长方形,为元代砖砌建造。共发现元、明、清历代 165 通御祭碑碣,出土碑碣之多为我国帝陵之首。顺中轴线发现御桥、山门、祭拜大殿、陵冢等主体建筑遗迹,唐至清代建筑基址 12 处,还发现有仰韶、龙山文化陶片等新石器时代遗存。2002 年再度清沙时,在陵墓北边发现汉墓群。2003 年清沙时,又首先在山门西侧清出数块石碑,山门至祭祀庙院之间清出弧形古残墙,及祭祀庙院通往陵区的数甬道。之后,帝喾陵护陵墙被发现,镶嵌在护陵前墙的明嘉靖七年的"帝喾陵"标志碑也随之面世。

近些年来,当地政府对二帝陵进行了大规模开发重修,先后修建了山门、祭拜殿、二帝塑像、棂星门、碑廊、配殿及其他附属配套设施等,已成为旅游景区。该景区占地 23.3 万 m²,由朝觐祭拜区、碑林区、休闲区、森林公园区组成,建有山门、棂星门、祭拜大殿、东、西配殿、碑廊、井亭等建筑,元、明、清各代数条甬道纵横其间。整个陵区被 2000 万 m² 槐林环抱,生态环境良好,陵区内有鸟柏、锦鸡儿等稀有植物 300 多种,仿佛置身于原始森林之中,给人一种返璞归真、回归自然的感觉。

农历三月十八日,传为颛顼帝生日。2002 年,当地人民政府为缅怀圣祖功德,弘扬华夏文化,始办祭祖节,并列为定制。每年此时,帝陵内文艺表演、民间工艺、特色小吃、热闹非凡,古庙会以其纯朴的民风、民俗和古老灿烂的黄河文化吸引了众多的海内外游人寻根祭祖、观光旅游。

七、回銮碑

回銮碑,亦曰"契丹出境碑",位于濮阳县城内御井街西侧。此碑原为青石,高2.6 m,宽 1.3 m,碑文为宋真宗所赋《契丹出境》诗,相传为寇准书写,字大如掌,苍劲挺拔,秀丽流畅。其南有一古井,水清澈甘甜,相传为真宗驻跸时所凿,故称"御井"。此迹是宋辽大战与"澶渊之盟"的唯一见证。现为省级文物保护单位。

宋景德元年（公元 1004 年），辽圣宗与其母萧太后率 20 万大军，以骁将萧挞览为先锋，从幽州出发南侵，采取避实击虚战略，绕过冀（今冀县）、贝（今清河县）不攻，直抵黄河北岸澶州，急书一夕五至，宋廷大震。参知政事王钦若是江南人，请幸金陵；签书枢密院事陈尧叟是四川人，请幸成都。同知枢密院事寇准佯曰："谁为陛下画此策者，罪可当诛。"并苦谏真宗御驾亲征。

是年十一月二十二日，真宗在寇准等人辅佐下，从京都起驾，趋至澶州南城，不欲渡河，以观形势。寇准进曰："陛下只可进尺，不可退寸。河北诸军，日望銮驾，若不渡河，人心益危，敌气未慑，此非取威决胜之策。"在寇准、高琼等人力促之下，真宗渡过黄河，来至澶州北城，登上北门城楼，宋军将士望见黄龙御盖，踊跃欢呼，声闻数十里，军威大振。真宗悉委军事于寇准，准运筹帷幄，号令严明，士卒喜悦。辽军数千骑薄城，寇准挥军反击，斩获大半。适辽军大将萧挞览已被宋军床弩射死，气馁引退，遣使求和。真宗厌兵，亦遣曹利用使辽。几经周折，双方达成协议。以宋输辽岁银十万两，绢二十万匹为条件，两朝罢兵，各守旧界，互不侵犯，此约史称"澶渊之盟"。

当和议成，两军班师，真宗不胜欣喜，即赋诗一首："我为忧民切，戎车暂省方。征旗明夏日，利器莹秋霜。锐旅怀忠节，辟凶窜北荒。坚冰消巨浪，轻吹集嘉祥。继好安边境，和同乐小康。上天垂助顺，回斾跃龙骧。" 镌刻于石，以志其事，谓之"回銮碑"，立于御井旁。

此碑词历代多有修复，"文化大革命"又遭毁坏。1978 年，当地政府重加复制，并建碑亭，以兹保护。现已将"回銮碑"辟为旅游景点，吸引大批游客前来观赏。

八、八都坊

八都坊，又叫"澶渊名阀坊"，坐落于濮阳县城内北大街。坊为青石结构，由石条、石板、石块、石柱叠砌嵌合，浑然一体，坚固耐震。坊高四丈，宽四丈二尺，气势挺拔，雄伟壮阔。

八都坊由坊座、坊身、坊顶 3 部分组成。坊座有 4 个，每个由上下两层巨石作基。坊身为四大方形石柱，立于坊基之上。四柱下部均有抱鼓相夹，抱鼓中部和顶部雕有石狮，威武雄壮。坊身上部分左、中、右三层次，左右结构相同，形式对称。中部三架横梁，镶嵌两块石板，层次分明，明暗相间。坊顶凌空，上有座威严庄重的庑殿，殿顶有前后坡和假瓦垄；殿脊两端，雕有石吻、石兽；殿脊正中，雕有石狮。石狮背驮葫芦、宝瓶，张嘴昂首，挺胸远望，神态逼真，栩栩如生。整个坊身，组合严紧，端庄大方，对称美观。

八都坊为明朝万历四十五年春所建，由明代濮阳籍都御史纪著、侯英，大理寺卿李珏、史褒善、王绖，尚书赵延瑞、董汉儒，巡抚吉澄八家共立。坊顶镌刻"八都坊"三个大字，笔锋雄健，字体端庄，系当时书法家韦大秦所书。据说，当时坊之南北还有两个下马坊，文官到此下轿，武官到此下马，皇帝到此，也要"龙行三步"，足见八大名阀在朝中的声望。

关于"八都坊"的命名，还有一段故事，建坊之初，八大家谁也未能给坊起个合适的名字，有人推荐韦大秦，但他为人耿直，不攀权贵，屡邀不就，故坊建立后，很久未有题名。有一天，韦大秦上街向一老汉买柴，因钱不够，以字作柴价，于是写了"八都坊"三个大字，要老汉去卖。老汉问他能值多少钱，韦说可以漫天要价，越多越好，并说如卖不出去，他可照付柴价。老汉将信将疑，拿着三个大字到大街去卖，索银百两。有好事者入告董汉儒，汉儒急邀老汉至府，问明情况后，又请其他名阀家来府商议。众见"八都坊"三个苍劲有力的大字皆大欢喜，付足老汉银两后，遂请名匠精刻于坊顶竖碑之上。

"八都坊"是濮阳劳动人民智慧的结晶，其结构严紧，雕刻精美，造型技艺高超。可惜，此坊已毁于"文化大革命"，今由濮阳县人民政府拨款重修，再现八都坊雄姿。

九、普照寺大雄宝殿

普照寺原名圆明寺，位于清丰县城西南隅，始建于唐上元元年（公元674年），元至元十九年（公元1282年）改为普照寺，建有大殿、禅房，元末为兵燹所毁。明洪武年间进行复修，并建天王殿、水陆殿等200余间。1933年改为中山公园，辟建戏楼、假山、月牙河等。1938年，园内建筑惨遭日寇破坏。1949年，中共清丰县委迁于此处办公，现仅存大雄宝殿。

大雄宝殿建于明成化二十一年（公元1485年），面阔5间，进深3间，面积248.92 m^2，单层庑殿式，绿彩琉璃脊顶。殿面前壁由朱漆木格扣合，殿内为纵四横六合抱明柱排列，正面铸有丈高铜佛三尊，四周泥塑罗汉十八尊，造形奇特，神态各异。四壁浮雕唐僧西天取经故事，造物神奇，表情丰富。内顶作圆形图案，沥粉金龙4条，正中绘有八卦图，显示明代中期佛道两教相结合的趋势。整个大殿，设计严雅，雄姿巍巍，彩绘秀丽，其建筑之高超，工艺之精美，充分体现了清丰县人民的聪明才智。

普照寺距今已有1300多年，历经沧桑，几遭毁坏，寺内旧迹多已无存，大殿满目疮痍，殿内文物被劫一空。为了加强保护，借以发展民族文化，1980年有关部门公布为县文物保护单位。1986年公布为省级文物保护单位，并拨款15万元，用木70余方，将大殿修葺一新：飞檐挑角，气宇轩昂；红墙绿瓦，相映生辉；雕梁画栋，金碧辉煌；珍禽瑞兽，栩栩如生，再现了明代木结构建筑巍巍雄姿，其宏伟壮观甲于濮阳一市。

十、张挥墓碑

帝丘是张挥的生长地、受封地、得姓地。为纪念张挥的丰功伟绩，弘扬中华民族古老文化，濮阳县人民政府创建了张挥公园。张挥公园内有挥公墓、挥公碑和挥公像以及名人碑林、祭祀广场等设施。每逢清明节期间，海内外张姓都要来此举办寻根谒祖祭祀活动。

挥公墓为圆型，直径 20 m，基座高 2.6 m，土球顶高 5 m。墓基采用料石砌筑，内设 8 根钢筋混凝土构造柱，两道圈梁，土球顶栽植了草坪。墓周围修筑宽为 8 m 的环形路，路外围采用毛石浆砌挡土墙，路面用青石板铺设，并设花池，栽植树木花卉。墓南 20 m 为小广场，面积 400 m²，广场南端有一宽 8 m、高 12 步青条石铺成的石阶。

挥公碑在挥公墓地小广场外，碑身高 3 m，宽 0.76 m，厚 0.5 m。碑向南 20 m 安装 4 步青条石台阶，宽 5.4 m。碑周围修筑矩形环形路，宽 12 m，挥公碑阳刻"中华张姓始祖挥公墓"，碑阴刻濮阳县人民政府撰写的碑记。

挥公像在挥公碑向南 90 m 处，像基座高 5.15 m，为钢筋混凝土结构，花岗岩粘饰，并有四组线描图案，分别是："始制弓矢，射猎鸟兽，迎战共工，颛顼赐姓"。人物造型活灵活现，栩栩如生，记述了张公的功德。挥公像坐落在花岗岩基座上，像高 3.3 m，整体高度 8.45 m，采用实心红花岗岩雕塑而成。张挥手持弯弓，身挎利箭，目视远方，威武雄壮。

挥公墓、碑、像采用园林路连结。园林路全长 112 m，宽 5.4 m，路面用卵石粘铺成各种不同的图案。道路两侧栽植了树木花卉。

十一、单拐革命旧址

单拐革命旧址，位于濮阳市清丰县单拐村。包括中共中央平原分局革命旧址、中共中央北方局革命旧址、兵工厂旧址、冀鲁豫军区纪念馆等。

1944 年 8 月至 1945 年秋，抗日战争进入全面反攻阶段，中共冀鲁豫军区司令部和平原分局都设在清丰县东南单拐村。军区司令员宋任穷，副司令员王宏坤、杨勇，副政委苏振华，平原分局书记黄敬等一批主要领导都住在这里。1945 年 3 月，中共北方局书记、晋冀鲁豫军区政委邓小平率李大章、周惠、彭涛等领导人也来到这里，其中邓小平在这里居住了 3 个月。当时军区所辖京汉以东、津浦路以西、石德路以南、陇海路以北的 12 个分区和 12 个地委。

在此期间，各分区首长经常来这里集会，研究部署冀鲁豫边区工作。先后解放了河南清丰、南乐、封丘、延津、山东阳谷、济宁、羊山集等地，为夺取抗日战争和解放战争的胜利起到了巨大的作用。同时，他们还发动群众，组织群众，建立农民协会、雇工协会、民兵、儿童团等群众组织，开展减租减息、增资增佃斗争和大生产运动，并亲自开荒种菜、锄草、灌水，帮助群众担水、种地等，与广大群众建立了深厚的阶级感情。首长们留下的一草一木，广大群众都视为珍宝。邓小平旧居大门，用过的办公桌、椅子、青花大瓷碗；宋任穷旧居大门和用过的文件箱、顶子床；杨勇旧居大门和用过的玻璃板，担水浇菜的水桶以及他送给房东的旧棉鞋等，都精心保存至今。

冀鲁豫军区第一兵工厂，是遵照朱德总司令的指示，由 4 个修械所合并而成，设在清丰县单拐村东陈氏祠堂大院内。陈氏祠堂是一组四合院建筑，建于清咸丰元年。兵工厂在机械设备极其简陋、原材料及技术资料极度缺乏的情况下，不仅为解放军制造了各种枪支零件、炮弹底火，修理了许多枪、炮，还试制成功了军工史上第一门大炮——九二式七十毫米步兵炮，揭开了人民解放军军工史上的新篇章。

从 1980 年开始，当地政府多方筹资，整修中共中央北方局旧址、邓小平旧居、宋任穷旧居、军区第一兵工厂旧址等共 23 处，征集革命文物 2000 多件。设立冀鲁豫根据地抗战史迹、邓小平生平、边区百名将军、减租减息等 8 个专题展室。目前单拐革命旧址已成为河南省爱国主义教育示范基地、红色旅游景区、重点文物保护单位和全国爱国主义教育示范基地、重点文物保护单位和国家 AAA 级旅游景区。

第三节　濮阳民风民俗

一、起居

早起开门，有土谚"早起三光，晚起三慌"。黎明即起是本地习惯，早起先开门是规矩。若开门晚会被别人视为懒汉。起身后，男人外出做活，妇女老人在家"打杂儿"。晚上关门，为防盗贼，天黑人定后，人们总把大门插好，俗谓"上门"。睡觉之前，卧室也要"上门"。夜不聚众，旧时，一般不在夜间串门，女子更是不许。新中国成立后此俗逐渐被打破，但仍有个别地方保留此俗。

二、服饰

一是发型。民国时期，成年男子剪掉前清时的大辫子；官场人物多留大背头，农村男子则多剃光头，婚后妇女前留"刘海儿"，两旁留两绺头发齐腮，其余头发梳于脑后为脑后髻。小女孩则不剪发，前有"刘海儿"，脑后扎一长长的独辫。男孩在头的前上方留一片头发，其余剃光。1960 年后，男子兴短发平头、分头、大背头，农村老汉仍留光头。青年女子多留长、短辫及短发头，已婚妇女为剪发头，老年妇女仍旧为脑后髻。近些年来，多从新尚，成年男女多整流行发式。

二是冠戴。民国时期小男孩春秋季串亲戚、节日戴"公子帽"（俗称"生子帽"），冬季戴虎头帽。女子多扎头巾。成年男子戴独盖夹帽，俗称"兵帽"。老年妇女则戴两边齐耳、前齐眉、后露髻的黑夹帽。1960 年后，农村男子毛巾裹头盛行，并以毛巾的顶式和颜色分别老少。近些年冠戴多从时尚。

三是服装。民国时期，富贵人家男子多着"长袍马褂"，贫苦人家男子冬穿对襟小袄，春秋着汗褂、长裤。现在男女服装多从时尚。

四是鞋袜。新中国成立前，平民穿"两道眉"鞋为常。新婚男子，鞋上还有妻子精心制作的"云子钩"（状如钩云的图案）。冬天穿黑色粗布做的骆驼鞍状的棉鞋，俗称"骆驼鞍"。成年女子由于裹足，多穿前头尖的"一马光"鞋，有的上面绣花，称绣花鞋。小孩生下穿第一双鞋做成猫头状，前部有眼有眉，故又称"眉眼鞋"。这种习俗至今还保留在农村。新中国成立前，男袜多为布袜，这种袜筒和底分开做，袜底厚实。

三、丧俗

一是咽气。亡者断气，家人即将备好寿衣速易其身。易衣后，亡者面覆白布或白纸，脚系麻绳。事了，就床前烧头遍纸，全家举哀，号啕大哭。邻人闻讯，皆以灶灰围门，以防新魂入室。

二是讣告，亦曰"讣文"，俗曰"报丧"。即将亡者名字、年庚、身份、绝气、下葬之日时俱告亲友，以便前来吊唁。

三是入殓。人死后始殓于床，继殓于棺。入棺时，长子捧头，旁人偕抬，放入中堂棺内，面向上，四肢顺直，谓之"寿终正寝"。棺内备有黄土、纸卷、褥被、鸡鸣枕等。入殓后盖棺留口，谓之"小殓"。此后，寝门搭灵棚，书挽联，置供桌，竖灵牌。棺前放常明灯，孝子易凶服，男左女右，焚箔烧纸，陪灵恸哭，昼夜不绝。

四是糊纸货。纸货多寡，则视家庭经济条件及孝心而定，一般要糊棺罩、主楼、四面房、轿车马、金童玉女、金山银山、摇钱树、聚宝盆。

五是送盘缠，即送路费，有曰"送饭"。迷信传说，人死不能即达阎王殿所，需暂住本坊土地庙内，三日内方由土地伴魂起程，且路途要经险关恶店。故在亡后二三日夜晚，家人哭祭土地庙前，焚烧金箔元宝。至亲为亡者忏罪，祈求冥福，并贿嘱土地多加照应。

六是治丧，亦曰"开吊"。这日宾客亲朋皆至。宾至，哀乐起奏，放鞭烧纸，孝子陪哭，奠毕，出庐谢客；至亲入室吊问，则涕泣以对；出嫁闺女来吊，进村即哭，名曰"哭路"，至灵前涕泪垂地，哀哀欲绝，屡劝不止，睹者无不泪下。

七是定口，即盖棺，亦曰"大殓"。出殡前，待宾客亲族到齐后，先由长媳为亡者净面，众环棺尸一周与遗体告别，公允后方可定口。如父死由族长允之；母死，由母党公亲允之；妻死，由妻党公亲允之。若非许可，擅自行殓，则视为不恭，公党借此为由，大闹不休。遂致公亲（俗说娘家人）不到，无敢先殓者。

八是出殡，俗曰"出门"。灵柩停放一般在三、五、七天。灵架起行，鼓乐前导，鞭炮连鸣，长子持瓦盆摔碎（名曰"摔牢盆"），客朋相随于道。外甥，著白袍抱斗，沿途飞洒纸钱，孝子匍匐拄杖灵前，女眷捞灵于后，哀哀号号，徐徐向前。时有路祭，盖由亲友、村人识者行施，分八拜、十二拜、二十四拜、三十二拜、四十八拜、至七十二拜。拜祭时，村民围观，以礼之多寡，辨知识深浅。

九是下葬。如择新茔，则由风水先占穴，祖茔则否。墓穴呈西北、东南方向，头北脚南，棺放穴后，长媳抓土回家，寓意"抓财"，司土者征得家人亲友许可，方可掩埋。坟高尺许，放鞭炮，烧纸货，哭祭叩拜事完。以后复三、一七、二七、三七、四七、七七，皆俱供品，上坟祭奠，至百日孝满。再后一周年、二周年、三周年，俱要大操大办，其礼仪多有不啻新葬者。

上述丧礼多系富家老人。贫者，薄棺一口，草草安葬。更贫者，席卷而葬之。青壮年暴死，不得入祖坟。婴儿死，田谷秆草裹尸弃于荒郊。

四、婚俗

濮阳境内婚俗，大抵新中国成立前依旧俗，新中国成立后从新尚，然亦有旧俗的保留，兹仅对旧式婚俗作一简介。

一是说媒。青年男女结合，需媒人据男女双方门第、经济条件及属相从中介绍。

二是换帖，亦曰"换启"。由媒人将男女名字、生辰年月帏帖告诉对方。男方要馈送钗环首饰或银币、布料等物作为聘礼，女方收下，方算定婚。

三是定婚期。由男女生辰八字择定吉日，备好礼物柬帖由媒人通知女方，以女方许可为定。

四是迎亲。男方按择定吉日，备彩轿两顶，吉酒两坛，喜盒二架，彩旗十面（多少不等），前有三筒枪（或鞭炮），大锣开道，后有唢呐伴奏，吹吹打打，前去迎亲。贫家则以牛车相迎，一切礼仪从简。新郎到女家，由陪客人迎至中堂，略备烟茶稍待，俟新娘梳妆打扮完毕，泣别父母，方上桥回程。

五是燎轿与过鞍。彩轿到家不许落地，待用谷秆裹鞭炮燎轿一周，方可著地，名曰驱除狐妖鬼邪。新娘下轿，头门置一马鞍，过鞍者，谓不在经期，不过鞍者，谓在经期，寓有"好马不把双鞍备，好女不嫁二夫男"之意。

六是拜堂与坐帐。新郎、新娘走至彩桌前，有司礼者主持婚礼，高唱：一拜天地、二拜高堂、三夫妻对拜。然后同坐红帐下一条凳上，谓之"坐帐"。坐时男压女衣裙，同饮一杯酒，名曰"交杯酒"（亦有在晚上喝酒），嗣后拥入洞房。

七是绞脸与填枕。绞脸亦曰开脸，在当天下午（有在第二天上午），由一巧妇用红线给新娘绞脸。绞时以粉拂面，歌曰："开新脸，使新线，今年吃火烧，明年吃喜面。"又歌曰："婆家脸，娘家脖，也喂马，也喂骡。"填枕，用麦秸填入枕头内。一般由新婚夫妇负责填枕，也有俩十全妇女代填，并放有籽棉和红枣，寓意"早生子"。填时歌曰："今年铺干草，明年生个小（男孩）"，又歌曰："你一把，我一把，又喂骡子，又喂马。"晚上邻人散去，新娘拿出蜜蜜果（用糖烤制的火烧）给丈夫吃，表示夫妻团圆，生活美满。

八是闹房与听房。闹房多在晚上，洞房拥满妇孺，调笑戏谑，以博新娘一笑为快，有甚者将新郎、新娘拥在一起，碰头接吻，众皆大笑为止。听房，则待新郎、新娘入睡后，潜在窗下，细听房内动静及谈话，如有所获，翌日争相告闻，以羞新娘。

五、食俗

濮阳除家常便饭外，尚有当地的风味小吃，主要有胡辣汤、豆沫、酱豆、"王五辈壮馍"、"张清丰烧饼"、"坝头羊肉汤"、"渠村黑牛肉"等。其中酱豆、渠村黑牛肉在1952年曾作为礼品赴朝鲜慰问中国人民志愿军。

六、行旅

濮阳旧俗有"三六九朝外走，二五八转回家，一四七穿孝衣"之说，现多不讲究。

七、居住

濮阳人民传统，宅基总布局多以南北长 12 步，东西宽 8 步（每步 5 英尺），计 0.4 亩的长方形为最佳，适合于建造传统的以北屋为上房的四合院。另外，本地历来保持黄河流域择高而居的习惯，即使无水患之虞，也总要把宅基垫得高些。濮阳地区的四合院有别于北京四合院，一般为高墙窄院式，庭院幽雅。上房（多为北屋）高于配房，且配房山墙遮住上房东西两窗。近年来，这种四合院已渐不适应现代家庭的居住而被打破，改为精修上房，仅盖一边配房或下房，这样庭院显得宽敞明亮。

八、岁时节日

一是春节。春节俗称"年下"，是当地民间一年之中持续时间最长、最隆重的传统节日。从一年的腊月初八至第二年的正月十六结束，这期间又包括众多的节日。例如，腊八（腊月初八）。民谚："腊八祭灶，年下来到"，故腊八又有"小年"之称，其节日标志是早上食用"腊八粥"；祭灶（腊月二十三日）。民谚："二十三，祭灶官"。传说这天晚上灶君要升天向玉皇汇报人间善恶，于是人们便用"祭灶糖"为他践行，希望他上天说好话。同时，人们在这一天要换上新的灶君像，像两旁贴对联："上天言好事，下界保平定"，横批"一家之主"；除夕（腊月三十日），俗称"年三十"。这一天人们进行贴对联、请神灵到家、烧大红草、发压岁钱、上供等系列活动；年初一（正月初一日），这是春节主体节日。这天，人们供祭神灵、祖宗，之后衣着一新，谒拜家长，到街坊邻里拜年贺节；破五（正月初五日）。从初一到这一天，人们一般不干活，五天之内不蒸新馍，妇女不用剪刀。初六以后，方可动手干活；元宵节（正月十五日），又称"灯节"。该天人们举行灯展、舞狮舞龙、吃元宵等，是一年中最热闹的日子。

二是二月二，俗称"龙抬头节"。人们供奉龙王，祈求一年风调雨顺。

三是清明节，多在阳历 4 月 5 日前后。濮阳过清明节，人们多折柳插于门口，并到坟上祭祖先人。

四是端午节（五月初五），又称端阳节，系从古楚地传来的节日，传说是为纪念爱国诗人屈原而设。这一天人们吃粽子，并在门口墙上插艾（蒿）。

五是六月初一，俗称"小年下"。此时夏粮入囤，秋忙未至，故聊庆丰收，包饺子、炸油条以改善生活。

六是乞巧节（七月初七）。此为妇女，尤其是未婚姑娘的节日。姑娘们欢聚设宴，供奉织女，并做穿针等游戏，晚上向织女祈求智慧。

七是中秋节（八月十五日）。在此节，无论城乡，人们都购置月饼、瓜果、酒肉，孝敬长辈，馈送亲朋，庆祝丰收。晚上，皓月当空，家家置案于庭院中央，摆上月饼、瓜果，合家团圆，祭月赏月品味。本地还有"食月饼杀鞑子"的典故。

另外，濮阳还有九月九（重阳节）、十月一（十月初一）"鬼节"等节日。

第四篇　濮阳黄河生态

濮阳市地处黄河故道，由于历史上黄河水沙沉积、淤塞、决口、改道等原因，造成濮阳生态环境非常恶劣。"走路不睁眼，吃饭不端碗，堵住窗，关住门，一年吃沙一脸盆"，这是人们昔日描述濮阳生态环境恶劣的"顺口溜"。多年来，特别是改革开放以来，濮阳市政府为改造自然，造福人民，将全市划为城镇区、黄河故道区、中东部平原农区、南部黄河区、村庄绿化区 5 个生态环境治理区，实施引黄供水补源，生态城镇村、生态林业、生态农业、绿色黄河建设及湿地开发与保护等战略，取得了显著的成效，促进了生态文明建设。濮阳市先后被国家誉为中原绿洲、国家卫生城市、国家园林城市、全国创建文明城市工作先进城市、中国优秀旅游城市、中国最佳文化生态旅游城市、全国造林绿化十佳城市等荣誉称号；荣获国际花园城市金奖、首届中国人居环境范例奖、迪拜国际改善居住环境良好范例奖等奖。这些成绩的取得，与黄河水量统一调度，确保黄河不断流息息相关，与濮阳人民引黄灌溉、补源，改善生态环境密不可分。

第十七章 黄河对生态的作用

水是生命之源，生态之基。黄河贯穿于濮阳市东西全境，丰富、优质的水资源，为濮阳市的生态文明建设发挥了巨大的作用。

第一节 黄河水量统一调度是生态建设的基础

一、黄河水量统一调度原因及概念

黄河是我国西北、华北唯一纵贯东西的大河，水资源总量仅占全国的2%，但却灌溉了全国15%的耕地，养育了全国12%的人口。随着黄河流域及其相关地区经济社会的发展，河道外用水持续增加，黄河水资源供需矛盾日益突出，以至于进入20世纪90年代，不堪重负的黄河几乎年年断流。据统计，在1972~1999年的28年间，黄河最下游的利津水文站有22年出现断流（平均四年三断流），累计断流89次1091天。其中1997年断流达226天，330天无黄河水入海，断流河段上延到河南省开封市附近，断流河道长达704 km。位于濮阳市境内的高村水文站断面1981年断流达12天，从1995年到1997年，出现了年年断流。其中1995年断流12天，1996年断流7天，1997年断流25天。位于濮阳市境内的孙口水文站断面从1995年开始，到1998年也出现了年年断流。其中1995年断流52天，1996年断流13天，1997年断流达65天，1998年断流10天。

黄河断流的不断加剧，造成河道萎缩、河床抬高、土地沙化、地下水位降低、水生物及湿地减少、生态环境急剧恶化等一系列问题，还严重制约着沿黄地区经济社会的发展。为此，黄河断流问题引起政府和社会各界高度关注，163位中国科学院和工程院院士郑重签名，呼吁国家采取措施解决黄河断流问题。为了解决黄河断流问题，维持黄河健康生命，修复和进行生态系统建设，1998年12月，经国务院同意，授权黄委负责黄河水量统一调度管理，1999年3月正式开始实施黄河水量统一调度工作。

黄河是我国西北、华北地区最大的供水水源，其水量调度和管理涉及青海省、四川省、甘肃省、宁夏回族自治区、内蒙古自治区、陕西省、山西省、河南省、山东省，以及国务院批准取用黄河水的河北省、天津市，共11个省（区）市。国家对黄河水量实行统一调度，遵循总量控制、断面流量控制、分级管理、分级负责的原则。实施黄河水量调度，首先满足城乡居民生活用水的需要，合理安排农业、工业、生态环境用水，防止黄河断流。黄河水量分配方案，由黄委商11省（区）市人民政府制订，经国务院发展改革主管部门和水行政主管部门审查，报国务院批准。国务院批准的黄河水量分配方案，是黄河水量调度的依据，有关地方人民政府和黄委及其所属管理机构必须执行。制定黄河水量分配方案，应遵循6条原则：一是依据黄河流域规划和水中长期供求规划。二是坚持计划用水、节约用水。三是充分考虑黄河流域水资源条件，取用水现状、供需情况及发展趋势，发挥黄河水资源的综合效益。四是统筹兼顾生活、生产、生态环境用水。五是正确处理上下游、左右岸的关系。六是科学确定河道输沙入海水量和可供水量。黄河水量调度实行年度水量调度计划与月、旬水量调度方案和实时调度指令相结合的调度方式。黄委根据经批准的年度水量调度计划和申报的月用水计划建议、水库运行计划建议，制定并下达月水量调度方案；用水高峰时，应根据需要制定并下达旬水量调度方案。龙羊峡、刘家峡、万家寨、三门峡、小浪底、西霞院、故县、东平湖等水库，由黄委组织实施水量调度，下达月、旬水量调度方案及实时调度指令；必要时，黄委可以对大峡、沙坡头、青铜峡、三盛公、陆浑等水库组织实施水量调度，下达实时调度指令。黄委和有关省区市经过采取行政、经济、法律、工程、技术等多种手段，不断强化水资源管理和调度，终于实现了黄河不断流目标。

二、实行黄河水量统一调度为生态建设奠定了基础

自1999年实施黄河水量统一调度以来，不仅实现了最初较低水平的黄河不断流，而且逐步实现了功能性不断流的目标，维持了黄河健康生命，为黄河下游地区乃至其他地区的工农业、城市用水和生态环境建设奠定了基础，提供了保障。一是提高了黄河水质质量，避免了河道沙化，延缓了下游河道萎缩，抬高了地下水位，保护了滩区湿地，修复了河流生态系统，促进了水生物的多样化。特别是保持黄河生态基流，恢复了黄河造陆功能，改善和美化了黄河三角洲地区的生态环境，使黄河三角洲地区展现出一幅"天上有飞鸟，地上野兽跑，鱼虾水中跃，绿林随风曳，花儿竞开放"的自然画卷。二是基本满足了黄河下游地区农业灌溉用水，为丰富地面植被，发展生态农业和林业等奠定了基础。三是为确保城镇居民饮水质量与安全，进行城镇生态建设提供了保证。四是为黄河下游地区引黄补源，抬高地下水位，淡化浅层地下水，减少井灌成本，发展地面生态等奠定了基础。五是为实施引黄济津、引黄济冀、引黄济青（青岛）等远距离跨地区供水创造了条件，提供了保证。

第二节　黄河水沙资源是濮阳生态建设的根本保证

新中国成立后，濮阳人民在"根治黄河水害，开发黄河水利"的治河思想指导下，彻底告别了历史上"三年两决口、百年一改道"的黄河水患，步入了开发利用黄河水资源的历史性跨越。濮阳早在1958年就开始兴建渠村、刘楼引黄（闸）供水工程，到20世纪80年代初期，已在黄河大堤上修建引黄涵闸5座，顶管3座，引黄虹吸13座，扬水站3座，设计总引黄流量达313.02 m^3/s。1979年以来，从防洪安

全和有利于引水着想，对已有的涵闸、顶管、虹吸、扬水站进行了改建、整合。改建整合后的濮阳引黄供水工程共有涵闸 11 座，虹吸 1 座，设计引黄总流量 312.5 m³/s，控制灌溉面积 450 多万亩。濮阳人民利用这些引黄供水工程，从开始的引黄灌溉、引黄放淤改土，到城镇供水、生态补源，使黄河水资源不仅成为濮阳地区经济社会可持续发展的重要支撑，而且成为濮阳地区生态建设的根本保证。

一、放淤改土造良田，为发展优质水稻和生态农业创造条件

由于黄河淤积、决口、取土等原因，在黄河大堤背河形成顺堤走向、向大堤倾斜，呈带状的低洼盐碱地和沙荒地，称为背河洼地。背河洼地一般宽度为 1~13 km，最洼处一般宽 300~500 m，近堤处一般比临河滩地低 4 m 左右，其间还有黄河决口时形成的诸多大潭坑。"春天白茫茫，夏天水汪汪。走路沙沙响，祖祖辈辈只听青蛙叫不见庄稼长"，这就是昔日流传在黄河两岸的一首民谣，充分反映出了昔日黄河背河洼地恶劣的生产条件和生态环境。

濮阳人民为了改变这一恶劣的生产条件和生态环境，利用黄河水沙资源，结合放淤固堤，通过引黄供水工程自流放淤等方式，淤填平了渠村、张李屯、陈屯、北坝头、南小堤、习城、丁寨、邢庙、宋大庙、大王庄、陈楼（北）等 10 多个背河大潭坑，并对背河几百米内的坑塘、盐碱地、沙荒地进行了淤灌改土、压碱。经过 20 多年的不懈努力，使背河 5 万多亩坑塘、盐碱、沙荒地变成了良田。濮阳还本着既能沉沙澄清渠水，减少下游渠道淤积，又能淤地改良土壤的原则，在第一濮清南渠首区域，选择盐碱地、沼泽地、废坑塘，先后兴建 8 座沉沙池，使 80% 的泥沙沉淀在池里，改土造田 2 万多亩。这些都为开展背河洼地治理，发展优质水稻和生态农业创造了条件，变成了现实。

2003 年，濮阳在进行黄河"二级悬河"治理试验工程时，利用黄河水沙资源淤填堤河 8.25 km，淤堵滩区串沟长 500 m，共淤填沟塘造田 2300 多亩，增加了农民收入，改善了滩区生态环境。

二、引黄灌溉保丰收，为发展生态农业、林业提供了充足水源

濮阳地区是河南省乃至全国比较干旱地区之一，水资源匮乏。地表径流靠天然降水补给，平均年径流量为 1.86 亿 m³，径流深为 44.4 mm，2012 年年径流量仅为 1.16 亿 m³。境内浅层地下水资源量为 4 亿 m³ 左右，其中可用于开采的资源量更少。黄河是纵贯濮阳西东濮阳县、范县、台前县三县 150 km 的大河，过境水资源比较丰富，且有金堤河、天然文岩渠两条支流在其境内汇入黄河，为该地区发展引黄灌溉事业提供了得天独厚的便利条件。濮阳人民从 20 世纪 50 年代末开始，在修建引黄供水工程的同时，投入大量资金，进行引黄灌区扩建、改建及配套工程建设。经过 50 多年的努力奋斗，基本实现了旱能浇、涝能排，旱涝保丰收。濮阳市仅 2002 年到 2012 年，10 年间累计引用黄河水就达 86 亿 m³。特别是近几年来，濮阳市年均引用黄河水近 11 亿 m³，其中大部分是农业灌溉用水，灌溉面积近 400 万亩，为农民增产

增收作出了巨大的贡献。

水是生命之源，生态之基，水流之处，生灵雀跃，一片生机盎然。濮阳市通过引黄灌溉，不仅确保了农业大丰收，而且也给该地区提供了肥沃、充足的地表水，淡化了浅层地下水，为丰富地面植被，开展造林治沙，发展生态林业，优化生态环境等都奠定了基础，提供了保证。

三、引黄供水支撑了一座生态城

濮阳建市于1983年，是在黄河故道、遍地黄沙之上兴建起的一座年轻的石油化工城市。她位于黄河以北50 km、金堤河以北10 km处，地表、地下水资源匮乏，生态环境恶劣。为了解决城市居民、工业和生态用水，勤劳的濮阳人民依靠自己的聪明智慧，利用渠村、南小堤、彭楼3座引黄闸，通过第一、第三濮清南干渠和修建的城市供水专线、油田供水专线，成功地将滚滚黄河水源源不断地引进到城市、油田和工厂。随着濮阳市的建设与发展，城市引黄供水规模越来越大，近些年年均供水量已达5000万 m³。优质、清甜的黄河水不仅保证了濮阳市居民的生活用水和工业用水，而且为濮阳市的生态文明建设提供了较为充足的水源。

四、引黄补源，成效显著

濮阳市人均水资源占有量近200 m³，是河南省平均水平的1/2，相当于全国平均水平的1/10，属于典型的缺水地区。特别是位于金堤河以北海河流域的清丰县、南乐县、华龙区、高新区区域，原为红旗引黄灌区，停止引黄供水后，大面积开发地下水灌溉，浅层潜水迅速下降到14 m左右，形成严重的缺水漏斗区，带来了地面沉降、塌陷，土地沙碱化，植被减少，生态恶化等一系列问题。渠村灌区复灌后，特别是1986年以后，随着兴建第一、第二、第三濮清南引黄灌溉补源工程和黄河水源系统工程（中原油田彭楼引黄工程），使该区域地下水逐渐上升。例如，南乐县2000年开展"引黄补源"以来，地下水位年均上升幅度为0.15 m；中原油田基地（市华龙区）从1996年到2011年，15年间地下水位上升了8.91 m。河南省安阳市滑县地区也属于缺水区域，因长期超采地下水，造成农业提灌困难，生态环境恶劣。1992年以来，随着濮阳渠村引黄闸向滑县黄庄河以东的桑村、老庙、大寨、赵营、八里营5个乡（镇）的供水，不仅解决了25万亩耕地灌溉问题，而且使该地区地下水位逐年回升，最大年上升速度达1.0 m左右。

随着引黄补源的实施，地下水位的止降回升，一是防止了土地沙化和次生盐碱化，遏制了水环境的持续恶化；二是使浅层地下水水质和多个苦水区水质得到了明显改善，提高了人们的饮水质量；三是遏制了地表植被衰退，改善了生态环境。

第十八章　濮阳市城镇与乡村生态建设

濮阳市城镇与乡村生态建设，包括濮阳市城区、5个县城、70多个乡（镇）所在地及近3000个村庄、总面积约125万亩的生态建设。创建生态村是创建生态乡（镇）的基础，创建生态乡（镇）是创建生态县的基础，创建生态村、乡（镇）和县又是创建生态市的基础和细胞工程，同时创建生态市又对创建生态县、乡（镇）、村具有辐射带动作用，四者之间相互支撑、相互影响、相互促进。多年来，濮阳人民以生态学原理和可持续发展理论为指导，始终坚持人与自然和谐这条主线，突出重点，协调抓好市区、县城、乡（镇）、村环境保护和生态文明建设，取得了显著的成效。

第一节　濮阳市城区生态建设

一、持续开展植树绿化活动，为城区生态建设提供资源保障

濮阳人民自1983年建市以来，为彻底改变市城区遍地黄沙、生态恶劣的环境，以创建国家卫生城市、园林城市等一系列创建活动为载体，坚持不懈地持续开展植树绿化、美化活动。在工业区和城区之间营造片林3200多亩，建起一条宽1 km的卫生隔离林带，并在市城区周边建起60多 km的绿色走廊，令人仿佛置身于森林之中；居民小区、单位、学校院内草坪如毯，鲜花宜人，清静优雅；街心公园、广场，绿色创意，匠心独运，使人留连忘返；道路、滨水两侧绿色长廊，景点像长藤结瓜，点缀其间。濮阳人民经过12年的不懈努力，成功创建成为"国家卫生城市"；经过13年的奋斗，成功创建成为"全国造林绿化十佳城市"；经过16年的攻坚，成功创建成为"国家园林城市"和"全国创建文明城市工作先进城市"；经过近20多年的决战，成功创建成为"中国优秀旅游城市"、"全国城乡绿化一体化试点城市"和"中国最佳文化生态旅游城市"等。

目前，濮阳城市绿化覆盖率达43.2%，绿地率达37.5%，人均公共绿地面积16.4 m^2，人均公园绿地面积12.36 m^2，道路绿化普及率达100%。整个城市绿化美化形成了点成景、线成荫、面成林、林成带，三季有花，四季常青，呈现出"人在绿上走，车在树下行，楼房花丛卧，闹市园林中"的独特景观，展现了北方平原的园林城市特色，被国家建设部誉为人居佳境。

二、建设生态文化基地，为生态文明建设提供物质载体

多年来，濮阳市加强市城区自然保护区、森林公园、生态文化科普教育示范基地等基础设施建设，先后建成了中原绿色庄园、濮上园、新蕾公园、濮水公园、颐和公园等集生态教育、生态旅游、生态保护、生态恢复等功能于一体的生态景区，规划并启动建设和谐广场、七星广场、文化广场、财富广场、时代广场、滨湖广场"六大城市广场"，丰富了生态文化的物质载体。通过满足人们回归自然需求，吸引人们寻找自然、贴近自然、体验自然、鉴赏自然，感悟生命，形成与自然的亲和关系，引导人们牢固树立敬畏自然、人与自然和谐的生态文明观念。

（一）中原绿色庄园

中原绿色庄园总面积 1087 亩，是在昔日黄沙飞扬之地建成的一处集生态保护、科技示范、观光旅游、度假诸功能为一体的大型自然生态文化景区。其庄园风格上采用以绿为主，师法自然，追求天趣的造园手法、致力于营造自然、清新、质朴、野趣的田园风光，使自然景色与人文景观有机融合，草地、湖泊、瀑布、小溪与建筑园林小品相映成趣。形成了松风听涛、竹溪观鱼、霜林赏秋、森林休闲、森林游乐、万梅闹春、百果园、百花园等功能景区。内设有动物园、垂钓园、骑士乐园、儿童乐园、杂技表演、水上游乐等观赏娱乐项目。使自然景观和人工景点巧妙融合，充分体现了人与自然和谐共处和中原文化底蕴丰厚的主题风格。

（二）濮上园

濮上园建园前均为宜林沙荒地和企业废弃地，是濮阳市西部主要沙尘源。濮上园与绿色庄园隔河（第三濮清南）相望，是中原地区最大的一处集生态保护、园林观赏、休闲野营、娱乐度假等诸功能于一体的城郊型生态旅游度假景区。充分发掘了当地特有的濮水文化积淀，表现"桑间濮上"为底蕴的历史文化风情。景区总面积 4650 余亩，是以雷泽湖、西秀湖、东灵湖、鸭知湖四大水系为主体，以卫河、澶水、春秋河、繁水为纽带的 600 余亩水体，与园内连绵起伏的龙首山、龙脊岭等组成巨幅山水画卷，温情旖旎，气势磅礴。以水杉园、女贞园、雪松园、银杏园、樱花园、荷风园、竹园等 100 多种几十个植物专类园，四季常青，鸟语花香。围湖绕水的杨柳勾勒出 30 km 长的绿色玉带，千亩枣林，枝龙身，飘逸着古朴野趣。巨鳄戏水，大象守园，龟蚌晒日、蟹爬沙滩、劲牛雄风、花牛哺子、母鹿爱子等活泼的雕塑小品点缀着园区钟灵秀气。置身园中，远眺阔边，近望悠扬。这里是绿色的世界，诗意的空间。

（三）世锦园

世锦园位于濮阳市西部农业开发示范园区内。占地面积 258.5 亩，是一座以高科技现代化农业为主的农业观光游览区。是全国花卉生产示范基地、河南省最大的鲜切花生产基地、河南省青少年科技创新行动示范基地。景区主要由智能化玻璃温室生产区、标准日光温室、植物克隆中心、科普长廊、葡香园、珍奇植物观光区 6 大景观组成。其中珍奇植物观光区内水生植物、沙漠植物、香味植物、药用植物、热

带雨林植物和珍奇果蔬以幽径、花廊、竹架、小溪等生态景趣相连接，形成了以现代农业科技、珍奇植物观光、科普教育和休闲娱乐于一体的独具特色的旅游景区。

（四）戚城公园

戚城（文物景区）公园依托戚城遗址而建，占地面积760亩，是集濮阳历史、文化、娱乐为一体的文化大观园。内建有雄伟壮观仿秦汉风格的东阙门，古朴壮观仿远古风格的颛顼玄宫，仿唐代建筑风格的龙宫气派典雅。还有仿汉代建筑风格的历史陈列馆，仿明清建筑的子路墓祠等。这些高大、雄浑的古建筑群，由园林小品穿插于其中、点缀其间，秀美、典雅，加之绿杨、垂柳、草坪的映衬，使戚城文物景区成为文物保护、历史展示与现代园林完美和谐的统一组合。

（五）濮水公园

1998年为消纳城市建筑垃圾，濮阳市决定在现有西环游园基础上，采用挖湖堆山、引濮水入园、绿化美化等方法，兴建山水生态型濮水公园。该公园总面积490亩，共分为登高活动区、综合活动区和水上（滨水）活动区3大功能区。登高活动区位于公园中北部，以两山和湖泊为核心，山顶设有景观亭廊和观景平台，用起伏的山地和树林围合成中国古典山水园林特有的"一池三山"、树木参天、群山环抱之势，从而形成一个理想的古典园林风水格局。综合活动区位于公园东南部核心部位，由广场、树林草地组成，是人流最为集中，功能多样的一个区域。中间的广场与公园的景观主路相交叉，是一个和周围环境紧密融合的半开敞空间；西侧观景平台伸入水中，平台四角种植睡莲，水岸则以风景林环绕。水上（滨水）活动区位于山体南部，以曲折有致的水面为核心，周围以堤、岛、港、河湾、码头、栈桥等围绕，形成各种形态的水景和植物景观，可满足人们划船、钓鱼、探险、野餐、烧烤和湿地景观观赏等多种需求。

（六）新蕾公园

新蕾公园位于濮阳市中原路南（油田总部），占地面积150亩，其中水体面积27亩，绿化覆盖率达90%以上。园内种植各种草坪5.5万 m^2，各种树木55个品种2160余株，园林建筑10余处。该公园为开放型、公益性、自然式的生态森林公园，具有文化、休闲、娱乐、健身、餐饮功能，是濮阳市市民节假日休闲、娱乐的理想场所。

（七）龙城广场（中心广场）

龙城广场位于濮阳市市区中部，占地面积105.45亩，栽植乔灌木11860株，覆盖率达89.36%。广场全园共有5个功能分区，各区域均采取自由式布置来创造园景，场地大小不等，分散布置，曲径相连，运用浓密的树林、开朗的草坪、婆娑多姿的树丛，以及色彩鲜明的花卉，组成格调多样的园林空间，达到"虽由人作，宛自天开"的境界，再现自然之美，是市民休憩、娱乐、集会活动的重要场所。

（八）濮阳引黄灌溉调节水库

濮阳市为拉大城市框架、完善城市功能、改善人居环境、扩大中心城市容纳承载能力和辐射带动能力，决定于2011年全面启动建设濮北新区。为打造"城中有水、水中有城、山水相连、前水后山"的活力之城、灵韵之城、生态之城和魅力之城，紧紧依靠引黄供水便利条件，决定修建贯穿于濮北新区东西的引黄灌溉调节水库。该水库总占地面积 8264 亩，其中水域面积 4800 亩，由一库两湖组成，东湖水域面积 2625 亩，西湖水域面积 1545 亩，两湖之间采用宽河道连接。水库平均水深 5.04 m，最大水深 6.10 m，库容量 1612 万 m³，引水于第三濮清南干渠，退水于第三濮清南干渠和马颊河。该水库总投资 20.70 亿元，建设工期 18 个月，目前正在建设。水库建成后，可有效改善渠村灌区下游引黄供水条件，极大地提高灌区下游 90 万亩农田灌溉保证率，同时还可作为城市应急备用水源，向濮阳产业集聚区提供充足水源，对保障濮阳市农业生产用水，改善城市生态环境，打造濮阳城市水系，加快新区建设，提升城市品位都具有重要意义。

三、开展生态宣传实践活动，为生态文明建设提供浓郁氛围

建设生态城市，关键在于人，在于人们的思想意识。濮阳市历届政府首先在广大市民中广泛开展保护生态宣传教育，普及环境科学知识，倡导生态文明，营造了全社会关心、支持、参与生态城市建设的舆论氛围。其次，在广大市民中大力倡导绿色生活理念，引领健康生活方式。为动员社会各界积极投身绿化事业，濮阳市组织开展了形式多样的生态文明宣传实践活动。每年植树节期间，市四大班子领导都和市民一道参加义务植树；各级党政领导率先垂范，每年带头承办各种形式的造林绿化点和林下经济示范点；市绿化委员会对古树名木资源进行普查，并为全市古树建立档案，悬挂保护牌；启动市民绿色文明志愿者行动仪式和开展"爱鸟周"活动；广大干部群众认真履行植树绿化义务，踊跃参加全民植树活动，近几年全市每年完成 2000 多万株植树造林任务；中小学生组成义务护绿队，开展义务护绿活动；"植绿荫、惜花木、优化环境美市容"被编入市民文明公约歌广为传诵。通过开展群众性爱绿护绿、爱鸟护鸟、保护古树名木等社会公益活动，使市民的生态文明意识在实践中不断得到了升华。

濮阳市在市城区生态建设方面，还对濮水河、马颊河进行改造治理，使昔日的臭水沟变成了风景秀丽、河水清澈、设施齐全、功能完善的休闲、旅游景点。同时还重点对城市污水、城市垃圾、城市扬尘、各种车辆废气排放和噪声污染等方面进行治理，提高了城市空气环境质量。积极实施环城生态防护林工程，形成森林包围城市的绿色屏障，减少了城市扬尘和二次污染。

第二节 县城与村镇生态建设

多年来，濮阳市着眼于可持续发展，把造林绿化、改善生态环境、提高人民群众生活质量纳入全市社会发展和经济建设的总体规划。按照"完善林网抓死角，整体推进抓提高，突出重点抓精品，实现城镇乡村绿化一体化"的工作思路，坚持"高标准规划，高起点建设，高水平管理，创一流环境"的园林绿化总体要求，实施

以城带乡（镇），以乡（镇）带村，以村促乡（镇），以乡（镇）促城，城乡（镇）村一体，全面推进战略，推进了各县城、乡（镇）所在地及村庄的生态文明建设。

一、县城区生态建设

濮阳市所辖濮阳、范县、台前、清丰、南乐共5个县，其中濮阳、范县、台前、南乐4县成功创建成省级林业生态县，5个县均被命名为国家级生态示范区。多年来，各县城区利用各自的优势，以植树、种植花草，绿化、美化街道、道路、滨河、公园广场、单位及社区庭院为重点，打造绿色县城、活力县城、魅力县城和生态县城。濮阳县是濮阳市的南大门，积极开展以"绿满龙乡、绿色濮阳"为主题的生态文明家园建设行动，把濮上路、铁丘路、长庆路等道路建设成为园林景观道路，兴建了西水坡调节水库、张挥公园，正在开工建设国家级金堤河湿地公园。清丰县是濮阳市的北大门，积极对接市城区，高标准提升、绿化、美化濮清快速通道，加速了濮清一体化进程，还高标准完成了安康路、人民路等道路园林景观绿化，正在建设和完善和谐公园、马颊河滨河公园。范县将迎宾大道、黄河路、板桥路等8条道路打造成为省级道路绿化标准，其县城的文化广场乔灌花草搭配合理，园林建筑小品独具特色。台前县在高标准绿化、美化新城区街道的同时，兴建了金堤河公园和市民广场。南乐县开展"平原绿化"县城和谐建设工程，坚持以生态建设为主的林业发展战略，着力抓好校园、社区、街道和产业集聚区的植树绿化、美化工作，取得了显著的成效。

（一）濮阳县张挥公园

濮阳县张挥公园坐落在濮阳县东关老虎台地，北金堤以北，南环路以南，占地面积600亩，是为了纪念张姓始祖挥公所建。该公园内建有挥公墓、挥公碑、挥公像、祭祀广场、展览馆等设施，还新建了气势宏伟的舜帝宫，与挥公陵一呼一应，相得益彰。目前该公园已成为寻根祭祖、休闲娱乐、生态园林为一体的森林公园和旅游亮点。

（二）濮阳县西水坡调节水库

濮阳县西水坡调节水库位于濮阳县城的西南隅，紧挨澶州古城墙，修建于1987年，面积1000余亩，库容总水量约219万 m^3，可调节库容160万 m^3。该水库作为濮阳市市城区居民生活和工业生产用水的重要水源地，被誉为城市"大水缸"，水质优良。因在水库修建时挖掘出"中华第一龙"而轰动全国，震惊世界。该水库不仅确保了濮阳市城区居民饮水安全，而且其广阔的水面景观、风景优美的周边环境和众多的古迹遗址，已成为人们游览、观光、休闲、娱乐的理想场所。

（三）濮阳县国家级金堤河湿地公园

濮阳县国家级金堤河湿地公园位于濮阳县南环路以南，以东西向金堤河河道为主体，包含两侧滩涂地和金堤北岸部分陆域，西起濮阳县城关镇南堤村，东至濮阳县清河头乡桃园村桃园桥，东西约10.7 km，总面积10875亩，其中湿地面积7300多亩，整个湿地公园的湿地率达67.63%。该公园共分为湿地保育区、恢复重建区、宣教展示区、合理利用区、管理服务区 5 个功能区。规划总体建设期限为 6 年（2013~2018 年），其中一期工程建设时间为 2013~2014 年，主要建设龙韵广场、湿地水域、游客接待中心、服务中心、湿地水系展示园、龙形花带等。该公园以金堤河湿地景观为依托，以湿地生态、滨水休闲、湿地文化为核心特色，整合沿河两岸的自然及人文资源，利用 6 年的时间，将金堤河湿地公园建成防洪灌溉能力强大、水质优良、生态丰富、种群多样、基础设施完备、景观迷人的集湿地生态观光、湿地科普宣教、滨水休闲度假、湿地文化体验等 4 大功能于一体的知名国家级湿地公园。

（四）清丰县和谐公园

清丰县和谐公园位于清丰县城人民路南侧，县综合办公楼前方，北起人民路，南至寒烟路，东临惠丰路，西到濮清快速通道，占地面积 470 亩。整个工程分三期建设：一期工程始建于 2009 年，二期工程于 2012 年 3 月开工建设，现已完工，三期工程于 2013 年 9 月份开工建设。目前共种植草坪 2.5 万 m²，各种花草树木 50 多种，铺设大理石、花岗岩 6 万 m²，透水砖 2.2 万 m²，花池 32 个，安装大型景观灯 8 盏，庭院灯 130 盏，标准羽毛球场地、乒乓球场地各两个，标准篮球场 4 个，规划的信息长椅、景观亭、廊架、亲水平台等公共设施基本竣工。三期工程主要配合明月湖建设，极力打造湿地公园和水景观，最终使该景区成为三季有花，四季常青，景色怡人，集生态、休闲、娱乐为一体的大型城市公园。

（五）清丰县人民路广场

清丰县人民路广场位于县城人民路中段，县综合办公楼前方，北起人民路，南至安康路，东临惠丰路，西至政通大道。广场内建设有休闲广场、园路、景观桥、明月湖、亭台、湿地公园、景观灯、健身器材等。植物配置乔木有雪松、白皮松、银杏、柳树、水杉等 35 个品种共 7965 棵。花木有紫薇、红枫、樱花、百日红、孝顺竹等 36 个品种共 9896 棵。灌木有月季、石榴、小龙柏等 18 个品种共 1.60 万 m²。地被水生物有百三叶、石竹、葱兰、水葱等 28 个品种共 15 万 m²。该广场三期工程占地 150 亩，目前已完成明月湖、湿地、微地形和供排水工程及部分植树绿化任务，最终将形成小桥流水、杨柳依依、鸟语花香、浅滩溪水、绿岛亭台、曲桥水榭、动静相宜、自然舒适的园林景观与效果。

（六）台前县金堤河公园

台前县金堤河公园依金堤河河势而建，坐落在台前县新城和老城之间，西起京九铁路桥，东至梁庙桥，总长度 2650 m。该公园自 2001 年开始建设，分三期工程，到 2009 年建设完成。第一期工程建设总长度 900 m，总面积 34.2 万 m²，其中水面面积 25.6 万 m²，绿化面积 4.5 万 m²，硬化路面 1.3 万 m²，种植各种乔灌木 6.3 万株，修建了一帆风顺雕塑、水榭、曲桥、亭台、花架、门坊等建筑 11 处。第二期工程建设总长度 650 m，总面积约 22 万 m²，其中水面面积 16 万 m²，绿化面积 3.5 万 m²，硬化路面 1 万 m²，种植各种乔灌木 4 万株，修建了团结广场、望月楼、冷亭、北大门和曲艺广场等建筑物。第三期工程建设总长度 1100 m，修建混凝土道路 4400 m²，休闲道路 6100 m²，广场和停车场 7910 m²，种植草坪 1.4 万 m²。该景区内亭阁建筑与艺术雕塑错落有致，绿树成荫，花草争艳，碧水华灯交相辉映，是台前县唯一一处集生态、娱乐、休闲、社会服务于一体的公益性公园。

二、村镇（乡）生态建设

生态村建设是生态乡（镇）建设的基础。多年来，濮阳市所辖乡（镇）、村庄以深入开展生态村、生态乡（镇）创建为载体，立足村情镇貌，参照县城建设模式，多方筹措资金，健全"以奖代补"、"以奖促治"机制，高标准实施村镇（乡）街道、公共空闲地和庭院及周边美化、硬化、绿化、亮化、净化工程，依法拆除沿路和集镇违章建筑、残垣断壁、户外广告，加强水质污染、畜禽养殖污染、空气污染、土壤污染等污染防治，有力促进了环境综合整治和生态文明建设。

各乡（镇）重点实施了街道规划、硬化、绿化，公共绿地建设，庭院美化和花园式单位建设以及各种污染的防治。截至 2012 年年底，濮阳市南乐县元村镇等两个乡（镇）被授予国家级生态乡镇；濮阳县庆祖镇、清丰县城关镇、范县城关镇、台前县侯庙镇、南乐县城关镇等 9 个乡（镇）被授予省级生态乡镇；濮阳县文留镇、范县濮城镇、清丰县马庄桥镇被授予"河南省环境优美乡镇"称号，其中文留镇、濮城镇还被授予"全国环境优美乡镇"称号；濮阳县文留镇、柳屯镇被评为全国文明镇。

各村庄按照建设社会主义新农村和生态文明村的要求，在加强水质污染、畜禽养殖污染、垃圾污染、土壤污染等污染防治的同时，广泛实施以增加绿量为主的绿色家园行动计划，营造了高标准的围村片林、街道绿化和庭院美化，并对临路、临街墙体进行统一粉刷，有效地改善了农村人居环境，村村形成了村旁有林、林中有村，房前屋后披绿戴花，绿满园，果飘香的乡村田园景色。截至 2012 年年底，濮阳市共有 80 个村被授予省级生态村，352 个村被授予市级生态村，濮阳县庆祖镇西辛庄村还被评为全国文明村。

第十九章　黄河故道和平原农区生态建设

濮阳市黄河故道区涉及高新区、华龙区、濮阳、清丰、南乐、范县、台前 7 县（区）的 46 个乡（镇）、1430 多个行政村，土地总面积 444.60 万亩，约占全市总面积的 70%。该区属于黄泛冲积沙地，多为风沙土，有流动、半流动沙丘面积约 6.50 万亩，风沙化土地总面积约 125.50 万亩，是濮阳市的风沙危害之源；濮阳市中东部平原农区位于北金堤南北，涉及 5 县 1 区 26 个乡（镇）、436 个行政村，土地总面积 70.50 万亩,约占全市总面积的 11%。该区地势平坦，是濮阳市主要的粮棉油菜生产基地，人多地少、林粮争地，各种污染较重，农田林网不规范，缺边断带，树种单一，标准低，病虫害严重，防护效益较低。多年来，濮阳市致力于黄河故道区和中东部平原农区的生态建设，使黄河故道区成为伊甸园，中东部平原农区成为平原绿洲。

第一节　黄河故道区生态建设

濮阳市黄河故道区生态环境治理的重点是固定流动、半流动沙丘。方向是启动治沙工程，建立以防风固沙为主的防护林体系，发展"宽林带、小网格"的农田林网，对现有综合防护林加强经营管理，提高林分质量。对过度开垦的林地，实施退耕还林还草，恢复森林植被，改变种植业结构，由二元结构调整为三元结构，做到粮食作物、经济作物、牧草三者协调发展。同时大力发展沙区畜牧业，改良土壤，发展节水灌溉，控制荒沙化扩大的趋势。

一、堵住"一号风沙口"

濮阳市西北部是该市的主要流动沙丘区，在建市初期，没有防风固沙林，生态环境脆弱，每到春秋季节，大风扬沙遮天蔽日，沙尘随风长驱直入市区，成为骚扰濮阳市的"一号风沙口"，几十万市民叫苦不迭。当地流传有"风起沙扬、浑天一片"和"干旱低产、靠天吃饭，走路不睁眼、吃饭不端碗"等顺口溜。为了堵塞这一风沙口，改善市城区生态环境，濮阳市先后在这一区域挖湖堆山形成 1000 多亩水面，栽植各类花木 110 多万株，植草 350 万 m^2，打造集生态保护、园林观赏、休闲野营、娱乐度假、现代科技农业等于一体、总面积约 4.50 km^2 的濮上生态园（濮上园、绿色庄园）、世锦园和濮水公园等，使这里成为市民的"郊外之家"，将黄河故道沙区建设成为人与自然和谐的典范。在这一区域还高标准实施了绿色通道工程、护村林网等工程建设，形成了宽大的市郊森林防护林带，从根本上堵住了"一号风沙口"，彻底改变了城市西部及城区的生态环境。

二、大力营造防风固沙林和农田林网

多年来，濮阳市本着因地制宜，因害设防，保护优先的原则，在100多万亩风沙化土地上，持续开展防风固沙林工程建设。一是将防风固沙林工程建设，始终纳入全市社会发展和经济建设的总体规划，实行年度目标考核责任制，靠狠抓责任制落实不断推动防风固沙林工程建设。二是为了充分调动黄河故道区广大人民群众植树造林的积极性，在政府提供强有力的资金扶持的同时，创新林业发展机制，按照"谁造谁有，谁投资，谁受益"和"不栽无主树，不造无主林"的要求，采取拍卖、承包、股份合作等多种形式，广泛吸引各类社会投资主体参与造林绿化。并按照"明晰林木所有权，落实承包权，放活经营权，确保收益权"的目标，逐步建立起产权归属清晰、经营主体到位、责权划分明确、利益保障严格、流转规范有序、监管服务有效的现代林业产权制度。新的林业产权利益分配机制，既化解了林业风险，又增加了农民收入，使林农等各类经营主体的合法权益得到了维护和保障。三是经过近30年的不懈努力，将6万余亩宜林沙荒地全部营造成高标准的防风固沙林，并在100多万亩沙化耕地上高标准营造小网格、宽林带的农田林网和间作，促进了黄河故道区的经济发展。四是在黄河故道区还重点开展了退耕还林、退耕还草工程建设，有效遏制了土地沙化。

三、大力开展生态廊道、防护林带和果木基地建设

多年来，濮阳市在黄河故道区大力开展生态廊道网络、防护林带和果木基地建设。目前已初步形成以铁路、公路、乡间道路、河渠（堤）植树绿化网络为骨架的绿化美化新格局。有的公路两侧林带宽度达100 m以上，特别是大广高速高新区部分路段两侧林带宽度已接近500 m。在濮阳市城市规划红线外侧5 km范围内，清丰、南乐、濮阳、范县、台前5个县城周围各3 km范围内，50个重点乡（镇）驻地周围各1 km范围内，均营造了高标准防护林网。在沙区重灾区，开发建设了开发区皇甫办马辛庄、张庄村特色经济林基地约8000亩，初步打造了"万亩休闲采摘园"；开发建设了华龙区岳村乡金阳光经济林基地、南乐县国裕泰苗木果树基地、范县王楼苗木基地、台前县侯庙镇红庙村苗木基地、打渔陈镇樱桃园种植基地、开发区源龙乡花卉种植基地等基地，已初步成为集生态、观光、休闲、采摘为一体的现代林业示范园区。截至目前，濮阳市共有林地面积130万亩，林木蓄积量360万 m³，农田林网控制率已达到90%以上，路沟渠绿化率已达到95%，森林覆盖率达到24%，与以往相比，全市大风日数减少47.8%，风沙日数减少69.7%。随着生态防护林体系的不断完善，有效地解除了濮阳市风沙危害问题，遏制了沙尘暴天气，保持了水土，净化了空气，提高了农作物产量，保护了生物多样化，极大地提高了生态环境质量，改善了农业生产条件。

濮阳市规模宏大的片林、纵横交错的林网、狭长的林带连成一片，使昔日百万亩黄沙遍野、尘土飞扬的黄河故道已成为一望无际、鸟语花香的林海。在这片林海里，不仅改善了生态环境，还催生了林下经济，逐步形成林菌模式、林禽模式、林畜模式、林药模式、林蝉模式、林草模式、林菜模式等林下经济发展模式，使这片林海变成了农民的"绿色银行"。濮阳市在治沙造林方面形成的"社会增绿、农民增收、企业增效"三赢局面，在全国创造了成功范例。

第二节　中东部平原农区生态建设

濮阳市中东部平原农区生态环境治理的方向和重点是：发展生态农业，对各种污染进行防治，并全面启动"平原绿化工程"和"绿色通道工程"，完善提高平原林网，搞好树种搭配，建设功能齐全、高效稳定的农田防护林体系，实现平原绿化高级达标。

一、加强各种污染防治

濮阳市中东部平原农区是该市主要的粮棉油菜生产基地，人多地少，人口密集，随着经济的快速发展，各种污染日趋严重。为大力发展该区域生态农业，推动经济社会可持续健康发展，多措并举，对各种污染进行了防治。

持续加强水污染防治。依法取缔水源保护区内违法建设项目和排污口，加强地表水饮用水水源地和地下水井群保护工作，加大农村饮水水质普查和饮水安全建设，保障了农村饮水安全。

强化农村生活污染治理。近些年来，因地制宜地开展农村生活污水、垃圾污染治理，加快农村污水和垃圾处理设施建设步伐，提高了生活污水、垃圾无害化处理水平。积极鼓励小城镇和规模较大村庄建设集中式污水处理设施，城市周边村镇的污水纳入城市污水收集管网统一处理，居住分散、经济条件较差村庄的生活污水采取低成本、分散式方式进行处理。加强农村生活垃圾的收集、转运、处置系统建设，对于城市和县城周边的村庄，采用"户分类、村收集、镇转运、县处理"的模式，统筹布局无害化处理设施和收运系统，全面推进农村生活垃圾无害化处置。

加强畜禽养殖业污染治理。按照资源化、无害化和减量化的原则，合理确定畜禽养殖规模。按照畜禽养殖业禁养区、限养区和养殖区划分要求，并结合农业产业结构调整和生态农业发展要求，科学规划畜禽养殖业发展布局，改变人畜混居现象，改善农村生活环境。鼓励养殖小区、养殖专业户和散养户污染物统一收集和治理，完善雨污分离污水收集系统，推广干清粪工艺。把废弃物资源化利用和发展清洁能源结合起来，大力推广沼气工程，综合利用畜禽养殖粪便。

加大控制农村面源污染宣传、指导力度。大力推广测土配方施肥技术，加强政策宣传、引导、指导，鼓励农民使用有机肥、生物农药或高效、低毒、低残留农药，推广病虫草害综合防治、生物防治、精准施肥和缓释、控释化肥等技术。

综合整治农村地区工业污染。结合村镇建设规划调整，优化农村产业发展布局，大力引导农村地区工企业向各级产业集聚区和工业园区集中，实现污染物的集中治理。加强对农村地区工企业的监督管理，严格执行企业污染物达标排放和污染物排放总量控制制度，防治农村水源和土壤污染。加强农产品产地环境安全管理，提高工业企业在粮食生产核心区、菜篮子基地等区域的环境准入标准，确保国家粮食安全。严格执行国家产业政策，防止污染严重的企业和淘汰落后的生产项目、工艺和设备向农村地区转移，防止"十五小"、"新五小"等企业在农村地区死灰复燃。通过对各种污染的持续防治，保护和改善了该区域的环境。

二、高标准建设农田综合防护林体系

濮阳市中东部平原农区是国家确定的粮食生产核心区，土地资源宝贵。农业生产是自然再生产与经济再生产相结合的过程，对生态环境条件依赖性大。良好的生态是农业和农村发展的基础，林业又是生态建设的主体。高标准建设农田综合防护林体系，可以改善生态环境，为农业和农村发展提供可靠的生态屏障。为此，濮阳市高度重视并加强中东部平原农区综合防护林体系建设。全市本着宜林则林、宜农则农、宜牧则牧，农、林、牧、渔统筹兼顾的原则，实施"平原绿化工程"建设。一是在空闲地、荒废地上密植优质高效的经济林、风景林，美化了环境。二是进一步完善农田林网防护体系，实现了林茂粮丰。三是积极发展苹果、梨、枣、杏、桃等优质高效林果，促进了农民增收。四是实施路、渠沟"绿色通道工程"建设，打造北金堤绿色廊道，进一步完善了生态屏障。五是拉长产业链条，大力发展林浆纸、林板家具等林产品加工业，构建林业产业体系，促进林业资源的培育。随着中东部平原农区高标准农田综合防护林体系的建设，实现了平原绿化高级达标，构筑了良好的生态屏障，为改善农业和农村生产生活条件，提高平原区农业综合生产能力，都发挥了很大的作用。

三、大力发展生态农业

濮阳市为使中东部平原农区获得较高的经济效益、生态效益和社会效益，按照生态学原理和经济学原理，运用现代科学技术成果和现代管理手段，借鉴传统农业有效经验，因地制宜地大力推广和发展生态农业。特别是濮阳市近两年强力推进濮范台扶贫开发综合试验区建设，使生态农业发展取得了显著的成效。

坚持粮食安全为重，巩固农业发展基础，努力打造三个特色粮食产业带。以濮阳县、范县、台前县粮作区为基础，打造百万亩无公害小麦产业带；以濮阳县、范县粮作区为基础，打造50万亩优质玉米产业带；以濮阳县、范县沿黄背河洼地为基础，打造60万亩优质特色稻米产业带。

坚持结构调整为主，促进农业增效农民增收。开发建设濮阳县五星、柳屯七娘寨无公害蔬菜、范县陈庄莲藕、台前县吴坝大蒜等10多个无公害蔬菜样板园区；扩大鲜切花、食用菌、中药材等特色农产品种植规模，培育农业产业化集群；沿濮渠路和 106 国道两侧 2 km，建设濮阳县清河头、胡状、八公桥、子岸、五星等 8 个千亩以上高效农业园区；建设范县高码头、颜村铺、王楼、白衣阁、龙王庄、张庄等100 多个百亩以上高效特色农业园区。

坚持产业集聚为基，强化新型农村社区产业支撑。积极实施农业产业化集群培育工程，加快推进土地适度规模经营，培育壮大农业产业化龙头企业和农民专业合作社，加快新型农业现代化发展步伐，提高农业经济效益；发展壮大油脂、面（米）品、果蔬、肉品、羽绒制品、花卉、林木制品、乳（饮）品等八大产业集群。

坚持以农村沼气为纽带，大力推广"猪—沼—菜"、"猪—沼—粮"、"鸡—猪—沼—菇"等生态农业模式，使农业生产形成良性循环。大力推广覆盖栽培、节水灌溉、立体套种、病虫害综合防治、秸秆粉碎还田等现代农业技术，优化了环境。

坚持项目支持为源，注入发展动力。把项目建设作为农业发展的重要抓手，通过实施一批强农惠农重点项目，为农业发展注入新的动力。积极谋划濮阳县无公害优质小麦生产基地建设项目、有机稻米生产与加工项目、生物燃气液化项目、金银花生产基地项目、黄河高科技生态农业示范园；范县万亩莲藕生态观光园建设项目、万亩泥鳅养殖基地项目；台前县年产 2000 t 优质羽绒及 300 万件羽绒制品深加工项目、河南雪牛乳业牧草生产基地建设项目和社区大型沼气集中供气工程建设项目等38 个项目。生态农业的大发展，提高了农业经济效益、生态效益和社会效益。

第二十章　南部黄河区域生态建设

濮阳市南部黄河区域包括沿黄背河洼地区和黄河滩区（含堤防）。沿黄背河洼地区位于临黄大堤左侧，涉及濮阳、范县、台前沿黄3县的19个乡（镇），230多个行政村，土地面积约50多万亩，占全市总面积的8%。由于黄河侧渗作用，加之地势低洼，排水不畅，地下水位高，涝碱严重，致使林业基础最差，森林覆盖率低，林木生长缓慢，抗御自然灾害能力弱。黄河滩区位于濮阳市最南部，地处黄河河槽与大堤之间，呈一宽窄不等的长条状，涉及濮阳、范县、台前3县21个乡（镇），560多个行政村（含骑堤村），面积近70万亩（含大堤占压），约占全市总面积的11%。该区既是黄河行洪区，又是滩区群众繁衍生息、生产生活的必需场所，伏秋大汛洪水易漫滩泛滥，群众的生产、生活没有保障，农业产量低而不稳，林业基础差，网格不规范，树种单一，防护效能差。多年来，濮阳市大力开展背河洼地区和黄河滩区生态建设，使盐碱低洼地成为稻花飘香的豫北小江南，黄河滩区成为绿色生态长廊。

第一节　背河洼地区生态建设

沿黄背河洼地区生态环境治理的方向和重点是：实施林稻水产工程，即充分利用该区河流干渠水系和道路，营建乔灌药草相结合的农田防护林。以治水为中心，以种稻改土为重点，充分发挥水资源丰富的优势，引黄种稻发展水产，逐步建成濮阳市稻米和水产生产基地。

一、总结历史教训，健全背河洼地灌排体系

濮阳市黄河河段是著名的地上悬河。由于受黄河决口、复堤取土和长期侧渗的影响，致使濮阳黄河背河洼地塘坑多、渍生盐碱相当严重，成了生态环境恶劣、不产粮食的不毛之地。"分粮不动秤，割麦不动镰，打场不动碌"的顺口溜，就是昔日沿黄背河洼地群众饱受洪涝和盐碱侵扰的真实写照。穷则思变。濮阳背河洼地人民为了改善农业生产条件，解决贫困温饱问题，首先利用黄河水沙资源，通过引黄供水工程自流放淤等方式，淤填背河大潭坑10余个，并对背河几百米内的坑塘、盐碱地、沙荒地进行了淤灌改土、压碱，共改良土地5万余亩，为背河洼地稻改奠定了基础；其次，曾三次进行背河洼地稻改工作，但都未能取得成功。1958年，修建渠村引黄闸之后，进行第一次背河洼地稻改工作，但由于水利工程不配套，形成大面积的次生盐碱地而不得不改旱作；1965年，进行第二次背河洼地稻改工作，但因

过分强调灌淤压碱,稻改再次失败;1973 年,进行第三次背河洼地稻改工作,但由于排灌工程没有得到解决,稻改仍未成功。失败是成功之母。1986 年,濮阳人民认真总结历史上治理背河洼地失败的教训,积极学习外地治理背河洼地的成功经验,并在充分调查研究的基础上,确立了将治水和健全背河洼地灌排体系作为稻改的前提和重点,进行背河洼地综合治理。从 1986 年开始,经过 5 年的不懈努力,共争取筹集资金 3000 万元,开挖和清理引黄排涝沟渠 6700 多条,新建桥、涵、闸等设施 2200 多座,改建大型引黄闸 5 座。背河洼地灌排体系的健全,不仅将黄河水引到了背河洼地,而且确保了背河洼地旱能浇,涝能排,为开展背河洼地稻改工作创造了条件,提供了保障。

二、有效开展背河洼地稻改工作

在健全背河洼地灌排体系的同时,濮阳市确立了"以种稻改土为重点,旱、涝、碱、渍、薄综合治理,农、林、牧全面发展"的治理方针。随后,市、县、乡(镇)三级政府均成立了综合治理背河洼地指挥部,并层层召开以种稻改土为重点的动员大会,广泛发动群众,积极参加种稻改土工作。还多次组织群众到河南原阳等地学习选种、育苗、插秧、病虫害防治和稻田管理等种稻技术。经过不足 3 年的"背河洼地变丰田"攻坚战,建成 20 多万亩稻、麦两熟高产稳产的米粮仓。小麦亩产由过去的 150 kg 增至 400 kg,稻谷亩产达 400 多 kg,既解决了背河洼地 20 多万群众的温饱问题,又解决了土壤盐渍化问题,改善了生态环境。接着,濮阳市背河洼地水稻生产又经历了规模扩大、高产开发、一优双高开发、优质无公害稻米开发、产业化开发及高效生态模式示范等阶段,取得了稳步长足的发展。如今,全市优质水稻种植面积已发展到近 70 万亩,平均亩产达 500 余 kg,稻田养鸭、套养泥鳅等高效生态模式得到了试验、示范,水稻产业效益大幅度提升,优质稻米产业化经营格局已形成,水稻生产呈现出了强劲的发展势头,已成为沿黄地区农业增效、农民增收的主导产业。目前,该地区已成为国家重要商品粮生产基地和河南省粮棉油主产区之一,并赢得了"中原米乡"之美誉。

三、引黄稻改的成功,极大地促进了背河洼地区域生态建设

利用黄河水资源进行放淤改土和稻改,极大地促进了背河洼地区域生态建设。一是利用黄河水沙资源,通过自流放淤方式,将紧挨大堤的 5 万余亩盐碱地、沙荒地及坑塘淤灌、抬高,改良成良田,恢复了丰富的地表植被,改善了生态环境。二是引用优质的黄河水资源,获得稻改的成功,使不毛之地的背河洼地变成了稻花飘香、鱼藕满塘的绿洲,极大地改变了生态环境。三是引用肥沃的黄河水资源灌溉水稻,不仅确保了水稻丰收,而且通过洗碱压减,改良了盐渍土壤,增加了土壤肥力,提高了植树造林成活率,确保了农田防护林等植树绿化工程的有效实施。四是利用优质、充足的黄河水资源和稻田的生态空间,开展稻田养鱼(泥鳅)、养蟹、养鸭等生态养殖,不仅增加了农民收入,还向社会提供了优质绿色的水产品;利用洼地、

坑塘等地，发展种植莲藕等生态观光农业，片片莲叶碧绿，朵朵荷花绽放，成为农业生态观光旅游之地。五是由于丰富的黄河水资源滋润着背河洼地，使这片土地充满了勃勃生机，促进了生物多样化。

目前的濮阳黄河背河洼地，生灵雀跃，一片生机盎然。通过勤劳、勇敢的濮阳人民综合治理，昔日盐、碱、风沙灾害频繁的背河洼地已成为沟渠纵横、稻田藕塘连片、鸭叫鱼跳、稻花飘香的鱼米之乡。

第二节　黄河滩区生态建设

濮阳黄河滩区（含堤防）生态环境治理的重点是水土流失和洪涝灾害。方向是修建避水连台工程，实施黄河调水调沙，减少洪涝灾害损失；加强水利设施等基础设施建设，整治低洼土地，调整土地利用结构，变单一粮油生产为农林牧相结合，适度发展经济林，防风固沙，保持水土，消除黄河滩区沙尘暴和荒漠化侵袭；实施堤防绿色长廊工程和湿地保护，开发建设黄河水利风景区。

一、减少滩区洪涝灾害，为开展滩区生态建设奠定基础

减少黄河滩区洪水漫滩概率和洪涝灾害，既是促进滩区群众脱贫致富的重要措施，又是开展滩区生态建设的前提和基础。为此，为减少洪水漫滩概率和洪涝灾害，各级政府和治黄部门采取了许多措施，取得了显著的成效。

（一）开展河道整治，为滩区群众提供固定的生产生活场所

新中国成立初期，黄河河道整治工程少，主槽滚动频繁，塌滩掉村时有发生，有些村庄可以说是"三年河东，三年河西"，严重威胁着滩区群众的生命财产安全，并给滩区群众生产生活带来很大的困难，且洪水所经之处，黄沙遍地，生态恶化。从 1959 年开始，历经 50 余年，国家投巨资共整修、完善和修建濮阳黄河险工、控导（护滩）工程 33 处，共计坝、垛、护岸 690 道（座、段），使濮阳黄河河势得到了有效控制，从根本上杜绝了塌滩掉村现象的发生，为滩区群众生产生活、改善生态环境奠定了基础，提供了保障。

（二）修建避水连台工程，为滩区群众提供避水安全场所

1973 年 10 月，黄委颁发了黄河下游滩区修建避水台的初步方案，1974 年国务院提出了"废堤兴台"的政策。随即，濮阳多方筹措资金，有组织地开展黄河滩区废除生产堤，兴建避水台工程活动。经过 20 多年的努力，至 1996 年汛前，滩区避水台工程已初具规模，为防御"96·8"等漫滩洪水，确保滩区群众生命财产安全起到了一定的作用。但在抗御"96·8"漫滩洪水中，也暴露出滩区避水台面积少、高程低、户台和孤台多，抗御洪水能力差等问题，造成"96·8"洪水时滩区外迁人员多，迁安救护任务重和经济损失大等被动局面。濮阳市为汲取"96·8"洪水教训，经过反复调查研究、考察论证，痛下决心，作出了加快黄河滩区避水连台建设的决定，并按照"无台变有台，低台变高台，孤台变连台"的思路，分三个阶段完善、

建设避水台工程。第一阶段，完成抬高街道、胡同、校台等避水台工程项目，先保防洪安全。第二阶段，完成村内公用部分填空、帮宽和加固围村堰，增强防洪抗灾能力。第三阶段，抬高填平低户台，变孤台为连台，变连台为村台。

经过 5 年多时间的不懈努力，濮阳市共争取筹措投入滩区避水工程补贴资金 1.25 亿元，其中黄河行滞洪区安全建设资金 7017 万元，国家以工代赈资金 2972 万元，各级财政列支 510 万元，市自筹资金 2000 余万元。此外，滩区群众还通过投工投劳、以工折资或集资共投入 1.5 亿余元。共完成滩区避水工程土方 4956 万 m³，建成避水连台 370 多座，并有 200 座村台得到加固完善，提高了防洪避水标准，基本解决了滩区群众的生存安居问题。

濮阳市 2005 年又利用亚行贷款资金 1.4 亿元（含政府匹配资金等），在范县滩区兴建了规模宏大的陆集村台避洪工程。该工程南北长 875 m，东西宽 639 m，台顶总面积达 54.70 万 m²，成为陆集乡 9 个村庄近 9000 名群众的"救命台"，并为以后在黄河滩区开展"高、大、连"避水台建设积累了宝贵的经验。

在滩区避水工程建设过程中，还加强了对村庄的绿化美化工作，改善了生态环境。一是对村庄街道、学校进行统一规划，并开展了硬化、植树绿化、美化、亮化工作。二是对避水工程四周边坡进行植草防冲，并规划和开展了护台林、护村林、防浪林建设。三是对台顶空闲地和庭院进行规划，发展以绿色食品为主的台顶经济、庭院经济，既增加了滩区群众经济收入，又改善了生态环境。

（三）持续开展黄河调水调沙，减少洪水对滩区群众威胁

随着黄河下游主河槽淤积萎缩，过流能力越来越小，洪水漫滩概率越来越大。至 2002 年，濮阳市黄河河段主河槽当地流量不足 1800 m³/s 时就造成大漫滩，给滩区群众生命构成很大威胁，经济损失惨重。为了将水库里的泥沙和河床上的淤沙适时送入大海，从而减少库区和河床的淤积，增大下游主河槽行洪能力，减少漫滩概率，减轻洪水对滩区群众的威胁，黄委于 2002 年利用工程设施和调度手段，首次进行了黄河调水调沙，到 2012 年汛末，已成功进行了 16 次调水调沙，取得了明显的成效。

通过持续开展黄河调水调沙，已将大量的泥沙送入大海，使濮阳市黄河主河道刷深 1.18~2.58 m，主河槽过流能力由不足 1800 m³/s 流量提高到 4000 m³/s 流量，确保了滩区群众 10 年未受漫滩洪水威胁，为滩区群众发展生产和开展生态建设奠定了基础，提供了保障。

二、加强滩区综合治理，促进了经济发展和生态建设

由于黄河滩区特殊的地理环境等诸多原因，造成滩区水利、道路、电力等各种基础设施薄弱，土质多变，沙化贫瘠，产业结构单一，生态环境脆弱，严重束缚着滩区的经济发展，绝大多数群众生活处在温饱线以下。濮阳市为改变黄河滩区贫穷落后局面，自 1986 年起，就有计划、有组织和大规模开展滩区扶贫开发工作，确立了"治水兴农打基础，支柱产业上台阶，外向开发闯新路"的扶贫开发战略，对滩区进行较大规模的综合治理。

以发展灌溉为主，实行洪涝、旱沙综合治理的滩区水利建设总体规划，坚持以高台压盖井为主，井、站、渠结合，宜井则井，宜渠则渠，宜站则站的原则，结合排水和淤滩改土工程全面治理。共投资5851万元，开挖滩区渠道449 km，修建灌溉建筑物1705座，打井配套3750眼，建提排站116座，从而使滩区水浇地面积由7万亩猛增到33万亩，粮食产量大幅度提高，基本解决了滩区16万人的温饱问题。

坚持"滩区扶贫开发，交通先行"的原则，对滩区村村通道路和迁安救护道路进行统一规划设计，并多方争取和筹措资金，改造和基本完成了滩区道路建设任务。滩区道路网络的形成，既确保了滩区群众避洪撤退安全，又为滩区现代农业规模高效开发经营提供了方便快捷的交通条件。

电力短缺，是影响滩区群众生活质量，制约滩区经济发展的主要瓶颈之一。为此，濮阳市加大对滩区供电设施的投入，将滩区原有农网进行了改造升级，对部分无电村庄进行了输电线路架设，基本实现了滩区村村通电，户户有电，为滩区群众生活和工农业发展提供了电力保障。

濮阳市黄河滩区水、电等基础设施的建设与完善，有力促进了滩区经济发展和生态建设。一是水利设施的进一步完善，扩大了滩区灌溉面积，促进了生态农业、绿色食品的发展。二是水利网络的进一步健全，为完善滩区路、渠林网、农田林网，封沙造林提供了水源保障。三是基础设施的进一步完善，为滩区开展引黄淤临、淤注（地）、淤串（沟）、淤坑及土地平整，增加可耕种面积创造了条件，也为滩区开展有机稻米、有机小麦、食用菌种植和生态猪、生态鸭、生态鸡、生态牛羊饲养创造了条件，提供了保障。四是基础设施的进一步完善，初步解决了滩区沙丘地区群众生产生活问题。濮阳市黄河滩区共有9个自然滩，在每个自然滩的上首及生产堤决口的地方，均形成了地貌起伏、沙化贫瘠的土地，造成生态环境十分恶化，种植业不收、养殖业没草、林业不成、加工业无电，致使该区域群众多数是在温饱线以下挣扎。随着滩区基础设施的建设与完善，有力地促进了该区域农、牧、林和加工业的发展，改善了生态环境，从根本上解决了群众的生产生活问题。

三、加强黄河湿地保护

黄河湿地在蓄洪防旱、涵养水源、净化水质、控制土壤侵蚀、降解环境污染和维护生物多样性等方面发挥着重要的生态功能。濮阳市为全面、有效地保护濮阳黄河湿地现有资源，维护濮阳市的生态安全，非常重视对滩区湿地的修复与保护工作，并于2008年经批准成立了濮阳县黄河湿地保护区。该湿地保护区位于濮阳县南部沿黄滩区，涉及习城、郎中、渠村3个乡，全长12.5 km，总面积约5万亩，属于省级自然保护区。多年来，濮阳县为保护和管理好该保护区，采取了许多切实可行的管护措施。一是成立专门管理机构，建立健全县乡村三级监测员管理网络，将湿地保护纳入日常管理。二是湿地管理人员经常深入到有关乡村宣传保护湿地、保持生态平衡和保护好湿地资源永续利用的重大意义，并通过电视、电台、广播、报纸、网络等多种媒体，加大宣传力度，加强对公众湿地保护科普教育，提高了公众保护湿地的意识，营造了一个"人人爱鸟、护鸟"的良好氛围。三是对有损保护区环境的一些小型企业进行全面清除，并严禁人们在区域内实施破坏性的开垦。四是积极开展拯救、保护珍稀野生动植物资源活动，对破坏珍稀野生动植物资源的行为进行依法惩处，为野生动物的栖息、繁殖创造了良好的生存环境。

目前，该湿地保护区内物种繁多，生物类型多样，是候鸟迁徙的重要停歇地、繁殖地和觅食地，具有重要的生态价值。区域内已知脊椎动物 200 多种，其中国家一级保护动物有大鸨、白尾海雕、金雕、白肩雕、玉带海雕、白鹤等，二级保护动物有 30 多种，属于省重点保护的鸟类 20 多种，列入中日候鸟保护协定的鸟近 20种，列入中澳候鸟保护协定的鸟 20 多种。

四、建设黄河堤防绿色长廊工程

濮阳市各级治黄部门以黄河堤防为依托，以丰富的土地资源为基础，以标准化堤防建设为契机，以引黄涵闸及堤防管护班庭院为重点，坚持不懈地实施堤防绿色长廊工程。经过多年来的规划与建设，使全市 150 多 km 堤防变成了一条亮丽的生态景观带。

（一）绿化美化堤防工程

新中国成立后，濮阳市黄河堤防经过 4 次大规模的加高培厚和近些年的标准化堤防建设，使大部分堤防已达到堤顶宽 9~12 m、背河淤区顶宽 80~100 m 的标准化堤防标准。在历次堤防加高培厚和标准化堤防建设中，按照"临河防浪、背河取材、堤顶美化、堤坡植草防护"和"植满植严、确保成活"的原则，持续开展了植树、植草绿化活动，取得了显著的经济、社会和生态效益。在大堤临河侧本着"防浪护堤、延缓冲刷、提供抢险料物"的原则，高密度种植 30~50 m 宽的高柳与丛柳，形成了由高、丛柳树组成的双层高密度防浪林带；在大堤背河侧本着"取材、生态、观光"的原则，种植 50~100 m 宽的速生林、苗木和果树等树种，形成了各类树种交错的生态观光林带；在堤顶上本着"景观、观赏"的原则，高标准种植国槐、栾树、大叶女贞、红叶李等风景树种，形成了两行错落有致、四季常青的亮丽生态景观观赏带；在大堤临背河堤坡及淤区边坡上本着植草防冲的原则，密植葛巴草，形成了美丽的绿色草坪带。

目前，堤顶景观树存活率达 95%以上，临背河树木存活率达 90%以上，堤坡草皮覆盖率达 98%，形成了临河防浪林、堤肩行道林、背河生态林、堤坡草皮化"四位一体"的绿色生态长廊。

（二）打造引黄闸和堤防管护班庭院景点、亮点工程

在濮阳市黄河堤防绿色长廊工程实施中，还重点加强了 11 座引黄闸管理区范围内的绿化美化工作，使 11 座引黄闸管理区变成了 11 处景点。一是在引黄闸前后引水渠两侧密植垂柳等高档风景树，并在其临背河管理区和管理庭院内按园林式进行规划和建设，形成了一个小的园林景观。二是在引黄闸两侧堤顶各 200 m 范围内，栽植有别于其他堤段的绿化高档树种。三是在引黄闸两侧淤背区各 200 m 范围内，

种植园林花卉或小型果园，并根据各自的自然环境和地理位置，在其间点缀一些有特色的雕塑，以形成其独特的自然景观，使其成为景点中的亮点。

在濮阳市黄河堤防上共规划17个堤防管护班基地，目前已建成6个管护基地。每个管护基地房屋建筑设计新颖，都具有各自的特色。其基地庭院均达到了三面透绿，并按照园林景点规划标准，在院内高标准种植雪松、女贞、果树等风景树，栽植大面积的花草，实现了四季常青、三季有花的标准化庭院，达到了面貌生态化和房屋标准化，为治黄职工生产生活创造了一个舒适、优雅的环境，也为建设黄河堤防绿色长廊工程增加了亮点。

五、开发建设黄河水利风景区

濮阳市以美丽的黄河水利自然风光，雄伟壮观的防洪兴利工程和丰富的历史资源为依托，开发建成集生态、观光、休闲、娱乐、度假等多功能为一体的濮阳、范县、台前县3大国家级水利风景区，促进了濮阳市黄河滩区生态旅游观光产业带建设。

（一）濮阳黄河水利风景区

濮阳黄河水利风景区（渠村分洪闸黄河游览区）位于黄河下游左岸，距濮阳市约45 km处。核心景区占地面积1000余亩，2005年被水利部授予国家级水利风景区。整个景区以亚洲第一分洪闸——渠村分洪闸这一宏伟工程为依托，东临雄伟蜿蜒的水上长城——濮阳县青庄险工，西临天然文岩渠、张李屯防护坝和濮阳市引黄供水工程——渠村引黄闸，南临滔滔的黄河和三合村控导护滩工程，北临濮阳市引黄供水调节水库，两侧连接雄伟的黄河大堤，前后有4~5个大型水面，浑然一体，形成了独特的自然风光。该景区共分为入口服务区、科普教育区、水上运动区、休闲住宿区和田园生活体验区5大功能区。内有工程雄姿、龙湖泛舟、鱼塘秋月、黄河听涛、大河观日、民族风情、高塔浮云、春花秋实等8大景观，是一处集生态、观光、休闲、娱乐、度假等多功能为一体的水利风景区。

（二）范县黄河水利风景区

范县黄河水利风景区位于范县辛庄乡毛楼村，坐落于黄河90°大拐弯的彭楼险工处。它南临滔滔的黄河，北临雄伟美丽的黄河标准化堤防，是依托黄河自然景观精心改造而建设的一处集生态、观光、休闲、娱乐、度假等多功能为一体的水利风景区。该景区规划占地面积25000亩，现已建设黄河观览、金沙滩黄河天然浴场、垂钓中心、郑板桥纪念馆等景点和黄河奇观、黄河画廊、秋塘采莲、激流飞舟、大河观澜、月下听涛、河滩消度、河边赛马、池塘垂钓等景观。下一步将开发建设黄河飞渡、郑板桥纪念馆二期工程、生态度假村、黄河灾难文化馆、黄河水上游乐场、森林公园等项目，达到国家"AAAA"景区标准。目前该景区是国家级水利风景区和国家"AAA"级旅游景区。

（三）台前县黄河水利风景区

台前县国家级黄河水利风景区位于台前县影唐黄河险工处，相应大堤桩号165+

000~166+600，规划占地面积 5400 亩。该景区以刘邓大军强渡黄河的历史资源和黄河水利自然风光以及影唐黄河险工、影唐引黄闸为依托精心修建而成。景区内建有刘邓大军强渡黄河纪念馆、纪念碑及万人广场、将军亭、连心桥等红色爱国主义教育景点。景区内林木、花草葱郁，鸟语花香，自然风光优美宜人。该景区是集爱国主义教育、生态、休闲、度假等多功能为一体的国家级水利风景区，并先后被命名为河南省爱国主义教育基地、省重点文物保护单位、省红色旅游景点、省大中小学生德育基地等。

第二十一章　区域生物多样化

濮阳市利用优质、丰富的黄河水资源，经过多年来对城镇区、黄河故道区、中东部平原农区、南部黄河区等区域的生态建设，极大地改善了生态环境，不仅促进了全市经济社会的发展，而且促进了生物多样化。

第一节　动物多样化

濮阳市具有丰富的动物资源，常见的有 4 门 12 纲 39 目 85 科 200 多种。其中，脊椎动物（鱼类、爬行类、两栖类、鸟类、哺乳类等）有 5 纲 20 目 32 科；野生动物中，兽类主要有野兔、狐狸、獾、鼠、黄鼬、刺猬等；水生动物主要有蛙、蟾、鱼、虾；昆虫种类繁多，常见的有 11 目 45 科，害虫天敌有 9 目 44 科 70 种。据 1997 年调查全市鸟类有 38 种，主要有鹊、雀、燕、猫头鹰、啄木鸟、布谷、鸽子、画眉等。目前，濮阳市区域内珍稀动物主要有黄河鲤鱼、金鳅、大天鹅、白鹭、大鸨、玉带海雕、白肩雕、白鹤等。

一、黄河鲤鱼

黄河鲤鱼体侧鳞片呈金黄色，背部稍暗，腹部色淡而较白。臀鳍、尾柄、尾鳍下叶呈橙红色，胸鳍、腹鳍橘黄色。除位于体下部和腹部的鳞片外，其他鳞片的后部有由许多小黑点组成的新月形斑。

黄河鲤鱼其体梭形、侧扁而腹部圆。头背间呈缓缓上升的弧形，背部稍隆起。头较小。口端位，呈马蹄形。背鳍起点位于腹鳍起点之前。背鳍、臀鳍各有一硬刺，硬刺后缘呈锯齿状。一般体长与体高之比为 3.34±0.48，体长与头长之比为 4.03±0.47，尾柄长与尾柄高之比为 1.09±0.27。

黄河鲤鱼同淞江鲈鱼、兴凯湖大白鱼、松花江鳜鱼（鳌花）被共誉为我国四大名鱼。黄河鲤鱼，自古就有"岂其食鱼，必河之鲤"、"鲤伊鲂，贵如牛羊"之说，向来为食之上品。黄河鲤鱼还以其肉质细嫩鲜美，金鳞赤尾、体型梭长的优美形态，驰名中外，是我国的宝贵鱼类资源。鲤鱼跳龙门的传说，几乎是家喻户晓。白居易等古代诗人都曾为其写诗作赋，称其为"龙鱼"。

黄河鲤鱼，金鳞赤尾，体形梭长，肉质肥厚，细嫩鲜美，营养丰富。与其他几种鲤鱼相比，其肌肉中具有较高的蛋白质含量（17.6%）和较低的脂肪含量（5.0%），含有丰富的人体全部必需 8 种氨基酸和 4 种鲜味氨基酸，还含有 3 种人体必需的微量元素铁、铜、锌及大量元素钙、镁、磷等。自古以来即为民间各种喜庆宴席不可缺少的佳肴。

二、金鳅

金鳅是黄河流域濮阳市境内独有稀奇而名贵的鳅种，硕大秀美，色泽金黄，固有黄河"金鳅"之美称。因其肉质细嫩，味道鲜美绝伦，无愧"天上斑鸠，水中泥鳅"之赞誉。且高蛋白低脂肪，又富含多种矿物质、维生素及饱和脂肪酸等，故又赢得"水中小人参"之誉称。

金鳅不但高营养而且有独有的药物功效。李时珍在《本草纲目》中亦有明确记载：对消渴（糖尿病）、阳痿、肝炎等有神奇的疗效。同时又是女性美容养颜之良品。此鳅已出口日本、韩国，远销欧美。

三、大天鹅

大天鹅体长 120~160 cm，翼展 218~243 cm，体重 8~12 kg，寿命 8 年。大天鹅体形优美，全身的羽毛均为雪白的颜色，雌雄同色，雌略较雄小，全身洁白，仅头稍有棕黄色。虹膜暗褐色，嘴黑色，上嘴基部黄色，此黄斑沿两侧向前延伸至鼻孔之下，形成一喇叭形。嘴端黑色。跗蹠、蹼、爪亦为黑色。幼鸟全身灰褐色，头和颈部较暗，下体、尾和飞羽较淡，嘴基部粉红色，嘴端黑色。

大天鹅的喙部有丰富的触觉感受器，叫做赫伯小体，主要生于上、下嘴尖端的里面，仅在上嘴边缘每平方毫米就有 27 个，比人类手指上的还要多，它就是靠嘴缘灵敏的触觉在水中寻觅水菊、莎草等水生植物，有时也捕捉昆虫和蚯蚓等小型动物为食。

大天鹅性喜集群，除繁殖期外常成群生活，特别是冬季，常呈家族群活动，有时也多至数十至数百只的大群栖息在一起。性胆小，警惕性极高，活动和栖息时远离岸边，游泳亦多在开阔的水域，甚至晚上亦栖息在离岸较远的水中。视力亦很好，很远即能发现危险而游走。通常多在水上活动，善游泳，一般不潜水。游泳时颈向上伸直，与水面成垂直姿势。游泳缓慢从容，姿势优美。除非迫不得已，一般很少起飞。由于体躯大而笨重，起飞不甚灵活，需两翅急剧拍打水面，两脚在水面奔跑一定距离才能飞起。有时边飞边鸣和边游边叫，叫声单调而粗哑，有似喇叭声。

大天鹅是一种候鸟，为国家一级保护动物。它迁徙时以小家族为单位，呈一字形、人字形或 V 字形队形。是世界上飞得最高的鸟类之一，最高飞行高度可达 9000 m 以上。分布于亚洲，冬季分布于中国长江流域及附近湖泊；春季迁经华北、新疆、内蒙古，而到黑龙江、蒙古人民共和国及西伯利亚等地繁殖。

四、白鹭

白鹭属共有 13 种鸟类，其中有大白鹭、中白鹭、白鹭（小白鹭）和雪鹭四种，体羽皆是全白，通称白鹭，属于国家二级保护动物。

大白鹭体大羽长，体长约 90 cm，是白鹭属中体型较大者，夏羽的成鸟全身乳白色。嘴巴黑色。头有短小羽冠。肩及肩间着生成丛的长蓑羽，一直向后伸展，通常超过尾羽尖端 10 多 cm，有时不超过。蓑羽羽干基部强硬，至羽端渐小，羽支纤细分散。冬羽的成鸟背无蓑羽，头无羽冠，虹膜淡黄色。此鹭栖息于海滨、水田、湖泊、红树林及其他湿地。常见与其他鹭类及鸬鹚等混在一起。大白鹭只在白天活动，步行时颈收缩成 S 形；飞时颈亦如此，脚向后伸直，超过尾部。繁殖时，眼圈的皮肤、眼先裸露部分和嘴黑色，嘴基绿黑色；胫裸露部分淡红灰色，脚和趾黑色。冬羽时期，嘴黄色，眼先裸露部分黄绿色。

中白鹭体长 60~70cm，全身白色，眼先黄色，虹膜淡黄色，脚和趾黑色。繁殖时羽背部和前颈下部有蓑状饰羽，头后有不甚明显的冠羽，嘴黑色。它栖息和活动于河流、湖泊、水稻田、海边和水塘岸边浅水处。常单独、成对或成小群活动，有时亦与其他鹭混群。生性胆小，很远见人即飞。飞行时颈缩成 S 形，两脚直伸向后，超出于尾外，两翅鼓动缓慢，飞行从容不迫，且成直线飞行。主要以小鱼、虾、蛙、蝗虫、蝼蛄等动物为食。中白鹭在我国南方为夏候鸟，亦有部分留下越冬。

小白鹭体态纤瘦，乳白色。夏羽的成鸟繁殖时枕部着生两条狭长而软的矛状羽，状若双辫；肩和胸着生蓑羽，冬羽时蓑羽常全部脱落，虹膜黄色；脸的裸露部分黄绿色，嘴黑色，嘴裂处及下嘴基部淡角黄色；胫与脚部黑色，趾呈角黄绿色。通常简称为白鹭。小白鹭常栖息于稻田、沼泽、池塘间，以及海岸浅滩的红树林里。它常曲缩一脚于腹下，仅以一脚独立。白天觅食，好食小鱼、蛙、虾及昆虫等。繁殖期 3~7 月。繁殖时成群，常和其他鹭类在一起，雌雄均参加营巢，次年常到旧巢处重新修葺使用。卵蓝绿色，壳面滑。雌雄共同抱卵，卵 23 天出雏。

雪鹭是一种小型涉禽，身长 55~65 cm，翼展达 100 cm，全身羽毛均为洁白。颈背有丝状蓑羽，有一双亭亭玉立黄色长腿和一个黑色的鸟喙。在繁殖季节，鼻孔和眼睛之间的区域会由黄色变成红色。幼鸟与成年鸟外观类似，喙基部略苍白，腿背侧有一条绿色或黄色的流线。嘴长而尖直，翅大而长，脚和趾均细长，胫部部分裸露，脚三趾在前，一趾在后，中趾的爪上具梳状栉缘。雌雄同色。体形呈纺锤形，体羽疏松，具有丝状蓑羽，胸前有饰羽，头顶有的有冠羽，腿部被羽。雪鹭栖息于江湖滨岸、沼泽地带、河岸，红树林，浅湖、潮间带泥滩、河口和草原。白昼或黄昏活动，以鱼、甲壳类、昆虫和小型爬行动物为食。它们常站在水边或浅水中，用嘴飞快地攫食。

五、大鸨

大鸨是鹤形目鸨科的大型地栖鸟类，全长约 100 cm，属于国家一级保护动物。

大鸨嘴短，头长，基部宽大于高。翅大而圆，第 3 枚初级飞羽最长。无冠羽或皱领。雄鸟在喉部两侧有刚毛状的须状羽，其上生有少量的羽瓣。跗蹠等于翅长的1/4。雄鸟的头、颈及前胸灰色，其余下体栗棕色，密布宽阔的黑色横斑。下体灰白色，颏下有细长向两侧伸出的须状纤羽。雌鸟喉部无须，上体余部大部淡棕色，满布黑色横斑，两翅大部灰白而飞羽黑色。中央尾羽栗棕色，黑斑稀疏，羽端白。下体自胸以下纯白色。嘴铅灰色，脚褐色。

大鸨主要栖息于广阔的草原、半荒漠地带及农田草地。大鸨不善飞行，喜在草原上奔驰。主要以嫩绿的野草为食，兼食昆虫、鱼类等。春末夏初繁殖，筑巢于草原坡地或岗地，每窝产卵 2~3 枚，暗绿或暗褐色，具不规则块斑。雌雄轮流孵卵，孵卵期 28~31 天。35 天左右幼鸟具飞行能力，秋季结群南迁越冬。

六、玉带海雕

玉带海雕为隼形目鹰科的鸟类，是一种大型猛禽，属于国家一级保护动物。

玉带海雕身体长 76~84 cm，翼展 2.0~2.5 m，雄鸟体重 2.1~0.7 kg，雌鸟体重 2.0~3.3 kg。嘴稍细，头细长，颈也较长。上体呈暗褐色，头顶赭褐色，羽毛呈矛纹状并具淡棕色条纹；颈部的羽毛较长，呈披针形。肩部羽具棕色条纹，下背和腰羽端棕黄色。下体棕褐色，各羽具淡棕色羽端。喉淡棕褐色，羽干黑色，具白色条纹。尾羽为圆形，特点也很明显，主要是暗褐色，但是在中间具有一个宽阔的白色横带，宽约 10 cm，并因此而得名。

玉带海雕栖息于有湖泊、河流和水塘等水域的开阔地区，无论是平原或高原湖泊地区均有栖息，在湖泊岸边吃淡水鱼和雁鸭等水禽。在草原及荒漠地带以旱獭、黄鼠、鼠兔等啮齿动物为主要食物。

七、白肩雕

白肩雕，又名御雕。体型比金雕小（体长约 75 cm），深褐色雕，属于国家一级保护动物。

白肩雕头顶及颈背皮黄色，上背两侧羽尖白色。尾基部具黑及灰色横斑，与其余的深褐色体羽成对比。飞行时以身体及翼下覆羽全黑色为特征性。滑翔时翼弯曲。幼鸟皮黄色，体羽及覆羽具深色纵纹。飞行时翼上有狭窄的白色后缘，尾、飞羽均色深，仅初级飞羽楔形尖端色浅。下背及腰具大片乳白色斑。飞行时从上边看覆羽有两道浅色横纹。

白肩雕栖息于山地、草原、丘陵、河流的砂岸等地。它觅食方式除站在岩石上、树上或地上等待猎物出现时突袭外，也常在低空和高空飞翔巡猎。主要以啮齿类、松鼠、花鼠、黄鼠、跳鼠、仓鼠、田鼠、旱獭以及鸽、鹨、雁、鸭等鸟类为食，有时也食动物尸体和捕食家禽。

八、白鹤

白鹤为大型涉禽，略小于丹顶鹤。其寿命一般为 50~60 年，在中国文化中是长寿的象征，属于国家一级保护动物。

白鹤身体全长约 1.3 m，翼展 2.1~2.5 m，体重 7~10 kg；头前半部裸皮猩红色，嘴橘黄，腿粉红，除初级飞羽黑色外，全体洁白色，站立时其黑色初级飞羽不易看见，仅飞翔时黑色翅端明显。虹膜黄色。幼鸟金棕色。两性相似，雌鹤略小。白鹤鸣叫声清脆响亮，发音时能引起强烈的共鸣，在飞翔时鹤鸣声可以传到3~5 km以外，故有"鹤鸣九天"的成语。

白鹤喜欢大面积的淡水、湿地和开阔的视野。它属于杂食性，主要以植物的根、地下茎、芽、种子、浆果以及昆虫、鱼、蛙、鼠类等为食物。

第二节　植物多样化

濮阳市具有丰富的植物资源，除农作物外，尚有118科381属1200余种。其中，蕨类植物3科3属6种，裸子植物3科13属75种，被子植物112科365属1120余种，引进驯化植物达630种。境内植被组成成分也比较丰富，子遗、稀有植物较多，而以禾本科、豆科、菊科、蔷薇科、茄科、十字花科、百合科、杨柳科、伞形科、锦葵科、石蒜科、玄参科、仙人掌科、毛茛科、苋科、石竹科、莎草科为主，多属暖温带植被。濮阳市优质用材林树种主要有毛白杨、三倍体毛白杨、速生杨108、加拿大杨、枫杨、榆、柳、泡桐、椿、槐等。经济林树种主要有红枣、苹果、桃、杏、梨、葡萄、柿、山楂、核桃、花椒等。目前濮阳市区域内比较著名的特色植物有范县"天灌"大米、台前县吴坝大蒜、南乐县西邵红杏、古寺郎胡萝卜、清丰县仙庄尖椒、白灵菇等。

一、范县"天灌"大米

范县是典型的农业区。稻谷种植历史悠久，旧志载为颛顼氏故墟，夏属昆吾时期已开始种植旱稻，春秋时称为晋邑，旱稻的种植已小有规模。现代的引黄稻改已有40多年的历史。目前，全县水稻种植面积50多万亩，年产稻谷2.8亿kg，可加工大米2.1亿kg。范县"天灌"大米因产于黄河水浇灌的碱性背河洼地上，故品质明显区别于南北方大米。

一是范县"天灌"大米外观品质：米粒长宽比合理，半透明，手握米紧攥不粘手，香味清新，淡雅绵长。

二是范县"天灌"大米蒸煮品质：蒸饭时开锅清香，饭粒完整，洁白有光泽，软而不黏结，有韧性，适口性好，冷饭不硬，煮饭汤混米筋。

三是范县"天灌"大米理化指标：整精米率97.6%，碱消值7级，垩白率4%，胶稠度78 mm，垩白度0.037%，直链淀粉含量15.2%，透明度1级，蛋白质7.98%。

四是范县"天灌"大米营养丰富：含氨酸类营养物质达18种，总含量达7.37%，粗蛋白、脂肪和钙、铜、铁、硒等人体必需的元素均高于国家标准和世界名米泰国米。其中范县白香粳的钙含量高于泰国米7.6个百分点，被称为"生命元素"和"天然解毒剂"；具有抗癌、抗衰老的硒元素高于泰国米37个百分点。范县"天灌"大米中所含铁、钙、铜元素含量分别高于泰国米0.8、0.3、1.8个百分点，且均高于南北方粳米的含量。

五是范县"天灌"大米无污染、无公害：范县区域内没有成规模的工矿企业，污染源少，无城市污水排放流经县境。水稻栽培模式实施大行距、小群体、鸭稻共生绿色农业生产技术，基本上不喷药。经农业部食品质量监督检验测试中心多次化验，该大米的各项标准均符合绿色食品标准。常见农药如 DDT、辛硫磷及常见对人体有害元素，如砷、汞、氟的残留量远远低于绿色食品标准。磷化物、氟化物、氰化物在水土的污染指数均小于 1，在大米中的含量也远远低于绿色食品标准的极限值。

范县"天灌"大米由于具备晶莹剔透、软筋香甜、营养丰富、无污染、无公害的质量特色，而通过国家绿色食品发展中心的"绿色食品"标志使用认证和"河南无公害农产品"标志使用认证，还被评为"河南省名牌产品"，被誉为"中原第一米"。2013 年，范县"天灌"大米被国家质检总局公布为地理标志保护产品。

二、台前县吴坝大蒜

中医认为大蒜味辛、性温，入脾、胃、肺，暖脾胃，消症积，解毒、杀虫的功效。另外，蒜氨酸是大蒜独具的成分，当它进入血液时便成为大蒜素，这种大蒜素即使稀释 10 万倍仍能在瞬间杀死伤寒杆菌、痢疾杆菌、流感病毒等。蒜素与维生素 B_1 结合可产生蒜硫胺素，具有消除疲劳、增强体力的奇效。大蒜含有的肌酸酐是参与肌肉活动不可缺少的成分，对精液的生成也有作用。大蒜还能促进新陈代谢，降低胆固醇和甘油三酯的含量，并有降血压、降血糖的作用。大蒜外用可促进皮肤血液循环，去除皮肤的老化角质层，软化皮肤并增强其弹性，还可防日晒、防黑色素沉积，去色斑增白。国内外研究证明，大蒜可阻断亚硝胺类致癌物在体内的合成，起到抗癌作用。

台前县吴坝大蒜除具有一般蒜的优点和功能外，还具有蒜头大、皮薄、质细辣味香，蒜泥汁多，且黏稠不干，生熟食用俱佳，抗寒能力强，休眠期长，耐贮藏等特点。因此，被人们视为上乘调味品，其产品已远销国内外。

三、南乐县西邵红杏

杏是一种水果植物，属于蔷薇科李属李亚属，其果肉、果仁均可食用。未熟杏果实中含类黄酮较多，能起预防心脏病和减少心肌梗死的作用。杏是维生素 B_{17} 含量最为丰富的果品，而维生素 B_{17} 又是极有效的抗癌物质，并且只对癌细胞有杀灭作用，对正常健康的细胞无任何毒害。

南乐县西邵红杏因以西邵乡出产地最佳故名。西邵大部为黄河故道，旧时沙丘连绵，果园成片，农村多种植杏树。其历史悠久，品种亦多，具有个大、皮薄、肉厚、核小、酸甜适口、风味独特等特点。该杏除含有一般杏的营养成分外，其中维生素 C、总糖、可溶性固形物及钙含量均较高，深受食用者的喜爱。近些年又引进新品种试种成功，经济价值高，全县红杏种植面积已达到 1 万余亩。西邵红杏被河南省有关部门认定为绿色食品和无公害农产品，已成为国家地理标志保护产品，其产品远销省内外。

四、南乐县古寺郎胡萝卜

南乐县古寺郎胡萝卜种植已有上千年历史，是因当地有特定丰富的水、土资源，适合种植胡萝卜的地理优势，历史传说"百尺白菜、什固的葱、古寺郎胡萝卜顶着缨"。经权威机构检测，符合无公害及地理标志标准，是种植胡萝卜的最佳地域。

古寺郎胡萝卜肥大的地下茎，含胡萝卜素、维生素高，营养丰富。据农业部果品及苗木质量监督检验测试中心检测，该胡萝卜较一般胡萝卜β-胡萝卜素提高 10 个百分点，粗纤维高 1 个百分点，钙高 2 个百分点。

古寺郎胡萝卜具有健脾、化滞、润燥、明目、降压、强心、抗炎、抗过敏之功效。并可治消化不良、文痢、咳嗽、夜盲症。现代医学多以胡萝卜作为细胞性痢疾、神经官能症、高血压的辅助食疗用品，可预防食道癌、肺癌、冠心病、动脉硬化和中风病症的发生，特别是提醒吸烟人常食用胡萝卜，对肺部有保健作用。

在康熙十三年间大兵南征驻在南乐县时吃过古寺郎胡萝卜，感到又好又脆又甜。大将回朝后向康熙禀报了此事，从此以后古寺郎胡萝卜成为宫中必不可少的名菜之一。1955 年，古寺郎胡萝卜干出口援助到朝鲜。现在古寺郎胡萝卜已获得国家农产品地理标志保护。其地标保护范围：河南省南乐县境内，北与卫河，南与清丰县大流乡的青石磴，东与近德固乡的跳堂、善缘町交界的 10 个行政村。地理坐标为东经 115°03′00″~115°06′00″，北纬 36°03′00″~36°04′00″。

五、清丰县仙庄尖椒（辣椒）

辣椒，又名尖椒。青辣椒可以作为蔬菜食用，干红辣椒则是许多人都喜爱的调味品。辣椒含有丰富的维生素 C，居蔬菜之首位。辣椒能缓解胸腹冷痛，制止痢疾，杀抑胃腹内寄生虫，控制心脏病及冠状动脉硬化；还能刺激口腔黏膜，引起胃的蠕动，促进唾液分泌，增强食欲，促进消化。清丰县仙庄尖椒色泽鲜红、含油量高，并具有品种优、质量好、产量大、价格低、无农药残留等优点。目前主要生产子弹头、三樱椒、新一代、益都红、朝天椒、二金条、青辣椒等各种辣椒。

清丰县是豫北最大的优质辣椒生产基地，被授予"中国辣椒第一县"荣誉称号，并具有"耗辣椒发源地"之称。其产品荣获国家标准化管理委员会颁发的"无公害农产品标志证书"，已销往湖南、湖北、重庆、四川、山东、河北、山西等省及日本、韩国、泰国、香港等国家和地区。

六、清丰县白灵菇

白灵菇，又名阿魏蘑、阿魏侧耳、阿魏菇。它是一种食用和药用价值都很高的珍稀食用菌。其菇体色泽洁白、肉质细腻、味道鲜美，营养丰富。据科学测定，白灵菇蛋白质含量占干菇的 20%，含有 17 种氨基酸、多种维生素和无机盐。白灵菇还具有消积、杀虫、镇咳、消炎和调节人体生理平衡，增强人体免疫功能，防治妇科肿瘤等功效。

　　多年来，清丰县以白灵菇为主的珍稀食用菌生产作为调整农业种植结构、发展食用菌县域经济、建设新农村的重要支撑，取得了显著的成效。目前，清丰县白灵菇种植规模和产品品质均居全国前列，已成为河南省最大的白灵菇栽培基地，被誉为"全省食用菌生产先进县"、"全国食用菌优秀基地县"和"中国白灵菇之乡"称号。

参 考 文 献

[1] 卫国锋,等.豫西黄河[M].郑州:黄河水利出版社,2009.

[2] 王培勤.濮阳春秋[M].北京:中国国际广播出版社,2008.

[3] 张满飚.解读濮阳[M].郑州:河南人民出版社,2012.

[4] 张满飚.濮阳五千年[M].北京:中国国际广播出版社,2001.

[5] 杨银生.濮阳人物通览[M].北京:中国文联出版社,2009.

[6] 胡一三,等.黄河高村至陶城铺河段河道整治[M].郑州:黄河水利出版社,2006.

[7] 闫洁磊,等.濮阳经济年鉴[M].北京:中国国际广播出版社,2011.

[8] 防汛办公室工作手册[G].河南黄河河务局,2003.12.

图书在版编目（CIP）数据

濮阳黄河 / 柴青春主编 . —郑州：黄河水利出版社，
2014.8

ISBN 978-7-5509-0824-6

Ⅰ. ①濮… Ⅱ. ①柴… Ⅲ. ①黄河-水利史-濮阳市

Ⅳ. ①TV882.1

中国版本图书馆 CIP 数据核字（2014）第 189950 号

出　版　社：黄河水利出版社

　　　　　地址：河南省郑州市顺河路黄委会综合楼 14 层　邮编：450003

发行单位：黄河水利出版社

　　　　　发行部电话：0371-66026940、66020550、66022620（传真）

　　　　　E-mail：hhslcbs@126.com

承印单位：濮阳日报社印刷厂

开本：787 mm×1092 mm　　1/16

印张：17

字数：392 千字　　　　　　　　印数：1—1 000

版次：2014 年 8 月第 1 版　　　印次：2014 年 8 月第 1 次印刷

定价：48.00 元